Hydrogen Agriculture Cutting-edge Technology Application and Practice Guide

戴宇 主編

氫農業
尖端技術
應用與實務指南

目錄

推薦序

在這個科技日新月異、知識爆炸的時代，農業也正經歷著前所未有的變革。作為一名在農業和環境科學領域的一名普通的研究者，我深感榮幸為《氫農業尖端技術應用與實務指南》撰寫序言。這本書不僅全面剖析了氫農業的科學原理和實作，更展現了這一領域的無限潛力。

回顧人類文明的發展史，農業始終是其基石。從最初的刀耕火種到如今的集約化、機械化和智慧化，每一次農業技術的突破都推動了社會的進步。然而，隨著人口的成長和資源的日益緊張，傳統農業正面臨前所未有的挑戰：如何在有限的土地上實現更高效、更環保的生產，已成為全球關注的焦點，也是決定人類社會可持續發展的關鍵之一。

在此背景下，氫農業應運而生。作為宇宙中最豐富的元素，氫以其獨特的清潔、高效特性，為現代農業注入了新的活力。它不僅能提高作物產量和品質，還能有效減少化肥、農藥的使用，從而大幅降低對環境的負面影響。

本書由戴宇博士領銜撰寫，系統性地探討了氫氣在農業中的應用。從科學原理到田間實操，從單一作物的實驗數據到農業生產體系的優化，每一章節都飽含深度與實用性。書中涵蓋了氫氣在穀類、豆類、蔬菜、水果等多種作物中的應用效果，並詳細闡述了氫氣如何根據作物生長階段優化使用方法和濃度。這些研究成果為農業從業者提供了切實可行的指導，也為科學研究人員指明了新的研究方向。

氫農業的探索，讓我不禁回想起自己在實驗室和試驗田中工作的歲月。那時，我們對氫的認知還極為初步，但對其潛力已有所憧憬。如今，氫氣作為一種訊號分子，在調節植物光合作用、物質轉運和訊號傳導等方面的作用已被廣泛驗證。這一技術的應用，無疑將在全球氣候變化和環境退化的背景下，發揮更重要的作用。

戴宇博士團隊的辛勤付出，為我們呈現了一幅氫農業的未來圖景。這不僅是一本實用指南，更是一本激發思考和啟發創新的著作。我相信，隨著氫農業技術的不斷完善，我們有望邁向一個更加綠色、高效、可持續的農業新時代。

在此，我誠摯希望本書能引發更多人對氫農業的興趣，共同為全球糧食安全和生態環境保護貢獻力量。讓我們攜手前行，用科學的力量照亮全球可持續食物系統的未來。

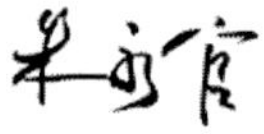

前言

農業自古以來就是人類社會的基石。從原始的刀耕火種到今天的智慧農業，每一項技術進步都推動著文明的躍升。然而，在全球人口持續成長和資源日益緊缺的雙重壓力下，現代農業正面臨如何在有限資源條件下實現高效、可持續生產的挑戰。在這一背景下，一種曾被認為與農業相距甚遠的氣體——氫氣，逐漸成為農業創新的重要動力。

氫氣的研究最初起源於醫學領域，其在抗氧化、抗炎及調節細胞訊號通路等方面的作用已經得到廣泛驗證。然而，科學的魅力正是跨界創新。近年來，農業科學家們逐漸發現氫氣的生物學效應，並應用於作物生產。研究顯示，氫氣能夠促進作物生長，提高抗逆性，並改善農產品品質。這些發現催生了一個新興領域——氫農學。

氫農學的發展與應用

氫農學研究氫氣在作物生長中的作用機制及其實際應用。從實驗室到田間，從單一作物到多種類覆蓋，這一學科的快速發展見證了氫氣在農業中的廣泛適應性。例如，在穀類作物中，氫氣處理可以提升稻穀、小麥和玉米的產量，同時增強抗病性。雖然某些數據可能因實驗條件不同而有所變化，但氫氣對作物的增產潛力已經初步顯現。

在水果產業中，氫氣處理被發現可以提升草莓和藍莓等高附加值作物的品質。研究顯示，這些果實的糖分、維他命 C 含量顯著提高，貨架期也有明顯延長。這種延長貨架期的效果，為果農提供了更廣闊的市場空間，增加了經濟收益。

同樣，對花卉、菌菇和草地作物，氫氣的作用也不容小覷。它不僅能延長花卉的花期，提高觀賞價值，還能加快菌菇的生長速度，縮短生產週期。透過優化這些高價值作物的生長條件，氫農學展示了其在現代農業中的多樣化應用。

挑戰與未來方向

儘管氫氣技術展示出廣闊前景，其在農業中的普及仍面臨挑戰。氫氣供給設備和應用技術需要進一步優化，以降低成本、提高可操作性。此外，不同作物對氫氣濃度的響應機制尚未完全明確，如何精準調控氫氣濃度以獲得最佳效果仍是一個關鍵研究方向。

未來展望

展望未來，氫農學的潛力令人振奮。在提高作物產量、改善品質、增強抗逆性以及推動農業可持續發展方面，氫氣有望帶來深刻變革。隨著氫氣應用技術的不斷成熟，其商業化潛力將進一步釋放，為全球農業科技注入新的活力。

本書旨在為廣大科學研究人員、農業從業者以及相關領域的學者提供一份系統性的參考。無論是理論研究還是實踐探索，氫農學都將為現代農業的發展注入創新力量。讓我們共同期待這一新興領域為全球農業帶來更多的突破和變革。

第一章
氫氣在實際生產中的應用

第一節　氫氣在各領域的應用

氫，這一宇宙中最為豐富的元素，其單質氫氣自古以來就與人類的發展息息相關。從早期的宇宙大爆炸理論到現代的能源探索，氫氣始終扮演著關鍵角色。20 世紀中葉，科學家們發現了氫氣的能源潛力，期待透過微生物和藻類的生產能力解決能源危機。如今，氫氣已在工業、交通等多個領域實現了較為成熟的應用。接下來，本文將簡要概述氫氣在工業、電力、建築和交通等領域的應用現狀。

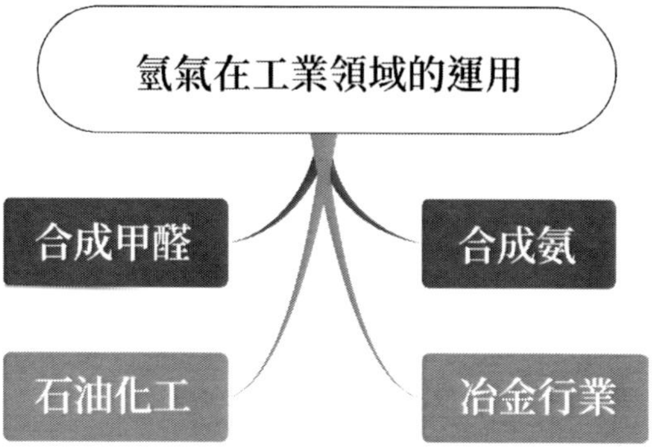

圖 1-1-1 氫氣在工業領域的應用

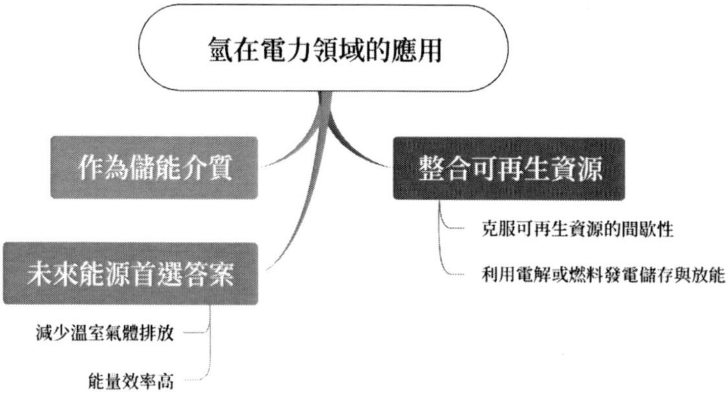

圖 1-1-2 氫氣在電力領域的應用

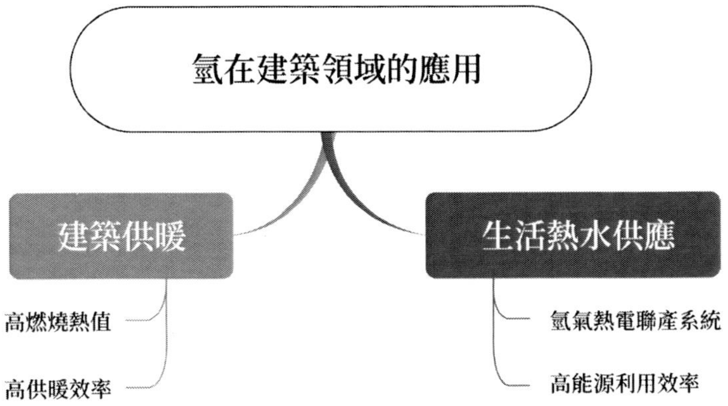

圖 1-1-3 氫氣在建築領域的應用

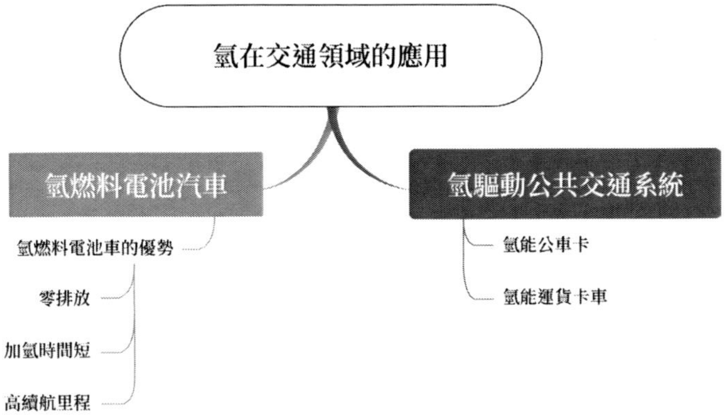

圖 1-1-4 氫氣在交通領域的應用

儘管利用氫氣解決能源危機的夢想尚未完全實現，但氫氣的另一重大發現已經為人類健康帶來了革命性的影響。2007 年的突破性研究揭示了氫氣的醫學價值，其抗氧化特性為治療多種疾病開闢了新的途徑。

隨著科技工作者在醫學領域對氫氣應用研究的不斷深入，人們開始認識到這一物質的潛力遠超預期。氫氣應用的研究逐漸擴展到植物領域，對植物的生物學效應的研究顯示，氫氣在促進種子萌發、提高作物抗逆性、增加作物產量、延長採後儲藏等方面均展現出積極作用，氫氣的應用前景在農業領域展現出前所未有的廣闊前景。這不僅有望減少農作物對化肥和農藥的依賴，提高作物品質，保障食品安全，還對環境保護產生積極影響。

展望未來，氫氣在農業上的潛在影響不容忽視。隨著研究的不斷深入，我們可能會見證一個全新的「氫農業時代」。在這個時代中，氫氣將作為一種清潔、高效的農業投入品，推動農業生產方式的轉型，促進農業的可持續發展。透過氫水處理，農作物的生長週期可能得到優化，產量和營養價值均有所提升，而對環境的負擔則大幅降低。這將是氫氣對人類歷史的又一次深遠影響，它將在維繫全球糧食安全和推動綠色發展的農業領域中發揮重大作用。

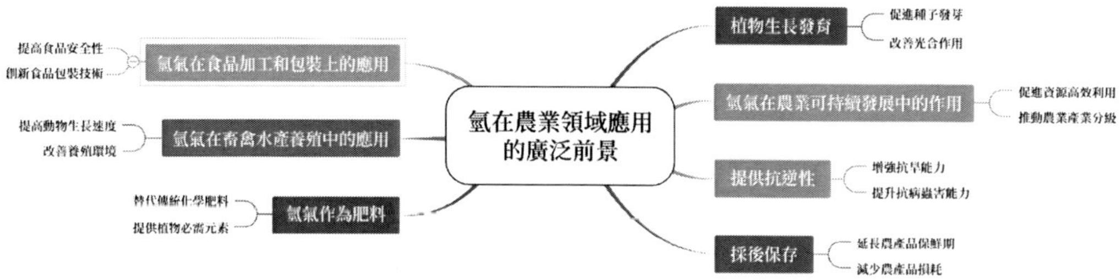

圖 1-1-5 氫氣在農業領域的應用

第二節　氫農學的發展史

一、氫農學與氫農業之始

氫農學是一門綜合運用生理生化、分子生物學、遺傳學和組學等方法，研究氫農業相關規律的科學領域。從研究對象來看，氫農學涵蓋了氫氣在微生物、植物和動物中的作用效應。由於氫農學還涉及新材料和新能源的應用，它呈現出跨學科和綜合性的顯著特點。

氫農業是氫農學的實踐分支，它透過使用氫氣或產氫材料，採用 HRW[001] 施用或氫氣燻蒸等技術，旨在提升農林牧副漁產品的產量和品質，其應用範圍從田間延伸至餐桌。

根據應用場景的不同，氫農業可以進一步細分為設施園藝氫農業、大田氫農業和家庭氫農業等類別。鑑於氫農業的綠色和環保特性，它也被視為一種綜合應用於種植業、畜牧業和水產業的新生態農業模式。

追溯到 1930 ～ 1940 年代，科學家們已經發現多種能夠產生氫氣的細菌和藻類。隨著第一次世界大戰後經濟繁榮的結束，世界逐漸籠罩在新的戰爭陰霾之下。面對日益增長的能源需求，科學家們開始探索和深入研究基於生物的製氫技術。

有證據顯示，從 1939 年開始就有已經有不少科學家嘗試利用發酵和光化學過程從藻類或者產氫細菌中製備氫氣[002]。1961 年蘇聯光－生物現象學家吉維 · 亞歷山德羅維奇 · 薩納澤（G. A. Sanadze）透過實驗證明了

[001] 富氫水（Hydrogen Rich Water, HRW）

[002] GAFFRON H, et al. Fermentative and photochemical production of hydrogen in algae[J]. *Journal of General Physiology,* 1942, 26: 219-240.
GAFFRON H, et al. Reduction of carbon dioxide with molecular hydrogen in green algae[J]. *Nature,* 1939, 143: 204-205.

高等植物的綠色葉片在特定光照下確實可以吸收和利用氫分子 [003]。

在探索植物如何參與氫氣代謝的旅程中，薩納澤的開創性工作為我們打開了一扇窗。這一發現不僅挑戰了傳統觀念，也為後續的研究奠定了基礎。緊隨其後的 1964 年，美國生物能源學者倫威克（G. M. Renwick）等透過實驗認為，高等植物的種子中往往寄生著相當多種類和數量的產氫細菌。但進一步研究發現，當研究人員人為殺滅這類產氫細菌後，在完全無菌的密閉情況下，這些高等植物的種子仍舊能夠在萌發過程中產生氫氣。此外，研究還發現，在存氫環境下生長的冬麥種子，其萌發速度要高於作為對照組的氬氣組。因此，他們猜測，一些高等植物的種子中存在著某種氫化酶 [004]。1986 年，美國學者西奧多．邁恩（Theodore E. Maione）和馬丁．吉布斯（Martin Gibbs）透過實驗發現，萊茵衣藻（*Chlamydomonas reinhardtii*）的完整葉綠體可以在氫氣環境下實現二氧化碳的光還原過程。這個實驗證明了植物的葉綠體之中可能存在著某種氫化酶，也就是說，氫氣的生產和利用可以透過植物的葉綠體來完成 [005]。同年西班牙學者托雷斯（V. Torres）等透過實驗發現，經過無氧處理的大麥種子能夠產生大量的氫氣，這一過程的核心就是「氫化酶的啟用」，研究人員確定了這種酶的活性提升並非是由外部的微生物汙染所導致，而是植物自身在面對缺氧挑戰時的一種內部反應機制。透過進一步的研究，他們發現氫化酶的誘導並非均勻分布於整個植物體，而是在根部呈現出特別強烈的活性。相比之下，下胚軸中的活性則較為溫和，而葉片中則幾乎檢測不到氫化酶的存在。這一分布模式暗示著植物在不同組織中對無氧脅迫的響應策略可能存在差異，根部的這種高度適應性可

[003] SANADZE GA, et al. Absorption of molecular hydrogen by green leaves in light[J]. *Fiziologiya Rastenii*, 1961, 8: 555-559.

[004] RENWICK GM, et al. Hydrogen metabolism in higher plants[J]. *Plant Physiology*, 1964, 39(3): 303-306.

[005] MAIONE TE, et al. Hydrogenase-mediated activities in isolated chloroplasts of Chlamydomonas reinhardii[J]. *Plant Physiology*, 1986, 80(2): 360-363.

能是保障其在土壤缺氧環境下仍能維持生命活動的關鍵[006]。

以上一系列發現不僅增進了我們對植物無氧耐受性的理解，也為未來在農業生產中利用這一特性提供了新的視角。例如，透過調控氫化酶的活性，或許能夠增強作物在淹水等逆境下的生存能力，從而提高農作物的整體適應性和產量。此外，這一過程中產生的氫氣作為一種清潔能源，也可能成為可持續能源開發的一個新方向。可是，由於時代的局限，尤其是受限於微觀觀測能力的缺乏，對相關領域的進一步研究，在很長一段時間內沒有太多進展。

二、從氫醫學到氫農學

在 1975 年，M· 道爾 (M. Dole) 及其同事將患有鱗狀皮膚癌的無毛小鼠暴露於富含氧氣和大量氫氣的環境中，進行了為期兩週的觀察。他們的目的是探究氫氣這一自由基衰變催化劑是否能夠促進皮膚腫瘤的退化。不幸的是，實驗結果並不理想，小鼠的皮膚腫瘤反而出現了顯著惡化。儘管如此，這篇文章被科學界公認為是醫用氫氣研究的早期重要文獻。隨後，越來越多的研究者投入到醫用氫氣的研究中，大量的動物模型研究和初步的臨床試驗已經證實了氫氣作為醫用抗氧化劑、抗炎劑和抗凋亡劑的巨大潛力，並為人類治療癌症、帕金森氏症、阿茲海默症和動脈粥狀硬化等疾病提供了新的研究方向。儘管學術界對於氫氣在動物體內的具體作用機制仍存在廣泛爭議，但隨著研究的不斷推進，人們開始意識到氫氣在農業領域同樣具有重要的應用潛力。

在 2003 年的研究中，中國學者發現氫氣可能在增強土壤肥力和促進作物生長方面發揮著潛在的作用。在固氮過程中，氫氣作為固氮酶與氮

[006] TORRES V, et al. Expression of hydrogenase activity in barley roots (*Hordeum vulgare* L.) after anaerobic stress[J]. *Archives of Biochemistry and Biophysics*, 1986, 245: 174-178.

氣反應的副產品出現。在某些豆科植物的根瘤內，細菌共生體能夠產生一種名為吸氫酶（Hydrogen uptake hydrogenase, HUP）的酶，該酶能夠氧化氫氣，從而回收部分能量。但在大多數情況下，這些細菌共生體並不具備 HUP（HUP-），因此產生的氫氣會擴散到土壤中並被消耗，這導致了氫氣氧化動力學的變化，並促進了根瘤菌生物量的成長。由於作物的進化和育種過程往往傾向於 HUP- 共生模式，氫氣在土壤中的釋放可能對植物生長有益。此外，這一過程不僅適用於豆科植物，非豆科植物在與豆科植物輪作後，也能從土壤中獲益。基於這些發現，「氫肥」的概念應運而生。研究已經證實，使用經過氫氣處理的土壤能夠改善小麥、油菜、大麥以及非共生大豆的生長效能。在 4 ～ 7 週齡的生長階段，與對照組相比，這些植物的乾重有了顯著的增加。

正是在同一時期，氫醫學領域也取得了顯著進展。日本的研究人員在探索利用氫氣減輕腦缺血導致的氧化損傷時，成功研發了富氫水。對於動物實驗來說，富氫水是一種非常安全的氫氣傳遞介質。對氫農學研究者而言，這一水基製劑的問世極大地促進了他們的研究工作。過去，研究者們僅能在封閉環境中直接向土壤中通入氫氣，這種做法不僅危險，而且限制了實驗規模，使得研究成果難以應用於實際農業生產。富氫水的發明為氫農學研究者打開了通往新領域的大門，彷彿是最後一把解鎖新世界的鑰匙。隨著越來越多傑出的農業科學家加入這一領域，氫農學的研究不斷深入，氫農業的前景開始逐漸明朗。

三、蓬勃發展的氫農業

酸性土壤會限制植物的生長，這一現象的主要原因之一就是鋁毒性。2012 年，中國的研究人員用 50% 飽和度的富氫水處理了紫花苜蓿幼苗後將之種植在了模擬受過酸雨和鋁離子汙染的土壤中。實驗結果顯

示 [007]，相較於對照組而言，紫花苜蓿幼苗的根系發育有了明顯的改善，換言之，植物的鋁中毒症狀有了明顯的減輕。研究人員們基於此設計了進一步的實驗，發現富氫水在土壤中的作用類似於氮氧化物的清除劑，換言之，富氫水很可能是透過減少氮氧化物的產生從而緩解了植物的鋁中毒。這一系列發現提出了一個新的設想，即富氫水可以用來在酸性土壤地區提高作物產量，改善農作物逆境耐受性，甚至減緩或抑制某地土壤的酸化。某種角度上講，正是這篇文章拉開了轟轟烈烈的氫農業研究大門。從當年開始，在農產品生產端利用氫處理改良的研究如雨後春筍般蓬勃發展。

一些學者深入研究了富氫水對植物適應汞毒性的調節作用 [008]，而其他學者則探討了不同處理水浸種對櫛瓜種子發芽的生理效應 [009]。從蔬菜到水果，從花卉到主糧，幾乎全國所有大規模種植的作物都已有學者進行研究或發表了相關成果。

在 2014 ～ 2018 年期間，一位中國學者對富氫水在延長奇異果貨架期及其潛在機制方面的影響進行了評估 [010]。該研究揭示了富氫水在延長水果保鮮期方面的潛力，尤其是對於易腐爛的奇異果。實驗結果顯示，富氫水處理能夠減緩果實成熟和衰老過程，從而延長其貨架銷售期限。該實驗的成果象徵著中國氫農業研究已從農產品的培育和生產階段，正式拓展至全鏈條覆蓋。

到 2019 年，中國已經有 42 家科學研究機構參加了氫生物學的研究，

---

[007] XIE YJ, et al. H_2 enhances *Arabidopsis* salt tolerance by manipulating ZAT10/12-mediated antioxidant defence and controlling sodium exclusion[J]. *PLoS ONE*, 2012, 7(11): e49800

[008] CUI WT, et al. Hydrogen-rich water confers plant tolerance to mercury toxicity in alfalfa seedlings[J]. *Ecotoxicology and Environmental Safety*, 2014, 105: 103-111.

[009] 孔繁榮，等 · 不同處理水浸種對櫛瓜種子發芽的生理效應 [J]. 種子科技，2023, 41(2): 20-23.

[010] HU HL, et al. Hydrogen-rich water delays postharvest ripening and senescence of kiwifruit[J]. *Food Chemistry*, 2014, 156: 100-109.

其中上海交通大學成立了氫科學中心。該中心是全球首個聚焦氫能源、氫醫學和氫農學的綜合性交叉平臺，也是中國第一家氫科學的重點實驗室。

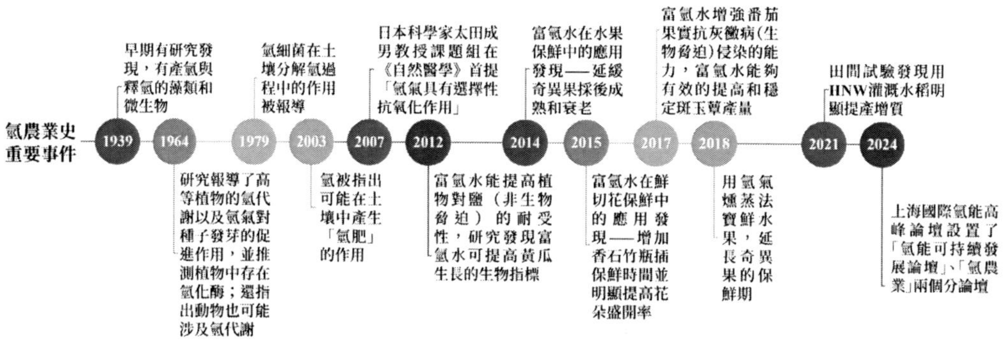

氫農業史重要事件
1939
早期有研究發現，有產氫與釋氫的藻類和微生物
1964
研究報導了高等植物的氫代謝以及氫氣對種子發芽的促進作用，並推測植物中存在氫化酶；還指出動物也可能涉及氫代謝
1979
氫細菌在土壤分解氫過程中的作用被報導
2003
氫被指出可能在土壤中產生「氫肥」的作用
2007
日本科學家太田成男教授課題組在《自然醫學》首提「氫氣具有選擇性抗氧化作用」
2012
富氫水能提高植物對鹽（非生物脅迫）的耐受性，研究發現富氫水可提高黃瓜生長的生物指標
2014
富氫水在水果保鮮中的應用發現——延緩奇異果採後成熟和衰老
2015
富氫水在鮮切花保鮮中的應用發現——增加香石竹瓶插保鮮時間並明顯提高花朵盛開率
2017
富氫水增強番茄果實抗灰黴病(生物脅迫)侵染的能力，富氫水能夠有效的提高和穩定斑玉蕈產量
2018
用氫氣燻蒸法寶鮮水果，延長奇異果的保鮮期
2021
田間試驗發現用HNW灌溉水稻明顯提產增質
2024
上海國際氫能高峰論壇設置了「氫能可持續發展論壇」、「氫農業」兩個分論壇

圖 1-2-1 氫農業發展過程中的里程碑事件 [011]

在技術創新與研發方面，科學研究機構和企業將加大投入，深入研究氫如何促進植物生長、增強作物的抗逆性以及提升農產品品質的內在機制。透過持續的實驗和驗證，預計將開發出新型的氫農業技術，包括高效的氫氣施肥技術與精準的氫氣調控系統等。這些技術的發展有望顯著提高農業生產效率和產品品質。

---

[011] RALF Conrad, et al. The role of hydrogen bacteria during the decomposition of hydrogen by soil[J]. *FEMS Microbiology Letters*, 1979, 6(3): 143-145.

Dong Z, et al. Hydrogen fertilization of soils-is this a benefit of legumes in rotation?[J]. *Plant, Cell and Environment*, 2003, 26(12): 1875-1879.

OHSAWA I, et al. Hydrogen acts as a therapeutic antioxidant by selectively reducing cytotoxic oxygen radicals[J]. *Nature Medicine*, 2007, 13(6): 688-694.

XIE Y, et al. H_2 enhances *Arabidopsis* salt tolerance by manipulating ZAT10/12-mediated antioxidant defence and controlling sodium exclusion[J]. *PLoS ONE*, 2012, 7(11): e49800.

林玉婷 ·HO-1/CO 信號系統參與 H_2S、β-CD-hemin 和 H_2 誘導的黃瓜不定根發生 [D]. 南京農業大學，2012.

蔡敏，杜紅梅 · 富氫水預處理對香石竹切花瓶插壽命的影響 [J]. 上海交通大學學報（農業科學版），2015, 33(6): 41-45.

盧慧，等 · 富氫水處理對採後番茄果實灰黴病抗性的影響 [J]. 河南農業科學，2017, 46(2): 64-68.

郝海波 · 富氫水對斑玉蕈工廠化生產中產量與品質的作用研究 [D]. 南京農業大學，2017.

HU H, et al. Hydrogen gas prolongs the shelf life of kiwifruit by decreasing ethylene biosynthesis[J]. *Postharvest Biology and Technology*, 2018, 135: 123-130.

CHENG P, et al. Molecular hydrogen increases quantitative and qualitative traits of rice grain in field trials[J]. *Plants*, 2021, 10(11): 2331.

在產業鏈整合與發展方面，氫農業技術的成熟預示著相關產業鏈的整合與進步。從氫氣的生產、儲存、運輸，到氫農業設施的建立與營運，再到氫農產品的加工與銷售，整個產業鏈將建構一個完整的閉環，推動農業經濟的轉型與升級。

在環境保護與可持續發展方面，氫農業的普及和應用將有助於減少化學肥料和農藥的使用量，從而減輕農業生產對環境的壓力。此外，氫作為一種清潔能源，在農業領域的應用將有助於降低溫室氣體的排放，對抗全球氣候變化，進而促進農業的綠色可持續發展。

在政策支持與市場建構層面，氫農業的發展正受到越來越多國家的重視。透過推動研究計畫、示範專案及技術補助，政府部門正積極建立促進農民採用新技術的誘因機制，以逐步擴展氫農產品的市場規模。政策導向與市場激勵的結合，為氫農業成為農業現代化的重要推手提供了制度與資源保障。

在國際合作方面，氫農業的推進也正在促進跨國研究交流與技術合作。隨著各國在氫能源與農業應用領域的探索加深，相關的知識分享、技術轉移與人才交流日益頻繁，有望共同推動該領域的全球進展，並助力糧食安全與農業可持續發展。

總體而言，氫農學與氫農業被視為可能引領農業生產方式根本變革的新興力量。這一技術趨勢預示著農業資源利用方式的重塑，並為未來農業的環境友善性與產能潛力帶來積極前景。

第二章
氫氣在農業中的使用方式和作用機制

第一節　農業的供氫方式

實驗室研究與田間實踐構成了氫氣在農業領域應用的兩大主要場景。在實驗室環境中，由於規模較小且設施完備，氫氣的供應相對簡單，目前已有眾多關於實驗室氫氣供應方法的研究報導。相對而言，田間實踐則面臨不同的挑戰，由於其規模較大且缺乏相應的配套設施，使得田間氫氣供應方法更為複雜。

一、實驗室研究常用供氫方式

實驗室研究常用供氫方式主要有五種，分別是富氫水給氫，氫化鎂給氫，奈米儲氫材料給氫，奈米氣泡氫水給氫和氫氣燻蒸。實驗室一般採用氫氣發生器制純氫，再透過調整氫氣流速及通入時間得到特定濃度 HRW，因其便捷、高效、安全、即時性純度高，HRW 被廣泛應用於大田作物和模式植物相關研究中。氫化鎂 (MgH_2) 是一種安全無毒、成本低廉的白色結晶體，同時也是一種高效的儲氫材料。它可以透過水的分解或熱分解來釋放氫氣，其中水解製氫因其不需要高溫而更為方便。然而，水解過程中產生的副產品氫氧化鎂可能會限制水解反應的持續進行，因此在實際應用中，根據需要會新增酸或鹽來調節製氫效率。氫化鎂曾經在醫學領域備受青睞，現在也成了農學領域的熱門研究對象。奈米儲氫材料，透過物理或化學方法將氫氣與多孔奈米材料結合，一直是醫學和藥學研究的焦點，並且現在也受到了農學領域的重視。HNW[012] 是 HRW 的升級版，透過將氫氣溶解在奈米氣泡水中製得，顯著延長了氫氣在水中的停留時間，並有效提高了氫氣濃度，為農業應用提供了新的思

[012] 奈米氣泡氫水 (Hydrogen-rich Nanobubble Water, HNW)

路。氫氣燻蒸則與其他四種供氫方式不同，它通常在密閉環境中先抽出適量空氣，然後注入低於爆炸極限的氫氣，並需要定時換氣以保持氫氣的作用效果，同樣為農業應用領域開闢了新的途徑。

表 2-1-1 五種供氫（給氫）方式的特點

供氫（給氫）方式	特點
富氫水（Hydrogen-rich water, HRW）	製氫工藝簡單、高效、安全，所製得的 HRW 氫氣純度極高，但溶解度低、易逸散，不易長時間儲存 [013]
氫化鎂 [014]（MgH_2）	高效、安全、無毒、價格低廉，儲氫密度極高 [015]，儲氫能力強，便於運輸，乾燥的條件下可長期儲存 [016]
奈米儲氫材料	因其特殊性質（比表面積大、易修飾、微孔多等）極大地提高了其吸附和儲存能力 [017]
奈米氣泡氫水（Hydrogen-rich nanobubble water, HNW）	顯著提高了氫濃度與氫氣在水中的儲存時間 [018]
氫氣燻蒸 [019]	操作簡單、安全、快捷

[013] 田紀元，等 · 富氫水對植物的生長效應及在芽苗菜生產中的應用前景 [J]. 中國蔬菜，2016, (9): 31-34.

[014] LI L, et al. Magnesium hydride-mediated sustainable hydrogen supply prolongs the vase life of cut carnation flowers via hydrogen sulfide[J]. *Frontiers in Plant Science*, 2020, 11: 595376.

[015] 錢躍言，等 ·MgH_2 的製備技術及其用途 [J]. 浙江化工，2012, 43(12): 33-36.
CHEN Z, et al. Perspectives and challenges of hydrogen storage in solid-state hydrides[J]. *Chinese Journal of Chemical Engineering*, 2021, 29: 1-12.

[016] HANAOKA T, et al. Molecular hydrogen protects chondrocytes from oxidative stress and indirectly alters gene expressions through reducing peroxynitrite derived from nitric oxide[J]. *Medical Gas Research*, 2011, 1(1): 18.

[017] MORRIS R, WHEATLEY P. Gas storage in nanoporous materials[J]. *Angewandte Chemie International Edition*, 2008, 47(27): 4966-4981.

[018] TAN B, AN H, OHL C. Stability of surface and bulk nanobubbles[J]. *Current Opinion in Colloid & Interface Science*, 2021, 53: 101428.
KIM D, HAN J. Remediation of copper contaminated soils using water containing hydrogen nanobubbles[J]. *Applied Sciences*, 2020, 10(6): 2185.

[019] HU H, et al. Hydrogen gas prolongs the shelf life of kiwifruit by decreasing ethylene biosynthesis[J]. *Postharvest Biology and Technology*, 2018, 135: 123-130.

二、田間實踐常用供氫方式

氫農業的田間實踐涵蓋了露天農業、大棚農業以及種養一體化的田間農業，其適用場景極為廣泛。王飛娟[020]及其研究團隊在藥用植物園地探究了不同濃度的 HRW 對當歸生長的影響。李強[021]等人在網室栽培試驗中，研究了不同濃度 HRW 灌溉對各類葉菜產量的潛在影響。鑑於中國田間灌溉主要依賴傳統方法，如滴灌和噴灌，並且使用量較大，因此在田間種植灌溉中，通常選擇 HRW 和 HNW 這兩種供氫灌溉方式。這兩種方式的製氫技術通常也分為兩種，其一是製氫機的使用，現制 HRW；其二是工業制 H_2 經儲運到達目的地，經加壓等手段將 H_2 溶解於水得到 HRW。HRW 一般使用管道噴灑、皮管澆灌、滴灌條滴灌等手段作用於植物。儘管田間實踐使用場景廣泛，但有關氫農業的田間實踐並不多，研究大多還停留於實驗室，大量田間實踐等待著學者們的挑戰。

[020] 丁芳芳，王飛娟 · 富氫水澆灌對當歸生長效能的影響 [J]. 陝西農業科學，2019, 65(04): 54-56.
[021] 楊瑞怡，等 · 富氫水澆灌在網室葉菜栽培中的應用試驗 [J]. 農業工程技術，2019,39(35): 29+31.

第二節　氫對作物生理作用的影響機制

一、影響作物的生長發育

(一) 種子萌發

種子萌發階段是植物生長過程中最脆弱、易被客觀條件干擾卻十分重要的一環。早在 1964 年，氫被指出能提高黑麥種子發芽率，促進種子萌發 [022]；有中國研究者 [023] 發現，水稻種子經 50% HRW（0.11mM）浸泡處理後，α/β- 澱粉酶被啟用，總可溶性醣與還原醣的形成得到加速，增加了總同工酶活性或相應的抗氧化酶轉錄物，包括 CAT、SOD 和 POD[024] 等抗氧化酶的活性，且莖、根的 K^+/Na^+ 值也有所提高，緩解了鹽脅迫給種子、幼苗帶來的生長抑制，有效促進了種子萌發。另有研究顯示，0.39mM HRW 有助於增強種子耐鋁性，氫氣預處理透過提高 GA/ABA[025] 比值，改變 miRNA[026] 調控及其靶基因表現，增強抗氧化系統，加快檸檬酸鹽外排，從而減輕鋁脅迫對水稻種子萌發的抑制及早期幼苗的發育 [027]。還有研究發現 50% HRW（0.11mM）參與了對種子生理活動

[022] KIM D, HAN J. Remediation of copper contaminated soils using water containing hydrogen nanobubbles[J]. *Applied Sciences*, 2020, 10(6): 2185.
RENWICK GM, GIUMARRO C, SIEGEL SM. Hydrogen metabolism in higher plants[J]. *Plant Physiology*, 1964, 39(3): 303-306.

[023] XU S, et al. Hydrogen-rich water alleviates salt stress in rice during seed germination[J]. *Plant and Soil*, 2013, 370(1/2): 47-57.

[024] 過氧化氫酶（Catalase, CAT）；超氧化物歧化酶（Superoxide Dismutase, SOD）；過氧化物酶（Peroxidase, POD）

[025] 赤黴素（Gibberellin, GA）；脫落酸（Abscisic Acid, ABA）

[026] 微核糖核酸（microRNA, miRNA）

[027] XU D, et al. Linking hydrogen-enhanced rice aluminum tolerance with the reestablishment of GA/ABA balance and miRNA-modulated gene expression: A case study on germination[J]. *Ecotoxicology and Environmental Safety*, 2017, 145: 303-312.

的調節以及環境條件的改變，可減弱水稻種子萌發過程中的硼毒性 [028]。一般在較低濃度下，氫氣可透過改變細胞膜的流動性，加快氧氣和營養物質的轉運，提高種子內部酶的活性和代謝過程，從而有效提高種子萌發率。然而，過高的氫氣濃度可能會對種子產生抑制作用，影響其正常生長。在實際農業應用中，需要精準把控氫氣的濃度，以保證其對種子萌發的正向調控。

(二) 根莖葉發育

根系作為植物抵禦土壤逆境的第一道防線，是吸收水分與營養元素的重要部位，整個植株生命體的生長發育受根系發育狀況的影響。多項研究證實氫氣對植物根系發育有積極作用。用外源氫供體 50% HRW (0.11mM) 處理黃瓜 (陸豐) 幼苗時，發現不定根數量與長度均顯著增加，該促進作用透過血紅素加氧酶 -1/CO 系統上調 CsDNAJ1、CsCDPK1/5、CsCDC6 和 CsAUX22B/D 靶基因來實現 [029]。還有學者表示一氧化氮 (NO) 可能在氫誘導的黃瓜不定根器官發生過程中作為下游訊號分子，在不定根形成過程中，氫經 NO 途徑介導細胞週期啟用 [030]。0.39mM 外源氫處理番茄可提升植株體內 NO 水準，誘導番茄幼苗側根形成。氫對側根形成的正調控與硝酸還原酶產生的 NO 密切相關，NO 作為訊號分子參與了由氫觸發的側根形成過程，並且這一過程涉及細胞週期調控基因的表現變化。因此，氫被認為可透過調節 NO 的合成來促進番茄幼苗

[028] WANG Y, et al. Linking hydrogen-mediated boron toxicity tolerance with improvement of root elongation, water status and reactive oxygen species balance: a case study for rice[J]. *Annals of Botany*, 2016, 118(7): 1279-1291.

[029] LIN Y, et al. Hydrogen-rich water regulates cucumber adventitious root development in a heme oxygenase-1/carbon monoxide-dependent manner[J]. *Journal of Plant Physiology*, 2014, 171(2): 1-8.

[030] ZHU Y, et al. Nitric oxide is involved in hydrogen gas-induced cell cycle activation during adventitious root formation in cucumber[J]. *BMC Plant Biology*, 2016, 16(1): 146.

側根的形成[031]。綠豆幼苗經 0.48mM HRW 處理提高了 IAA 和 GA_3[032] 水準，從而導致下胚軸長度和根長增加[033]。

(三) 品質與產量

富氫處理對農產品（農作物）品質與產量的改良在當下也是十分火熱。研究發現 0.83mM HRW（12h 後，氫氣濃度仍維持在 0.15mM 左右）在 UV-A 輻射的條件下，能有效促進蘿蔔芽下胚軸中花青素的生物合成[034]。HRW 增加了細胞質中的鈣離子（Ca^{2+}）濃度，這一增加的鈣離子濃度對花青素的累積產生了關鍵作用。HRW 顯著啟用了多個與花青素生物合成密切相關的酶，包括 PAL、CHS、CHI、DFR[035] 和尿苷二磷酸葡萄糖：UFGT[036]，上調與花青素生物合成相關的一系列基因表現，如 PAL、CHS、CHI、F3H、F3'H、DFR、LDOX、UFGT、PAP1 和 PAP2 等。研究還提出了肌醇三磷酸（Inositol trisphosphate, IP3）依賴的鈣訊號通路可能參與了 HRW 調節的花青素生物合成。在 UV-A 輻射下，HRW 透過增加細胞質鈣濃度和啟用花青素生物合成相關酶和基因，促進了花青素的累積，這為提高作物中花青素含量提供了新的策略，並為進一步研究 HRW 在植物生理中的作用機制奠定了基礎。還有研究發現 HRW 處理能夠顯著提高斑玉蕈子實體中的多醣、總醣、蛋白質和總胺基酸含

[031] CAO Z, et al. Hydrogen gas is involved in auxin-induced lateral root formation by modulating nitric oxide synthesis[J]. *International Journal of Molecular Sciences*, 2017, 18(10): 2084.

[032] 吲哚 -3- 乙酸（Indole-3-acetic Acid, IAA）；赤黴素 A_3（Gibberellin A_3, GA_3）

[033] WU Q, et al. Hydrogen-rich water promotes elongation of hypocotyls and roots in plants through mediating the level of endogenous gibberellin and auxin[J]. *Functional Plant Biology*, 2020, 47(9): 771-778.

[034] ZHANG X, et al. Increased cytosolic calcium contributes to hydrogen-rich water-promoted anthocyanin biosynthesis under UV-A irradiation in radish sprouts hypocotyls[J]. *Frontiers in Plant Science*, 2018, 9: 1020.

[035] L- 苯丙氨酸解氨酶（L-phenylalanine ammonia-lyase, PAL）；查爾酮合酶（Chalcone Synthase, CHS）；查爾酮異構酶（Chalcone Isomerase, CHI）；二氫黃酮醇 4- 還原酶（Dihydrofl avonol 4-Reductase, DFR）

[036] 類黃酮 3-O- 葡萄糖基轉移酶（Uridine Diphosphate Glucose: Flavonoid Glucosyltransferase, UFGT）

量，特別是 50% HRW（0.45mM）處理能夠提高這些營養成分的含量，從而可能改善斑玉蕈的品質和風味 [037]。100% HRW（0.9mM）處理具有顯著的增產效果，這或許是 HRW 對搔菌過程中損傷菌絲的 Ca^{2+} 訊號通路、ROS[038] 訊號通路、 絲裂原啟用蛋白激酶（Mitogen-Activated Protein Kinase, MAPK）訊號通路等有影響，透過啟用這些訊號通路來促進菌絲的恢復與再生 [039]。

以上證據表明，氫能促進植物的生長與提高作物品質。若它能作為「氫肥」，提高植物對養分的利用效率，甚至替代某些營養成分，這將在農業中釋放出無限潛力。

二、影響作物的抗逆性

鹽度、重金屬、強光、溫度、乾旱、農藥等都是影響植物生理生化過程的主要的非生物脅迫。世界上 45%的農田常遭受水資源匱乏問題，約占兩成的可耕地和超三成的農業灌溉區遭受鹽脅迫 [040]。這最終將導致作物減產，成為滿足世界糧食需求的主要限制因素 [041]。人們致力於探索提高植物對非生物脅迫的響應和適應機制。這些發現對作物增產具有重大價值。

研究發現，氫作為一種新穎的細胞保護調節因子，透過耦合 ZAT10/12 介導的抗氧化防禦和離子穩態的維持，提高了擬南芥的耐鹽性。遺傳學證據表明，SOS1 和 cAPX1 可能是 H_2 訊號轉導的靶基

[037] 郝海波 · 富氫水對斑玉蕈工廠化生產中產量與品質的作用研究 [D]. 南京農業大學，2017.

[038] 活性氧（Reactive Oxygen Species, ROS）

[039] ZHANG J, et al. Hydrogen-rich water alleviates the toxicities of different stresses to mycelial growth in *Hypsizygus marmoreus*[J]. *AMB Express*, 2017, 7(1): 107.

[040] RHAMAN M, et al. 5-aminolevulinic acid-mediated plant adaptive responses to abiotic stress[J]. *Plant Cell Reports*, 2021, 40(8): 1451-1469.
AHMED R, et al. Differential response of nano zinc sulphate with other conventional sources of Zn in mitigating salinity stress in rice grown on saline-sodic soil[J]. *Chemosphere*, 2023, 327: 138479.

[041] LOWRY G, AVELLAN A, GILBERTSON L. Opportunities and challenges for nanotechnology in the agri-tech revolution[J]. *Nature Nanotechnology*, 2019, 14(6): 517-522.

因[042]。另外，透過與褪黑激素的相互作用調節氧化還原和離子穩態可以增加內源氫氣[043]。在玉米苗期，50% HRW（0.39mM）處理提高了質膜 H^+-ATP 酶和 Ca^{2+}-ATP 酶以及液泡膜 H^+-ATP 酶和 H^+-PP 酶的活性，提高了質子跨膜梯度，減少離子累積對細胞的損害，導致電化學梯度增加膨壓，擴大氣孔開度。HRW 可促進玉米幼苗葉綠素合成，從而提高光合作用。HRW 還能提高可溶性蛋白含量，維持滲透平衡，以減緩玉米苗生長發育期鹽脅迫帶來的抑制[044]。

土壤中的重金屬元素會被植株吸收和累積，這不僅會導致作物產量下降，還會帶進食物鏈，對動物和人類健康構成威脅[045]。10% HRW（0.02mM）在轉錄水準上提高了 POD、SOD、APX[046] 和 CAT 的活性，提高了非酶抗氧化系統 GSH 和 hGSH[047] 的含量，減輕了紫花苜蓿幼苗的汞毒性[048]。50%（0.11mM）HRW 處理黃瓜降低了鎘脅迫引起的 MDA、H_2O_2、$O_2^{\cdot-}$、TBARS、AsA[049] 和 GSH 的含量，以及 RE C 和 LOX[050] 的活性，提高了 DHA 和 GSSG[051] 的含量，降低了 AsA/DHA 和 GSH/GSSG 的比例[052]。從分子學角度看，HRW 調控了與重金屬轉移相關的基因

---

[042] XIE Y, et al. H_2 enhances *Arabidopsis* salt tolerance by manipulating ZAT10/12-mediated antioxidant defence and controlling sodium exclusion[J]. *PLoS ONE*, 2012, 7(11): e49800.

[043] SU J, et al. Molecular hydrogen-induced salinity tolerance requires melatonin signalling in *Arabidopsis thaliana*[J]. *Plant, Cell & Environment*, 2021, 44(2): 476-490.

[044] 田婧藝，等．外源氫氣對玉米幼苗耐鹽性的影響 [J]. 湖南師範大學自然科學學報，2018. 41(6): 23-30.

[045] CHEN X, et al. When nanoparticle and microbes meet: The effect of multiwalled carbon nanotubes on microbial community and nutrient cycling in hyperaccumulator system[J]. *Journal of Hazardous Materials*, 2022, 423(Pt A): 126947.

[046] 抗壞血酸過氧化物酶（Ascorbate Peroxidase, APX）

[047] 麩胱甘肽（Glutathione, GSH）；還原型麩胱甘肽（Reduced Glutathione, hGSH）

[048] CUI W, et al. Hydrogen-rich water confers plant tolerance to mercury toxicity in alfalfa seedlings[J]. *Ecotoxicology and Environmental Safety*, 2014, 105: 103-111.

[049] 4,4'-二氨基二苯基甲烷（4,4'-Methylenedianiline, MDA）；硫代巴比妥酸反應物（TBARS）；抗壞血酸（Ascorbic Acid, AsA）

[050] 相對電導率（Relative Electrical Conductivity, REC）；脂氧合酶（Lipoxygenase, LOX）

[051] 脫氫抗壞血酸（Dehydroascorbate, DHA）；氧化型麩胱甘肽（Glutathione Oxidized, GSSG）

[052] WANG B, et al. Hydrogen gas promotes the adventitious rooting in cucumber under cadmium stress[J]. *PLoS ONE*, 2019, 14(2): e0212639.

和蛋白，減輕了重金屬對植物的脅迫。10% HRW（0.02mM）提高了苜蓿的鎘耐受性，透過氫氣調控與硫代謝相關基因的表現，尤其是參與GLDH[053]代謝的基因表現，提高了GSH代謝，並啟用抗氧化和鎘螯合作用。此外，10% HRW（0.02mM）透過ABC transporter[054]介導的分泌減少了鎘在根部的累積，從而減輕了鎘的毒性[055]。蛋白質組學研究發現，苜蓿經10% HRW（0.02mM）處理可透過改變與氧化損傷相關的基因表現、促進硫化合物代謝、維持營養平衡等多種機制緩解鎘脅迫[056]。蛋白質組學研究發現，苜蓿經10% HRW（0.02mM）處理可透過改變與氧化損傷相關的基因表現、促進硫化合物代謝、維持營養平衡等多種機制緩解鎘脅迫。黃瓜經50% HRW（0.11mM）作用顯著提高了抗氧化酶相關基因的表現，緩解其鎘脅迫下的生長抑制。白菜機制研究發現，50% HRW（0.11mM）抑制了將鎘轉運到木質部的HMA2和HMA4基因的表現，提高了調控鎘進入根液泡的HMA3基因的表現，抑制了負責上調吸收鎘的IRT1和Nramp1基因，最終減少了白菜對鎘的吸收，減輕了鎘的毒害[057]。

強光脅迫會導致植物體內ROS水準上升，50% HRW（0.11mM）外源性氫氣預處理能夠提高包括CAT、SOD、GR和APX的抗氧化酶活性，有助於清除植物體內的ROS，透過保持高水準的抗氧化能力，使玉米植株表現出很強的光氧化耐受性[058]。

---

[053] 麩胺酸脫氫酶（Glutamate Dehydrogenase, GLDH 或 GDH）

[054] 腺苷三磷酸結合盒轉運蛋白（ATP-binding Cassette Transporter, ABC transporter）

[055] CUI W, et al. Transcriptome analysis reveals insight into molecular hydrogeninduced cadmium tolerance in alfalfa: the prominent role of sulfur and (homo)glutathione metabolism[J]. *BMC Plant Biology*, 2020, 20(1): 58.

[056] DAI C, et al. Proteomic analysis provides insights into the molecular bases of hydrogen gas-induced cadmium resistance in *Medicago sativa*[J]. *Journal of Proteomics*, 2017, 152: 109-120.

[057] WU Q, et al. Hydrogen-rich water enhances cadmium tolerance in Chinese cabbage by reducing cadmium uptake and increasing antioxidant capacities[J]. *Journal of Plant Physiology*, 2015, 175: 174-182.

[058] ZHANG X, et al. Protective effects of hydrogen-rich water on the photosynthetic apparatus of maize

相關研究顯示，冷脅迫導致 ROS（如 H_2O_2 和 $O_2^{\cdot-}$）的累積增加，50% HRW（0.39mM）預處理顯著抑制了這種累積，並透過增強抗氧化酶（如 SOD、POD 和 CAT）的總和同工酶活性來重新建立氧化還原平衡。氫氣還可透過調節 miRNAs（miRNA398 和 miRNA319）的表現，提高水稻幼苗的葉綠素含量和光合活性，恢復氧化還原穩態，緩解低溫脅迫[059]。此外，新增氨硼進一步促進了冷脅迫引發的內源硫化氫生物合成，對甘藍型油菜的耐寒性有正向調節作用[060]。

研究發現，外源 50% HRW（0.11mM）提高了苜蓿細胞外液的 pH 值，調節了氣孔對 ABA 的敏感性，從而影響了苜蓿的抗旱性[061]，而苜蓿 ABA 訊號通路或許還參與了 0.39mM 外源氫介導的苜蓿抗滲透脅迫過程[062]。學者[063]發現 CO 透過增加 RWC[064]、葉片葉綠素含量與螢光引數、代謝組分含量、啟用抗氧化酶、降低 TBARS 和 ROS 水準，參與乾旱脅迫下 50% HRW（0.225mM）誘導黃瓜不定根的發育，減輕氧化損傷。更多的研究則表明，氫作用下作物的乾旱適應性增強還與植物抗氧化系統的活性和滲透調節系統的強度密切相關[065]。

---

seedlings (*Zea mays* L.) as a result of an increase in antioxidant enzyme activities under high light stress[J]. *Plant Growth Regulation*, 2015, 77: 43-56.

[059] XU S, et al. Hydrogen enhances adaptation of rice seedlings to cold stress via the reestablishment of redox homeostasis mediated by miRNA expression[J]. *Plant and Soil*, 2016, 414: 53-67.

[060] CHENG P, et al. Ammonia borane positively regulates cold tolerance in *Brassica napus* via hydrogen sulfide signaling[J]. *BMC Plant Biology*, 2022, 22: 585.

[061] JIN Q, et al. Hydrogen-modulated stomatal sensitivity to abscisic acid and drought tolerance via the regulation of apoplastic pH in *Medicago sativa*[J]. *Journal of Plant Growth Regulation*, 2015, 35: 565-573.

[062] FELIX K, et al. Hydrogen-induced tolerance against osmotic stress in alfalfa seedlings involves ABA signaling[J]. *Plant and Soil*, 2019, 445: 409-423.

[063] CHEN Y, et al. Carbon monoxide is involved in hydrogen gas-induced adventitious root development in cucumber under simulated drought stress[J]. *Frontiers in Plant Science*, 2017, 8: 128.

[064] 相對含水量（Relative Water Content, RWC）

[065] SU J, et al. Hydrogen-induced osmotic tolerance is associated with nitric oxide-mediated proline accumulation and reestablishment of redox balance in alfalfa seedlings[J]. *Environmental and Experimental Botany*, 2018, 147: 249-260.

人們發現，氫氣可能以氣體訊號分子的形式參與苜蓿的抗巴拉刈[066]脅迫響應。外源 50% HRW（0.11mM）的應用減輕了巴拉刈的過度使用引發的氧化損傷，這一過程是由血紅素加氧酶 -1/CO 系統介導的[067]。有研究顯示，一定濃度氫氣可以提高 CHT[068] 在植物中的降解，而不會降低其抗真菌作用。擬南芥中氫化酶 1 基因（Hydrogenase 1 gene from Chlamydomonas reinhardti i, CrHYD1）的過度表現會增加內源氫氣，因而提高 BR s[069] 水準，促進 CHT 的降解，該過程在白菜、黃瓜、蘿蔔、苜蓿、水稻和油菜籽中也均有發現[070]。研究還報導了 75% HRW（0.17mM）處理可透過提高水稻抗氧化酶的活性和促進除草劑的降解來提高水稻對除草劑 BS[071] 的耐受能力[072]。不少研究者還指出，氫氣可以正向刺激葉片中貝芬替的降解。這些研究結果或許為氫農業在環保領域的應用開闢了嶄新窗口[073]。

生物脅迫對植物的生長也有影響。灰黴病是農業生產中常見的病害之一，嚴重影響了植物的品質、產量。研究發現，50% HRW（0.13mM）和 75% HRW（0.19mM）能提高番茄果實多酚氧化酶活性，減少病害面積。進一步研究發現，在上述過程中，NO 含量隨氫氣濃度的改變而變化，這表明氫氣可能作為一種氣體訊號分子參與了植物脅迫響應，提高

[066] 巴拉刈（Paraquat）是一種聯吡啶類廣譜除草劑，化學式為 $C_{12}H_{14}N_2$，具高毒性和不可逆肺纖維化作用。

[067] JIN Q, et al. Hydrogen gas acts as a novel bioactive molecule in enhancing plant tolerance to paraquat-induced oxidative stress via the modulation of heme oxygenase-1 signalling system[J]. *Plant Cell & Environment*, 2013, 36(5): 956-69.

[068] 殺菌劑百菌清（Chlorothalonil, CHT）

[069] 油菜素內酯（Brassinosteroids, BRs）

[070] Wang Y, et al. Regulation of chlorothalonil degradation by molecular hydrogen[J]. *Journal of Hazardous Materials*, 2022, 424(Pt A): 127291.

[071] 雙草醚（Bispyribac-sodium, BS）

[072] Gu T, et al. Hydrogen-rich water pretreatment alleviates the phytotoxicity of bispyribac-sodium to rice by increasing the activity of antioxidant enzymes and enhancing herbicide degradation[J]. *Agronomy*, 2022, 12(11): 2821.

[073] Zhang T, et al. Degradation of carbendazim by molecular hydrogen on leaf models[J]. *Plants*, 2022, 11(5): 621.

了番茄果實對灰黴病的抗性 [074]。

氫在農業中的應用優勢同樣展現在幫助提高植物的抗逆性，在節能減排減汙、緩解氣候變化壓力、擴大農業種植面積以緩解都市化帶來的耕地減少等方面也同樣具有廣闊潛力。

三、影響作物採後品質及貨架期

農產品供應鏈的採後損耗率在產品供至消費者之前較高，如何延長農產品（農作物）的保鮮期以減少採後損失顯得尤為重要 [075]。學者們 [076] 表示 1％外源 HRW（0.005mM）處理可以提高百合切花的花瓶壽命和品質，外源氫氣的應用或透過維持水平衡和膜的穩定性，縮小氣孔，降低 MDA 含量、減少電解質滲漏和氧化損傷，從而延長了切花的花瓶壽命、提高了採後品質。專家 [077] 指出，外源 0.078mM HRW 可以透過改變內源氫氣來增加內源性抗氧化能力，維持氧化還原穩態，從而延長切花花瓶壽命。採後氫處理可以延緩植物組織的衰老，而採前處理也有類似的效果，胡花麗等人 [078] 研究發現，採前 0.8μmol/L HRW（0.0008mM）灌溉提高了金針花花蕾產量，緩解了花萼褐變等冷害症狀，這與 ROS 含量、滲漏率、脂質過氧化的降低及不飽和／飽和脂肪酸比、內源 H_2 含量的提高有關。HRW 處理的芽中苯丙胺酸氨裂合酶和多酚氧化酶活性顯著降低，

[074] Dong W, et al. Effects of hydrogen-rich water treatment on defense responses of postharvest tomato fruit to botrytis cinerea[J]. *Food Chemistry*, 2023, 399: 133997.

[075] Duan Y, et al. Postharvest precooling of fruit and vegetables: A review[J]. *Trends in Food Science & Technology*, 2020, 100: 278-291.

[076] Ren P, et al. Effect of hydrogen-rich water on vase life and quality in cut lily and rose flowers[J] *Horticulture, Environment, and Biotechnology*, 2017, 58: 576-584.

[077] Su J, et al. Endogenous hydrogen gas delays petal senescence and extends the vase life of lisianthus cut fl owers[J]. *Postharvest Biology and Technology*, 2019, 147: 148-155.

[078] HU H, LI P, SHEN W. Preharvest application of hydrogen-rich water not only affects daylily bud yield but also contributes to the alleviation of bud browning[J]. *Scientia Horticulturae*, 2021, 287: 110267.

這導致芽中總酚累積量高於對照，因此，採前 HRW 處理可作為提高金針花芽耐冷性的有效技術，進而延長其儲藏貨架期。

氫對奇異果採摘後的保藏也有重要作用。80% HRW（0.176mM）透過減弱呼吸強度、降低脂質過氧化水準、提高 SOD 活性、降低自由基含量和維持粒線體內膜完整性來延緩果實在儲藏過程中的成熟和衰老[079]。除了減弱呼吸強度和改善抗氧化系統外，4.5μL/L 氫氣處理還可以透過限制內源乙烯的合成來延長奇異果的採後貨架期[080]。過量攝取亞硝酸鹽有害於人體健康。然而，植物中的氮同化使得果蔬的攝取成為人類間接攝取亞硝酸鹽的主要途徑之一。研究發現 0.585mM HRW 處理不僅延緩了番茄衰老，延長了番茄的貨架期，還降低了亞硝酸鹽含量[081]。在食用菌（斑玉蕈）中，0.1mM HRW 透過對減弱氧化反應，降低相對 EL[082]、MDA 含量和超氧自由基（$O_2^{\cdot-}$）活性以及對抗氧化防禦能力的調節，延緩了食用菌在儲藏過程中腐爛現象的發生，提高了食用菌的品質[083]。2% 和 3% H_2 處理有效延長了韭菜的貨架期，顯著抑制了小蔥總酚、VC、總黃酮的下降趨勢[084]，這些天然抗氧化劑對於保護植物免受氧化損傷至關重要，同時降低了植物體內 ROS 和 H_2O_2 的累積，增強了多種抗氧化酶的活性，包括 SOD、POD、CAT 和 APX，還影響了非酶抗氧化劑物質的水準，特別是增加了還原型 GSH 的含量，並提高了還原型 GR 的活性。GSH 和 GR 作為重要的抗氧化劑，參與維持細胞內的氧化還原

[079] HU H, et al. Hydrogen-rich water delays postharvest ripening and senescence of kiwifruit[J]. *Food Chemistry*, 2014, 156: 100-109.

[080] HU H, et al. Hydrogen gas prolongs the shelf life of kiwifruit by decreasing ethylene biosynthesis[J]. *Postharvest Biology and Technology*, 2018, 135: 123-130.

[081] ZHANG Y, et al. Nitrite accumulation during storage of tomato fruit as prevented by hydrogen gas[J]. *International Journal of Food Properties*, 2019, 22(1): 1425-1438.

[082] 電解質滲透率（Electrolytic Leakage, EL）

[083] CHEN H, et al. Hydrogen-rich water increases postharvest quality by enhancing antioxidant capacity in *Hypsizygus marmoreus*[J]. *AMB Express*, 2017, 7(1): 221.

[084] JIANG K, et al. Molecular hydrogen maintains the storage quality of Chinese chive through improving antioxidant capacity[J]. *Plants*, 2021, 10(6): 1095.

狀態，對保持韭菜的品質和營養具有顯著影響。另有研究指出，0.7ppm (0.35mM) HRW 透過啟用抗氧化系統（包括 $O_2^{\cdot-}$ 清除活性、GSH、MDHAR、PPO[085] 和總黃酮類化合物）在保存期間的水準，將 CAT、GSSG、AAO[086] 和總酚類化合物維持在保存的第一天的水準，以及保存後期較高水準的 APX、總花青素、GR 和 GPX，調節次生代謝物合成、維持麩胱甘肽水準和控制 ROS 的平衡，從而減緩荔枝果皮的褐變，保持果實的新鮮度和營養價值，延長其貨架壽命[087]。氫氣在農產品的品質提升、採後運輸、保鮮、貨架期延長等方面均發揮著有益作用，使農產品從採後到上桌前都保持了較高的品質，這些發現不僅展現了氫在農業中的應用優勢與潛力，也為未來氫能的綜合、大規模應用提供了不可或缺的鋪陳。

四、關於作物最佳氫濃度的機制假說

在相同的生長階段，不同作物對氫氣的需求差異可能與它們內部多種有機物質（如澱粉、蛋白質、脂肪）的構成比例密切相關。這些有機物質作為植物細胞中的主要能量來源，其含量和代謝狀態會直接影響植物的能量消耗、氧化還原狀態以及生長發育。不同有機物質的代謝強度不同，可能導致不同農作物在產生能量的同時產生不同量的 ROS，進而影響對氫氣的需求量。因為氫氣作為一種還原劑，能夠與 ROS 發生反應，維持細胞內的氧化還原平衡。此外，氫氣還可能參與植物的訊號傳導過程，影響其生長發育和環境響應，而農作物中不同有機物質的代謝狀態

[085] 單脫氫抗壞血酸還原酶（Monodehydroascorbate Reductase, MDHAR）；多酚氧化酶（Polyphenol Oxidase, PPO）

[086] 抗壞血酸氧化酶（Ascorbate Oxidase, AAO）

[087] YUN Z, et al. Effects of hydrogen water treatment on antioxidant system of litchi fruit during the pericarp browning[J]. *Food Chemistry*, 2021, 336: 127618.

可能會進一步影響訊號分子的產生和傳遞，因此氫氣或許能夠幫助植物適應不同的環境條件。氫氣也可能調節植物的代謝途徑，不同農作物的代謝途徑和效率的差異，可能需要不同濃度的氫氣來優化這些代謝過程。同時，氫氣對細胞結構和功能的保護作用也可能與農作物中有機物質構成比例和狀態相關，這可能會影響細胞對氫氣的敏感性和需求。因此，透過理解農作物中有機物的代謝差異與氫氣需求之間的關係，我們可以了解不同作物的最佳氫穩態，更精確地調控氫氣的供給，以滿足不同農作物在特定生命階段的需求，優化植物的生產效率和產品品質。未來的研究需要進一步探索這一機制，以根據農作物的代謝狀態來調整氫氣的應用。

在分析不同農作物在各自生命階段對氫氣需求差異的機制時，耗氧量作為一個關鍵指標，反映了植物的呼吸作用，與生長速度、代謝活動強度及能量需求緊密相關。在生長旺盛期，如幼苗期和開花期，植物的呼吸作用加劇，耗氧量升高，以支持其快速的生物合成和能量需求，此時 ROS 的增加可能對細胞造成損傷。氫氣作為一種有效的抗氧化劑，能夠與 ROS 反應，減少氧化損傷，保護細胞。因此在耗氧量高的生命階段，植物對氫氣的需求量可能增加，以維持氧化還原平衡和細胞完整性。此外，氫氣還可能參與植物的訊號傳導，調節生長發育和環境響應，影響代謝途徑，如光合作用和呼吸作用。不同農作物在不同生命階段對氫氣的需求不同，需要根據耗氧量和生理狀態來調整氫氣供給濃度，以促進健康生長，提高產量和品質，延長保鮮期。環境因素如光照、溫度和水分等也會影響植物的耗氧量和氫氣需求，因此實際應用中需要綜合考慮這些因素。

此外，儘管氫氣在特定條件下對植物生長有正面效應，但是過量的氫氣或不當的氫氣管理方式可能會打破植物與其微生物群落之間的平衡，影響其他微生物的代謝活動和生存條件，導致一些有益微生物受到抑制，而有害微生物則可能趁機繁殖，從而破壞土壤的生態平衡，對植物生長產生負面影響。並且已有研究顯示，氫氣能延長秀麗線蟲的壽命，雖然秀麗線蟲本身是無害的非寄生線蟲，但該結果意味著氫氣可能有利於某些土壤病蟲害的繁殖。已有研究顯示，適量的氫氣可以透過調節植物體內的訊號通路和代謝過程來促進植物生長。然而，過量的氫氣可能會干擾這些正常的生理機能，導致植物生長受阻、抗逆性下降等問題。同時，氫氣還可能與其他環境因素（如光照、溫度、水分等）產生互動作用，進一步加劇對植物的不利影響。

因此深入理解最佳氫濃度這一機制，我們可以更精確地調控氫氣供給，優化植物生產和保鮮，而未來研究將進一步探索氫氣在植物生理中的作用機制，以及如何根據不同作物和生長階段優化氫氣利用。

在植物生長和保鮮過程中，氫氣的獨特作用，如抗氧化、訊號傳導和代謝調節等，是氮氣、二氧化碳等其他氣體不能同時具備的。因此，在當下的實際應用中，用氮氣等氣體替換氫氣不太可能產生與氫氣相同的效果。不同氣體在植物生理中的作用機制大不相同，無法相互替代。但未來的研究可以進一步探索氫氣如何與氮氣等其他氣體協同作用，以優化植物的生長。同時，也需要關注氣體使用的安全性和實用性，確保植物生產的可持續性和高效性。

第三章
穀類作物

截至 2024 年 6 月，根據相關調查研究數據，中國已經不再是世界人口第一大國。但是，隨著世界範圍內最大規模的都市化，中國將會在可預見的將來成為世界第一大市場。這勢必意味著，人民對於生活數據的消費量將進一步提升。但放眼全球，地區對抗愈加激烈，全球暖化帶來的極端氣候和蝗災等突發災害也在影響著國際糧食的供求平衡。如何保衛糧食安全是一個永不過時的課題。

筆者對近 20 年 (2000 ～ 2020) 來中國 31 個省、市、自治區的三種主要糧食 (稻類、玉米、麥類) 的作物總產量、播種面積、進出口量以及花費的投入量等進行了一定研究。

縱觀這 20 年來的數據，我們可以發現，上述幾種作物的單產水準呈上升趨勢，表現為以稻穀單產最高，以小麥單產增產率最高。從上述幾種作物的種植面積來看，近 20 年來，中國主要糧食作物中玉米的種植面積提高幅度最大，稻穀的種植面積提高幅度最小，麥類的種植面積降低。

從 2003 年開始，對中國糧食安全做出最大貢獻的因素就已經從種植面積變為了糧食作物的平均單產。結合 20 年來總體來看，由糧食播種面積增大所帶來的增產只占總增產的 20%不到，超過 80%的增產是由單產提升帶來的。

同時，中國對這三種糧食作物和大豆的進口數量也一直呈現增加態勢。2020 年，中國五種糧食的進口量已經達到了 2000 年進口量的十倍。換句話說，中國糧食進出口已經從最初的調整分配餘缺變成了大規模進口。

與此同時，中國的化肥總投入量也呈現出先增後減的變化規律。這一數字在 2015 年達到了最高點，目前正在緩緩下降。相較於 2015 年，2020 年中國的氮肥、磷肥和鉀肥總用量分別降低了 22.4%，22.5%和 15.6%。

透過上述數據我們不難得知，就目前客觀規律而言，中國存在著相當大程度的糧食缺口。這一方面意味著市場需要更好的作物品種，另一方面也意味著，精耕細作仍舊會在相當長的一段時間內成為中國糧食生產的主旋律。此外，中國糧食產量的總提升也和高產作物替代種植低產作物，提高加權平均單產有關。具體表現為，中國的玉米種植量逐年攀升，而相對比較低產的豆類、小麥和薯類的種植比例持續下降。

有不少學者也調查了不同階段化肥使用量對中國糧食產量的影響分析。目前，在中國學界得到廣泛認同的是，絕大多數耕地已經在事實上進入了化肥投入量和農業產量的邊際報酬遞減階段，化肥對糧食的增產效應已經不再明顯。

這意味著，中國一方面要大力發展、推廣新作物品種的同時，也要開發化肥之外的，能輔助作物生長的新肥料和新方法。而「氫肥」正是一個相當有競爭力的選項。下文中，筆者將分別討論，實驗室或試驗田條件下，外源性氫供應分別對稻穀、小麥、玉米和大麥的影響。

第一節　外源性氫氣對稻穀的影響

水稻作為世界上最重要的糧食作物之一，對於中國這個人口眾多的國家來說，其產量具有極其重要的意義。首先，水稻是中國的主要糧食作物，其產量直接關係到糧食安全和人民的基本生活需求。中國擁有悠久的水稻種植歷史，水稻種植面積廣泛，產量豐富，是保障糧食供應的基石。

其次，水稻產量的穩定成長對於維護社會穩定和促進經濟發展具有重要作用。糧食價格的穩定是社會穩定的重要保障，而水稻作為主要的糧食來源，其產量的穩定可以避免糧食價格的劇烈波動，減少社會動盪的風險。水稻產業的發展能夠帶動農業技術的進步和相關產業的發展，為經濟成長提供動力。水稻產量的提高有助於提高農民的收入和生活水準。水稻種植是許多農民的主要經濟來源，產量的增加可以提高農民的收益，改善他們的生活品質。此外，水稻產業的發展還能夠吸納更多的勞動力，為農村地區的就業提供機會。

在國際層面，中國作為世界上最大的水稻生產國，其產量的穩定和成長對於全球糧食市場具有重要影響。在全球糧食安全面臨挑戰的背景下，中國水稻產量的穩定成長有助於緩解全球糧食供應的壓力，為世界糧食安全做出貢獻。

然而，水稻產量的提高也面臨著諸多挑戰。首先，種植品種的多樣性導致管理上的複雜性，影響產業化的程序。其次，水稻種植面積的穩定性面臨挑戰，種植與需求之間的對接存在難度，突破性品種較少，種糧效益偏低，同時輕簡型高產技術儲備不足。此外，選種不當、播種時間不當以及育苗技術水準較差也是影響水稻品質和產量的重要因素。部分農民教育程度有限，缺少科學的水稻種植知識，導致在選種、播種和育苗過程中出現技術不合理、不科學的問題，影響水稻的健康生長和產量。

儘管面臨挑戰，中國水稻種植業也在不斷創新和進步。長期以來，中國農民在有限的土地上，透過細緻的耕作方式，提高了土地的產出效率。這種耕作模式要求農民對土地有深入的了解和精心的管理，包括土壤的改良、水分的控制、病蟲害的防治等，以確保水稻的健康生長和高產。

正是基於此，已經有不少氫農業研究者把目光投射到水稻身上。

一、富氫水改善冷脅迫下稻秧生長的負面效應

由於水稻起源於熱帶和副熱帶地區，對低溫更為敏感，因此冷脅迫對水稻的影響尤為顯著。

冷脅迫影響植物的多種生理和生化過程，包括光合作用、呼吸作用、營養吸收和運輸等。這些過程的損害會導致植物生長受阻。

研究者製備了不同氫氣濃度的富氫水[088]，對實驗所用的水稻種子表面消毒處理後，在28°C的黑暗條件下發芽，發芽後轉移到生長箱中繼續生長。在生長到一定階段後，幼苗被轉移到含有不同濃度氫氣的MS溶液[089]中進行16小時的預處理。預處理完成後，一部分幼苗被轉移到0°C的冷脅迫條件下，另一部分則繼續在28°C的條件下生長。

在冷脅迫處理24小時後，幼苗被恢復到28°C的條件下，繼續生長一段時間，以便觀察和測量各種生理指標的變化。實驗中測量了幼苗的鮮重和乾重，以評估生長情況；測定了電解質洩漏率，以評估細胞膜的完整性；測定了內源氫氣含量，以了解氫氣在植物體內的水準；測定了葉綠素含量和光合速率，以評估光合作用的影響；測定了H_2O_2含量和TBARS含量，以評估氧化損傷的程度；進行了組織化學染色，以直觀顯

[088] XU S, et al. Hydrogen enhances adaptation of rice seedlings to cold stress via the re-establishment of redox homeostasis mediated by miRNA expression[J]. *Plant and Soil*, 2017, 414: 53-67.

[089] MS溶液（Murashige and Skoog Solution, MS）

示 H_2O_2 和 O_2^- 的累積；測定了抗氧化酶的活性，以評估抗氧化系統的響應；透過凝膠電泳分析了抗氧化酶的同工酶活性；透過 qRT-PCR 分析了抗氧化酶基因和 miRNA 的表現水準。

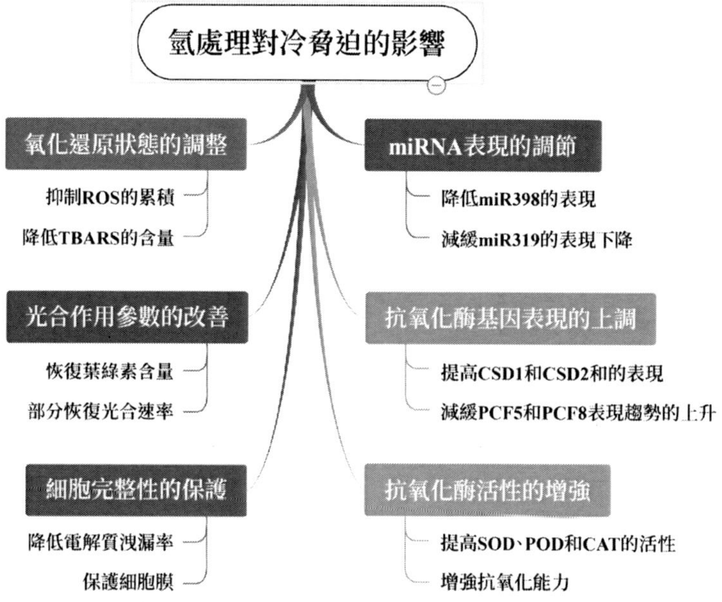

圖 3-1-1 富氫水改善冷脅迫下稻秧生長的負面效應總結效果圖

實驗結果揭示了氫氣對水稻幼苗在冷脅迫下的積極作用，具體表現在以下幾個方面：

1. 生長抑制的緩解

實驗觀察到，經過冷脅迫處理的水稻幼苗出現了生長抑制現象，表現為葉片捲曲、萎蔫和衰老。而經過 0.4mM 的富氫水預處理的幼苗在冷脅迫後的生長狀態得到了明顯改善，生長引數得到了恢復。

2. 細胞膜完整性的保護

冷脅迫導致細胞膜損傷，表現為電解質洩漏率的增加。氫氣預處理有效降低了電解質洩漏率，表明其對細胞膜的保護作用。

3. 內源氫氣含量的變化

冷脅迫刺激了水稻幼苗內源氫氣的產生。外源氫氣預處理進一步增強了這一生理反應，表明內源氫氣可能在調節冷脅迫響應中發揮作用。

4. 光合作用引數的改善

冷脅迫導致葉綠素含量下降和光合速率降低。氫氣預處理顯著緩解了這些負面影響，葉綠素含量和光合速率得到了部分恢復。

5. 氧化還原狀態的調整

冷脅迫引起的 ROS 累積和脂質過氧化反應被氫氣預處理有效抑制，表現為 H_2O_2 含量和 TBARS 含量的降低。

6. 抗氧化酶活性的增強

氫氣預處理提高了抗氧化酶如 SOD、POD 和 CAT 的活性，並透過凝膠電泳顯示了同工酶活性的變化，這有助於增強植物的抗氧化能力。

7. 抗氧化酶基因表現的上調

qRT-PCR 分析顯示，氫氣預處理提高了抗氧化酶基因 Mn-SOD、CATA 和 CATB 的表現水準，這與抗氧化酶活性的提高相一致。

8. miRNA 表現的調節

冷脅迫導致 miR398 和 miR319 的表現下調，而氫氣預處理進一步降低了 miR398 的表現水準，並減緩了 miR319 表現下降的趨勢。同時，miR398 和 miR319 的靶基因 CSD1、CSD2、PCF5 和 PCF8 的表現水準也受到氫氣預處理的影響，CSD1 和 CSD2 的表現增強，而 PCF5 和 PCF8 的表現上升趨勢被減緩。

這些結果顯示，氫氣透過調節抗氧化酶系統和 miRNA 的表現，增強了水稻幼苗對冷脅迫的適應能力，從而在分子層面上揭示了氫氣緩解冷脅迫的機制。

二、富氫水處理透過提高抗氧化酶活性和促進除草劑降解來減輕雙草醚鈉鹽對水稻的植物毒性

除草劑 BS 一種廣泛應用於水稻田控制雜草的除草劑，它透過抑制 ALS[090] 的活性來發揮作用，ALS 是植物合成支鏈胺基酸所必需的 [091]。然而，BS 的使用不僅可能導致除草劑抗性雜草的進化，還可能對水稻等非靶標作物造成藥害，影響其生長和發育，降低穀物產量和品質。隨著 BS 抗性雜草的出現，BS 的使用量增加，對水稻的植物毒性損害也相應增加。

因此，作者開展了對氫氣作為一種潛在的緩解劑在提高植物抗逆性方面的應用前景研究 [092]。研究旨在探索富氫水是否能夠緩解 BS 對水稻的植物毒性，以及其潛在的作用機制。

選取了兩種水稻品種 —— 印度香米（*O. sativa* spp. *Indica*）和日本香米（*O. sativa* spp. *Japonica*），這些種子經過表面消毒、清洗後在 25°C的黑暗條件下發芽。發芽的種子被均勻放置在直徑 12cm 的玻璃培養皿中，並在 25°C的恆溫箱中培養。

當水稻幼苗長到 2 ～ 3 葉階段時，將它們轉移到塑膠培養箱中，並在 1/2 劑量 Hoagland 溶液（植物營養液中最常用的一種配方）中培養。這

[090] 乙醯乳酸合成酶（Acetolactate Synthase, ALS）

[091] SAIKA H, et al. A novel rice cytochrome P450 gene, CYP72A31, confers tolerance to acetolactate synthase-inhibiting herbicides in rice and *Arabidopsis*[J]. *Plant Physiology*, 2014, 166(4): 1232-1240.

[092] GU T, et al. Hydrogen-rich water pretreatment alleviates the phytotoxicity of bispyribac-sodium to rice by increasing the activity of antioxidant enzymes and enhancing herbicide degradation[J]. *Agronomy*, 2022, 12(11): 2821.

些幼苗在具有特定光照和溫度條件下的光照培養箱中生長。在實驗中，幼苗被分別用不同濃度的 HRW（0.4mM，0.6mM，和 0.8mM）處理 24 小時，或者用 BS 單獨處理，或者兩者結合處理。對於組合處理，幼苗首先用指定濃度的 HRW 處理 24 小時，然後噴灑 BS。

實驗測量了根長、植物高度和鮮重等生長指標，這些指標在處理後五天進行測量。此外，還評估了與抗氧化防禦系統相關的指標變化，包括 ALS 酶活性的變化，以及 BS 在水稻葉片中的殘留量。整個實驗在完全隨機設計的條件下進行，每個處理都有三次重複，每次實驗都進行了三次。

實驗結果顯示，除草劑 BS 對兩種水稻品種生長具有顯著抑制作用，尤其是對日本香米品種的影響更為嚴重。具體來看，BS 的使用導致了水稻幼苗的身高和重量顯著下降，並且葉片顏色變黃，這反映出植物生長受到了阻礙，組織受到了損傷。不過，值得注意的是，BS 對水稻根部的長度並沒有明顯的影響。

幸運的是，HRW 的預處理能夠顯著減輕 BS 對水稻生長的負面影響。在印度香米品種中，使用 0.6mM 的 HRW 預處理可以有效地緩解 BS 對植株大小的抑制效果，而 0.4mM 和 0.8mM 的 HRW 則效果不明顯。對於日本香米品種，實驗中使用的三種不同濃度的 HRW（0.4mM，0.6mM，和 0.8mM）都能夠有效地逆轉 BS 引起的植株大小減少。此外，HRW 的補充還能夠提高過氧化氫酶 CAT、SOD 和 POD 等抗氧化酶的活性，有助於有效清除對植物有害的 ROS。進一步的實驗發現，在經過 HRW 預處理的水稻幼苗中，BS 對 ALS 的抑制作用在五天內較弱，與僅用 BS 處理的幼苗相比，HRW 預處理能夠加速 BS 在水稻中的降解速率。這表明 HRW 預處理可能透過提高抗氧化酶活性和促進除草劑降解，增強水稻對 BS 的耐受性。

由此我們可以得出結論，HRW 預處理可能是一種有前景且有效的方法，可以提高水稻對 BS 的耐受能力，並且為減少除草劑對作物的負面影響提供了新的策略。

三、富氫水可緩解水稻種子萌發過程中的鹽脅迫

還有研究者將重點放在了水稻種子萌發過程中的鹽脅迫上。鹽分脅迫通常抑制種子萌發並延遲幼苗生長，這對作物產量構成了嚴重威脅。鹽分脅迫會影響植株的光合作用、蛋白質合成以及能量和脂質代謝等主要生理過程。在細胞層面，鹽分脅迫會擾亂植物的細胞內離子平衡，引起高滲透脅迫，尤其是由於鹽脅迫導致的 ROS 的過量產生，如果不加以控制，會對脂質等大分子造成氧化損傷，導致脂質過氧化和細胞死亡。

基於這些背景，研究者探討了 HRW 在緩解水稻種子萌發過程中鹽脅迫的分子機制 [093]。研究者們使用了生理和分子方法相結合的手段，研究了 HRW 對緩解鹽脅迫的影響，包括減輕種子萌發和生長的抑制、降低脂質過氧化、上調抗氧化酶表現，以及在鹽脅迫下增加水稻幼苗的 K^+/Na^+ 比例。這些研究結果有助於我們理解 HRW 如何影響植物對鹽脅迫的耐受性，並為提高農業產量提供了可能的解決方案。

研究人員選用水稻（*Oryza sativa* L., Wuyunjing 7）種子作為實驗材料，這些種子經過表面消毒、清洗和乾燥後，在不同濃度的 HRW 中預浸泡 16 小時，然後轉移到含有蒸餾水或 100mM NaCl 溶液的培養皿中。所有種子在 28°C的條件下，保持 12/12 小時的日夜週期和 150μmol $m^{-2}·s^{-1}$ 的光照強度，用於進一步的實驗。

實驗中對種子進行了萌發和生長分析，記錄了在不同處理下的萌發

[093] XU S, et al. Hydrogen-rich water alleviates salt stress in rice during seed germination[J]. *Plant and Soil*, 2013, 370(1/2): 47-57.

率、根長和芽長。同時，測定了在 NaCl 脅迫下 α- 澱粉酶和 β- 澱粉酶的活性，以及總醣和還原醣的含量。為了評估 HRW 對鹽脅迫誘導的氧化損傷的細胞保護作用，測量了 TBARS 的含量，這是脂質過氧化的一個指標。

此外，實驗還涉及了抗氧化酶的測定，包括 SOD、CAT 和 APX 的活性。透過 PAGE[094] 分析了 SOD 和 APX 的同工酶活性。並透過 RT-PCR[095] 分析了抗氧化酶基因的表現。

最後，為了測試 HRW 對水稻幼苗在鹽脅迫下離子平衡的影響，測定了 Na^+ 和 K^+ 在幼苗根和芽組織中的含量。

實驗結果顯示，100mM NaCl 脅迫顯著增加了稻米種子萌發過程中內源性氫氣 (H_2) 的產生。與僅用 100mM NaCl 處理的樣本相比，外源性 HRW 預處理能夠不同程度地減輕鹽分脅迫對種子萌發和幼苗生長的抑制作用。特別是 50% (0.4mM) 和 100% (0.8mM) 濃度的 HRW 預處理，能夠顯著啟用 α/β- 澱粉酶活性，加速還原醣和總可溶性醣的形成。

HRW 還增強了包括 SOD、CAT 和 APX 的抗氧化酶的總活性、同工酶活性，上調相應的轉錄本。這些結果透過減少 TBARS 的氧化損傷得到了證實。此外，HRW 處理的幼苗在根和芽部分的 K^+/Na^+ 也有所增加。

具體來說，50% (0.4mM) 的 HRW 在存在 NaCl 的情況下顯著提高了種子的萌發率和根長，但對芽長的增長沒有顯著作用。100% (0.8mM) HRW 雖然也能緩解鹽脅迫對種子萌發的抑制作用，但效果不如 50% (0.4mM) 的 HRW 明顯。在 α- 澱粉酶和 β- 澱粉酶活性以及總醣和還原醣含量方面，50% (0.4mM) 和 100% (0.8mM) HRW 預處理均能顯著增加這些指標，尤其是在鹽脅迫條件下。

在氧化損傷方面，50% (0.4mM) 和 100% (0.8mM) HRW 預處理顯著

[094] 非變性聚丙烯醯胺凝膠電泳 (Non Denaturing Polyacrylamide Gel Electrophoresis, PAGE)
[095] 逆轉錄聚合酶鏈反應 (Reverse Transcription Polymerase Chain Reaction, RT-PCR)

降低了 NaCl 脅迫下萌發稻米種子的 TBARS 含量，表明 HRW 具有減輕氧化反應的保護作用。抗氧化酶活性的測定結果顯示，50%（0.4mM）HRW 預處理顯著提高了 Cu/Zn-SOD 和 Mn-SOD 的轉錄水準和總 SOD 活性。同時，50%和 100%濃度的 HRW 預處理顯著提高了 APX 和 CAT 的總活性。

在離子平衡方面，50%（尤其是）和 100%濃度的 HRW 預處理後，NaCl 脅迫的稻米幼苗根和芽部分的 K^+/Na^+ 比率顯著增加，表明外源性 HRW 能夠調節離子平衡，以適應鹽脅迫。

綜上實驗結果顯示，外源性 HRW 處理可能是緩解水稻種子在鹽脅迫下萌發和幼苗生長的有效方法。HRW 透過啟用抗氧化酶系統和調節離子平衡，增強了水稻對鹽脅迫的耐受性。這些發現為提高農業產量和應對鹽鹼地種植挑戰提供了新的策略。

四、在田間試驗中，氫分子提高了水稻籽粒的數量和品質性狀

上述實驗都將注意力集中於水稻的幼苗和種子，並且取得了良好的進展。那麼，這種氫氣的應用是否可以擴展到水稻的全生命週期呢？是否可以在試驗田環境下取得良好的中試結果呢？

研究者專門選用的水稻品種是 Huruan1212，這是一種對鞘枯病和稻瘟病敏感的軟米品種。實驗在中國江蘇省句容市的農田中進行，於 2020 年 6 月初將三十天大的水稻秧苗移植到水田中，並在自然條件下生長 [096]。

實驗分為兩組處理，一組使用 HNW 灌溉，另一組使用普通溝渠水（對照組）。每塊水田約 $150m^2$，整個生長季節中不使用任何化學肥料和農藥。在水稻抽穗期至收穫期期間，每週一次用 HNW 灌溉，每次灌溉量

[096] CHENG P, et al. Molecular hydrogen increases quantitative and qualitative traits of rice grain in field trials[J]. *Plants*, 2021, 10(11): 2331.

約為 3 噸水。HNW 是由電解系統產生的氫氣透過奈米氣泡發生器注入溝渠水中形成的。在灌溉前，使用行動式溶解氫計測定 H_2 的濃度，實驗中 HNW 中的 H_2 飽和度約為 75%（0.5mM），溶解 H_2 的半衰期至少為 3 小時，氫氣奈米氣泡的直徑約為 60 ～ 550 nm。

在田間試驗期間，記錄了每天的最高和最低溫度。水稻在 HNW 灌溉下生長，直到收穫階段。收穫後，對稻穀進行拍照記錄，並將其加工成白米進行進一步分析。隨機選擇至少 1,000 粒稻米／白米進行尺寸記錄，測量種子的結實率和千粒重。每份重複樣本包括 1,000 粒稻米／白米，總樣本量為 3,000 粒（1,000×3）。最後，隨機選擇約 15g 白米磨成粉末，用於進一步分析。

實驗對稻米的一系列生理生化指標進行了測定，包括總蛋白含量、直鏈澱粉含量、凝膠一致性、米粒的糊化溫度、米粒的直鏈澱粉含量和金屬離子含量等。與 qPCR[097] 相結合，分析了水稻葉片、幼穗和根部的基因表現，以探究 HNW 對水稻生理和分子機制的影響。

實驗結果詳細地揭示了 HNW 對水稻生長和稻米品質的多方面積極影響：

1. 稻米尺寸的增加

實驗觀察到，與使用普通溝渠水灌溉的對照組相比，HNW 灌溉顯著增加了稻米的長度、寬度和厚度。具體來說，HNW 處理組的平均粒長和粒寬分別比對照組長約 11.4%和 15.1%，粒厚增加了 37.5%。

2. 千粒重的提升

由於稻米尺寸的增加，HNW 處理組的千粒重也顯著提高，增幅約為 23.8%，這直接關聯到種子產量的增加。

---

[097] 實時螢光定量技術（Realtime Fluorescence Quantitative PCR, qPCR）

3. 基因表現的變化

HNW 灌溉與調控水稻種子大小的關鍵基因表現水準的變化相匹配。實驗中發現，與細胞增殖相關的異源三聚體 G 蛋白 β 亞基基因（RGB1）、控制穀物長度和寬度的小粒 1（SMG1）、穀物寬度 5（GS5）和穀物重量 8（GW8）的表現水準上調，而與穀物長度負相關的穀物大小 3（GS3）表現水準下調。

4. 營養元素的吸收

HNW 灌溉提高了水稻對氮、磷、鉀等主要營養元素的吸收，這些元素對於提高作物產量至關重要。實驗結果顯示，HNW 處理的水稻根中的相關基因表現水準顯著增加，這可能有助於提高營養元素的利用效率。

5. 稻米品質的改善

HNW 灌溉的白米在凝膠一致性上有所增加，直鏈澱粉含量下降了 31.6%，而總澱粉含量未受影響。這些變化有助於改善稻米的食用品質。

6. 重金屬含量的降低

HNW 灌溉顯著降低了白米中鎘的累積，降幅達到 52%，而對土壤中鎘含量沒有顯著影響，表明 HNW 可能透過調節植物內部的鎘轉運和累積機制來減少鎘的吸收。

7. 其他營養成分的變化

儘管 HNW 灌溉降低了白米中的總蛋白含量，但對穀蛋白（水稻中的主要儲存蛋白）含量的影響不顯著。其他穀物儲存蛋白，如醇溶蛋白、球蛋白和白蛋白的含量則受到了影響。

8. 分子機制的探究

透過分析根部組織中與鎘吸收和累積相關的基因表現水準，發現 HNW 灌溉顯著下調了這些基因的表現，這可能部分解釋了鎘含量降低的分子機制。

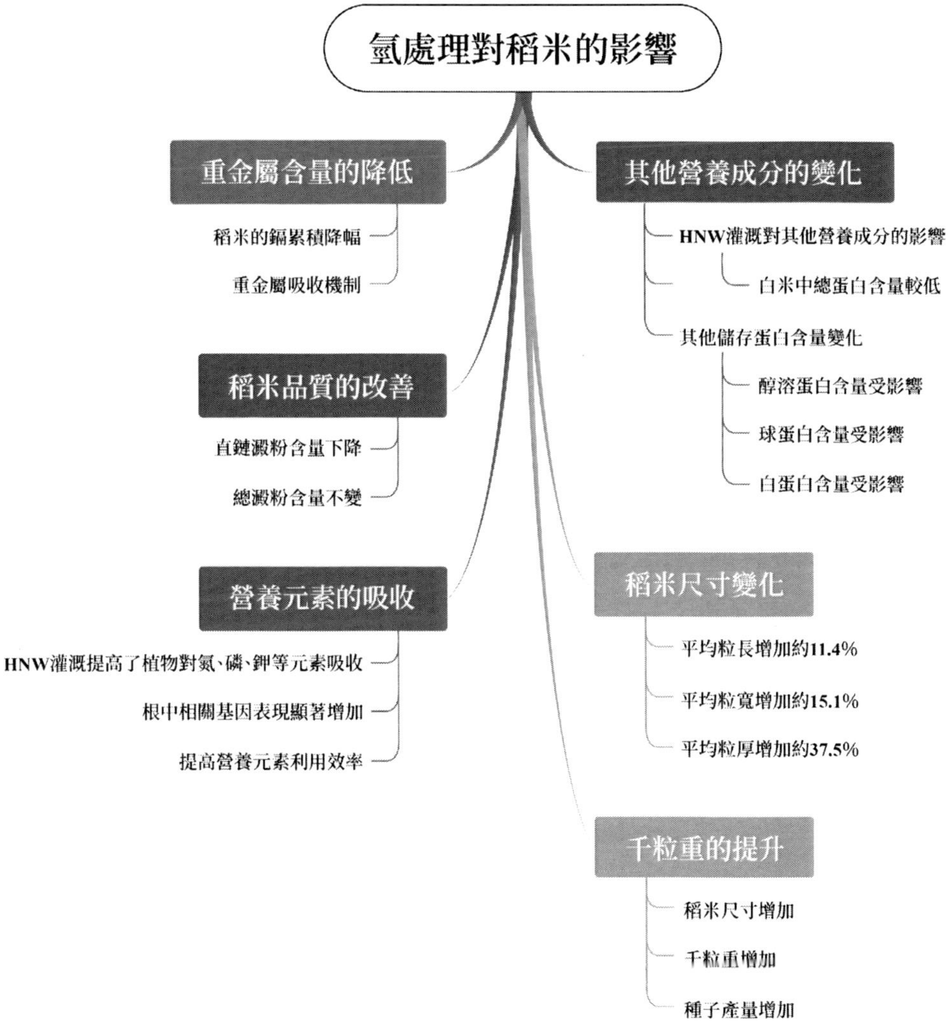

圖 3-1-2 氫處理對大田稻米的影響

綜上所述，HNW 灌溉是一種有效的農業實踐，能夠在不增加環境負擔的情況下，提高水稻的產量和品質，同時減少對人類健康有害的重金屬含量。上述研究涵蓋了稻米從種子到收穫的全過程，當然，是時候把目光投射到已經收穫的稻米上了。

五、分子氫在植物病害抗性中的作用

有一篇文章的實驗背景是探索分子氫 (H_2) 在植物病害抗性中的作用，尤其是在水稻抗 RSV[098] 方面的潛力 [099]。儘管分子氫已被發現在動物中具有潛在的治療效應，但其在植物病害抗性中的功能尚未被充分闡明。RSV 被認為是對水稻最具破壞力的植物病毒之一，它在東亞地區尤為嚴重，能夠引起嚴重的產量損失。該病毒透過小褐飛蝨 (Small Brown Planthopper, SBPH) 以循環增殖的方式在植物間傳播，受感染的植株會出現黃化條紋、葉片捲曲下垂、過早枯萎等不良表型。在植物體內，水楊酸 (Salicylic Acid, SA) 是調節區域性和系統獲得性抗病性的關鍵訊號分子。研究發現，在 RSV 感染期間，水稻中與防禦反應相關的過程被啟用，而水楊酸的代謝和訊號轉導在植物對 RSV 的抗性中扮演了重要角色。

在這項研究中，學者們首先選取了水稻品種中的抗病品種「鎮稻 88」和易感品種「武育粳 3 號」作為實驗材料，以探究分子氫對水稻條紋病毒 (RSV) 感染的影響。實驗過程中，研究者們透過氣相色譜 (GC) 測定了 RSV 感染後兩種水稻品種內源分子氫的產生情況。結果發現，在感染 RSV 後，「鎮稻 88」中內源分子氫的產生顯著增加，特別是在接種後 3 天達到高峰。為了進一步研究分子氫在水稻防禦 RSV 中的作用，研究者們

[098] 條紋病毒 (Rice Stripe Virus, RSV)

[099] SHAO Y, et al. Molecular hydrogen confers resistance to rice stripe virus[J]. *Microbiology Spectrum*, 2023, 11: e04417-22.

使用了 HRW 作為分子氫的供體，對水稻幼苗進行處理，同時進行 RSV 接種。透過預實驗，研究者們確定了含 0.585mM H_2 的 HRW 對易感品種「武育粳 3 號」的效果最佳，能夠顯著降低 RSV 的發病率。此外，為了評估內源分子氫在 RSV 抗性中的作用，研究者們還採用了 2,6- 二氯酚靛酚 (DCPIP) 作為分子氫合成的抑制劑，與 RSV 接種一起處理水稻幼苗。透過這些實驗處理，研究者們旨在揭示分子氫在調節水稻對 RSV 抗性中的潛在機制，以及水楊酸訊號通路是否參與了這一過程。實驗中，透過測定不同處理下水稻幼苗的內源分子氫含量、RSV 外殼蛋白 (CP) 的轉錄水準以及水楊酸的累積，研究者們探索了分子氫對水稻抗病毒反應的影響。

學者們的實驗結果顯示，外源分子氫的供應顯著降低了 RSV 引起的病害症狀和 RSV 外殼蛋白 (CP) 水準，特別是在易感品種「武育粳 3 號」中效果顯著。透過氣相色譜測定，發現在 RSV 感染後，「鎮稻 88」品種的內源分子氫產生明顯增加，且其基礎水準也比「武育粳 3 號」更高。此外，當使用富含 0.585mM H_2 的氫水處理水稻幼苗時，與對照組相比，兩種水稻品種的黃綠條紋症狀都有所減少，且 RSV CP 的表現水準在接種後 7、14 和 21 天均顯著降低。特別是「鎮稻 88」品種，即使在沒有 H_2 處理的情況下，RSV CP 的表現也保持在較低水準。進一步的遺傳學證據表明，過度表現來自萊茵衣藻 (*Chlamydomonas reinhardtii*) 的氫化酶基因 (CrHYD1) 的基因改造擬南芥植物，也顯示出提高的對 RSV 的抗性。這些結果顯示，分子氫可能透過水楊酸 (SA) 依賴的途徑增強了水稻對 RSV 感染的抗性。研究還發現，水楊酸合成基因的表現水準在 H_2 存在時被刺激，而水楊酸葡萄糖基轉移酶的活性受到抑制，從而促進了 SA 的累積。此外，兩個擬南芥中 SA 合成突變體 (sid2-2 和 pad4) 比野生型 (WT) 更易感染 RSV，且 H_2 處理未能提高這兩種 SA 合成突變體對 RSV 的抗性。這些發現為利用分子氫改善植物病害抗性提供了新的視角，並可能為氫基農業的發展開闢新的道路。

六、透過分子氫提高稻米儲藏品質緩解脂質惡化和維持營養價值

在稻穀收穫之後，研究人員將其存放在實驗室內，確保環境溫度恆定在 25℃，相對溼度保持在 70%。在這段時間裡，研究人員對稻穀進行了全面的品質檢測 [100]。他們收集並分析了稻穀中的揮發性化合物，如醛、醇、酮和酯等，利用固相微萃取技術結合氣相色譜 - 質譜聯用系統來辨識和測量這些物質。此外，他們還測量了稻穀中的脂肪酸值 (FAV) 和 TBARS 含量，以評估油脂的氧化程度。

為了了解 HNW 對抗氧化能力的影響，研究人員檢測了稻穀中幾種抗氧化酶的活性，包括 SOD、CAT、POD 和 APX。同時，他們還研究了 LOX 的活性及其相關基因的表現水準，這些因素與油脂氧化和不良風味的形成有直接連繫。

在營養品質方面，研究人員分析了稻穀中的胺基酸含量，特別是必需胺基酸，如離胺酸。他們使用水解胺基酸分析儀來測定稻穀粉中的胺基酸含量，以評估 HNW 處理對稻穀營養價值的影響。

最後，研究人員運用了相關性分析、偏最小二乘 - 判別分析 (PLS-DA) 和層次聚類分析 (HCA) 等統計方法，對稻穀的保存特性數據進行了綜合分析，以探究 HNW 處理與稻穀保存品質之間的連繫。

實驗結果顯示，使用 HNW 灌溉的水稻在保存一年後，其保存品質與用普通溝渠水灌溉的水稻相比有了顯著的提升。具體來說，HNW 灌溉的水稻在保存期間產生的不良風味化合物，如戊醛、己醛、庚醛、辛醛、1- 辛烯 -3- 醇和 2- 庚酮等揮發性物質的含量明顯減少。這些化合物的減少與油脂氧化過程的減緩有關，HNW 灌溉的水稻顯示出更低的自由

---

[100] CAI C, et al. Molecular hydrogen improves rice storage quality via alleviating lipid deterioration and maintaining nutritional values[J]. *Plants*, 2022, 11(9): 2588.

脂肪酸值和 TBARS 含量，表明油脂過氧化的程度有所降低。

此外，HNW 灌溉的水稻在保存期間展現出更強的抗氧化能力，這與抗氧化酶活性的提高有關，如 SOD、CAT、POD 和 APX。這些酶活性的提升有助於減緩油脂氧化的啟動，從而延長植物食品的保存期限。

在營養品質方面，HNW 灌溉的水稻在保存後含有更高水準的必需胺基酸，尤其是離胺酸，這表明 HNW 灌溉可能提高了稻米的營養價值，使其更有益於健康。同時，HNW 灌溉還顯著降低了稻米中直鏈澱粉與總澱粉的比例，這可能有助於改善稻米的風味品質。

總體而言，這項研究揭示了 HNW 灌溉作為一種提高水稻保存品質的有效方法，透過減少油脂氧化、增強抗氧化能力、保持必需胺基酸含量和改善風味品質，為農業和糧食保存提供了新的策略。

第二節　外源性氫氣對小麥的影響

小麥在中國具有深遠的農業和文化意義，它是中國北方地區的主要糧食作物，對於保障糧食安全和滿足人民的基本營養需求發揮著不可替代的作用。作為全球人口最多的國家，中國對小麥的需求量巨大，小麥的穩定生產直接關係到糧食供應和價格穩定。

在農業生產方面，小麥的種植不僅為農民提供了穩定的收入來源，還促進了農業技術和農業機械的發展。小麥的種植面積和產量是衡量中國農業發展水準的重要指標，其生產效率的提升和產量的增加，有助於提高農業的整體生產力。

小麥還是中國食品加工行業的重要組成部分，其加工產品如麵粉、麵包、麵條等，不僅豐富了人民的飲食結構，也推動了食品工業的發展和創新。小麥的深加工和綜合利用，為食品工業提供了多樣化的原料來源，促進了食品產業的多元化和高值化發展。

營養健康方面，小麥富含的蛋白質、碳水化合物、維他命和礦物質等營養成分，對提高人民的營養水準和健康水準具有重要作用。隨著生活水準的提高，人們對於營養均衡和健康飲食的需求日益增長，小麥及其製品的營養價值得到了更廣泛的認可和重視。

科技進步在小麥育種方面表現得尤為明顯，傳統的育種方法與現代生物技術相結合，加速了新品種的培育和優良性狀的改良。這不僅提升了小麥的產量和抗逆性，還有助於應對氣候變化帶來的挑戰，確保了農業生產的可持續性。

在國際貿易中，小麥作為重要的農產品，其生產和貿易狀況影響著中國在全球糧食市場中的地位和影響力。透過提高小麥的產量和品質，能夠更好地參與國際糧食貿易，提升糧食的國際競爭力。

文化上，小麥及其製品在中國的飲食文化中占有舉足輕重的地位，與傳統飲食習俗和文化緊密相連，成為中華文化的重要組成部分，展現了中國悠久的農業文明和飲食傳統。

綜上所述，小麥在中國的經濟社會發展、人民生活改善、農業科技進步、國際貿易競爭力以及文化傳承中扮演著關鍵角色，其重要性不容忽視。

中國小麥育種和種植面臨的挑戰包括氣候變化帶來的不確定性、病蟲害的威脅、土地資源的限制、水資源短缺以及環境汙染等問題。氣候變化可能導致小麥生長季節的不穩定，增加了乾旱、洪澇等極端天氣事件的發生，對小麥產量和品質構成威脅。病蟲害如小麥條鏽病、白粉病等嚴重影響小麥的生長發育，增加了小麥生產的風險。土地資源的限制和水資源短缺限制了小麥種植面積和灌溉條件，對提高小麥產量形成制約。此外，環境汙染，特別是土壤汙染，也會影響小麥的安全生產。

未來中國小麥育種和種植行業的發展趨勢將集中在以下幾個方面：首先，高產多抗育種將繼續是小麥育種的核心目標，育種者將透過傳統育種技術與現代生物技術相結合，培育出適應不同生態環境和具有較強抗病蟲害能力的小麥品種。其次，優質小麥育種將越來越受到重視，育種者將關注小麥的加工品質和營養價值，以滿足市場和消費者對健康食品的需求。此外，育種目標將更加適應市場經濟的發展，育種者需要緊跟市場需求和消費者偏好的變化，培育出符合市場多樣化需求的小麥品種。

可持續發展也是未來小麥育種和種植的重要方向，包括採用環保的種植技術，如輪作、間作和套作等，以及使用緩釋肥和長效肥料減少化肥揮發損失，降低氧化亞氮排放，提高農田氮肥利用率。也正是因此，研究者們開始了利用 HRW 改良小麥的探索。

一、富氫水處理對銅脅迫下小麥幼苗生長及其細胞結構的影響

有一位研究者的實驗主要關注於重金屬銅 (Cu^{2+}) 對植物生長的影響以及 HRW 在緩解銅脅迫方面的潛在作用[101]。銅雖然是植物生長和代謝必需的微量元素，但過量的銅會破壞植物細胞膜的完整性，影響細胞器的結構與功能，導致植物光合速率下降、水分吸收減少以及營養物質的缺乏。此外，銅的過量累積還可能誘導產生活性氧，破壞植物體內的抗氧化系統，從而抑制植物生長。隨著全球經濟的快速發展，工業廢水的排放和工業礦藏的開採加劇了農業生態環境的汙染，土壤中的銅含量遠高於正常水準，嚴重影響作物生長，並對人類和動物健康構成威脅。

本實驗選用的小麥品種為「臨 8161」。實驗開始時，研究者選擇了飽滿且大小均勻的小麥種子，首先用 5.5%次氯酸鈉進行消毒 25 分鐘，然後用蒸餾水沖洗 4 ～ 5 次，並在蒸餾水中浸泡 4 小時。之後，將種子放置在鋪有溼潤濾紙的培養皿中，每皿放置 30 粒種子，分別置於不同濃度的 Cu^{2+} ($10mg\cdot L^{-1}$，$30mg\cdot L^{-1}$，$50mg\cdot L^{-1}$ $CuSO_4$) 溶液中進行培養。

之後實驗者將製備好的 HRW 分別加入不同濃度的 $CuSO_4$ 溶液中，製成最終濃度為 $10mg\cdot L^{-1}$，$30mg\cdot L^{-1}$，$50mg\cdot L^{-1}$ 的 Cu^{2+} 溶液，並保證富含 50%的 HRW (0.4mM)，對照組使用等量的蒸餾水。

在實驗過程中，研究者們測定了多個指標，包括種子萌發率、發芽勢、小麥幼苗的株高與根長，以及對小麥葉肉細胞氣孔和根尖細胞進行觀察。種子萌發率和發芽勢的測定是在小麥胚根長度達到種子一半時進行的，透過統計數量來計算比率。小麥幼苗的株高與根長測定則是在生長 14 天後，隨機選取 20 株幼苗進行測量。小麥葉肉細胞氣孔和根尖細

[101] 田婧藝，等 · 富氫水處理對銅脅迫下小麥幼苗生長及其細胞結構的影響 [J]. 河南農業大學學報，2018, 52(2): 193-198.

胞的觀察在生長 20 天時進行，隨機選取 20 株小麥幼苗，使用蒸餾水或 HRW 沖洗後製成裝片進行觀察。

實驗結果顯示，隨著 Cu^{2+} 品質濃度的增加，小麥種子的萌發和幼苗的生長受到了顯著的抑制。具體來說，Cu^{2+} 脅迫對種子萌發、根尖生長以及幼苗的株高都有明顯的負面影響。實驗中觀察到，高品質濃度的 Cu^{2+} 破壞了根尖細胞膜的完整性，導致細胞核結構受損，葉片氣孔直徑減小，這些變化都對小麥的正常生長構成了威脅。

HRW 處理在一定程度上緩解了這些負面效應。實驗中發現，HRW 處理的小麥幼苗在相同 Cu^{2+} 品質濃度下，其根尖細胞和細胞核的完整性得到了更好的保持，葉片氣孔的直徑也變得更大，排列更加規則。這表明 HRW 透過增大氣孔直徑和保持細胞完整性，來減少銅脅迫對小麥生長的抑制作用。

在具體的數據上，實驗中記錄了不同處理下的小麥萌發率和發芽勢。結果顯示，在無 Cu^{2+} 的情況下，蒸餾水處理和 HRW 處理對種子萌發沒有顯著差異。但是，在 Cu^{2+} 品質濃度為 $10mg{\cdot}L^{-1}$ 時，與蒸餾水處理相比，HRW 處理顯著提高了小麥種子的萌發率，而在 $30mg{\cdot}L^{-1}$ 和 $50mg{\cdot}L^{-1}$ 的 Cu^{2+} 品質濃度下，HRW 對小麥種子萌發的促進作用不顯著。

在幼苗生長方面，隨著 Cu^{2+} 品質濃度的增加，蒸餾水處理的小麥幼苗根系和株高受到的抑制更為明顯。相比之下，HRW 處理的幼苗在 Cu^{2+} 品質濃度為 $50mg{\cdot}L^{-1}$ 時，株高顯著高於蒸餾水處理組。此外，HRW 處理還促進了側根的生長，增加了根系的吸收能力。

在葉片氣孔方面，隨著 Cu^{2+} 品質濃度的升高，蒸餾水處理組的葉片氣孔直徑變小，分布密度變大，而 HRW 處理組的葉片氣孔直徑變大，分布密度變小且均勻。這表明 HRW 能夠調節 Cu^{2+} 脅迫下葉片氣孔的大小及分布。

最後，在細胞結構方面，高品質濃度的 Cu^{2+} 導致小麥根尖細胞核的形態不規則，細胞膜破壞嚴重。但在 HRW 處理下，即使在相同的 Cu^{2+} 品質濃度下，根尖細胞核的規則性和完整性也得到了更好的保持。

綜上所述，HRW 透過維持細胞結構的完整性和調節氣孔功能，有效地緩解了銅脅迫對小麥幼苗生長的負面影響。

二、外源氫氣對乾旱脅迫下小麥幼苗生理特性的影響

小麥作為全球重要的糧食作物之一，在中國的播種區域多數位於乾旱或半乾旱地帶，這些區域的乾旱條件是限制小麥生產的主要逆境因素。在乾旱脅迫下，植物體內的細胞膜可能會發生脂質過氧化反應，導致丙二醛等有害物質的產生，影響植物的正常生理功能。

整個實驗從選擇小麥品種「臨優 2069」開始，研究者選取了飽滿均勻的種子作為實驗材料[102]。種子在實驗前經過 0.1% NaClO（次氯酸鈉，是一種無機化合物，化學式為 NaClO，是一種次氯酸鹽，是最普通的家庭洗滌中的氯漂白劑的主要成分）。表面消毒 8 ～ 10 分鐘，然後用蒸餾水清洗 3 次，並放置在 25℃的恆溫培養箱中進行浸種，直至種子露白。

在種子露白之後，將它們均勻地擺放在培養皿中，每盤 45 粒種子。接著，將培養皿放置在光照培養箱中，設定溫度為 25℃，溼度為 75%，進行光照培養 8 小時，暗培養 16 小時。在預實驗階段，發現 49% 飽和度的 HRW（0.4mM）對小麥生長具有促進作用。

正式實驗分為四組：對照組、乾旱組、氫水組和乾旱與氫水複合組（乾旱複合組）。在小麥第二片葉子完全展開後，對照組和乾旱組澆灌蒸餾水，而氫水組和乾旱複合組則澆灌 HRW，每隔一天澆水 30mL。乾旱

[102] 袁麗環，薛燕燕．外源氫氣對乾旱脅迫下小麥幼苗生理特性的影響 [J]. 農業與技術，2020, 40(13): 39-40.

處理開始於第二片葉子完全展開後，乾旱組和乾旱複合組停止澆水，持續乾旱處理 48 小時。

實驗中對小麥幼苗葉片中的丙二醛含量、可溶性蛋白含量、可溶性醣含量和脯胺酸含量進行了測定。具體表現如下：在非乾旱脅迫條件下，與對照組相比，氫水組的小麥幼苗葉片中的丙二醛含量顯著降低，可溶性醣和脯胺酸含量則顯著升高。這表明正常生長條件下，HRW 對這些滲透物質的含量具有調節能力。當施加乾旱脅迫時，與對照組相比，乾旱組和乾旱複合組的小麥幼苗葉片中丙二醛、可溶性醣和脯胺酸的含量都顯著增高，且乾旱複合組的增幅顯著低於乾旱組。這說明 HRW 預處理能有效降低乾旱脅迫下對滲透物質累積的需求，緩解乾旱脅迫誘導的葉肉細胞膜脂過氧化，減輕乾旱對植物膜系統的損害。

綜合以上結果，可以得出結論，HRW 預處理能提高了小麥幼苗的抗旱能力。這為使用 HRW 作為提高小麥抗旱性的潛在方法提供了實驗依據。

第三節　外源性氫氣對玉米的影響

玉米是近 20 年來中國主要糧食作物中種植面積和產量成長最迅速的作物。其原因在於，隨著居民收入的提高，中國的飲食結構開始產生了變化，從過去的以精製碳水為主，逐漸轉變為更加多樣化和均衡的膳食結構。這其中的一大表現就是人們對肉、蛋、奶等高蛋白質食物需求不斷增加，這些食物在飲食中所占的比例顯著提升，進而推動了飼料糧的需求。而玉米正是最主要的飼用穀物。它的增產能夠更好地滿足畜牧業的發展需求，支撐農業產業鏈的延伸和價值提升。再次，玉米也是非常重要的工業原料，在食品加工、醫藥和化工多個領域都有廣泛運用。同時，中國在玉米生產方面的機械化水準也正在穩步提升。截至 2022 年，玉米的耕種收綜合機械化率已經達到了 90.6%。據此可以認為，玉米將在中國糧食生產中扮演越發重要的角色。

玉米幼苗的生長和發育中易受到強光和離子脅迫，其具體表現為玉米根和葉中的 ROS 大量累積，進而引起細胞壁和細胞質膜的破壞、細胞訊號轉導途徑的不暢等不良影響。而外源性富氫水對脅迫下的玉米幼苗有顯著的防護作用。

一、富氫水能夠降低玉米幼苗葉片所受強光脅迫

中國研究人員在實驗室中模擬了玉米幼苗受到強光脅迫的極端環境，並以 HRW 的氫含量為自變數，分別進行了對照實驗 [103]。作者分別使用了 0、25 %（0.2mM）、50 %（0.4mM）、75 %（0.6mM）和 100 %

[103] ZHANG X, et al. Protective effects of hydrogen-rich water on the photosynthetic apparatus of maize seedlings (*Zea mays* L.) as a result of an increase in antioxidant enzyme activities under high light stress[J]. *Plant Growth Regulation*, 2015, 77: 43-56.

(0.8mM) 濃度的 HRW 對玉米幼苗進行了預處理。該實驗的結論是，一定濃度的 HRW 處理能夠降低玉米幼苗葉片中光系統 II (PS II) 對光抑制的敏感性。實驗結果證實，外源氫氣 (H_2) 透過在高光脅迫下增加抗氧化酶活性，對玉米幼苗的光合器官產生了保護作用。具體來說，HRW 預處理能夠顯著提高 SOD、CAT、APX 和 GR 的活性，這些抗氧化酶活性的提升有助於部分預防氧化損傷對膜的影響，評估為高光脅迫下玉米幼苗的 MDA 形成減少。此外，實驗還推測 H_2 可能透過在體內啟用抗氧化酶直接減少 ROS，這一點在動物實驗中已得到證實，表明 H_2 作為一種治療性抗氧化劑發揮作用。

根據研究團隊提供的實驗數據，表現最好的 HRW 濃度是 0.4mM。在這個濃度下，HRW 預處理顯著提高了玉米幼苗的株高和淨光合速率，同時顯著增強了抗氧化酶的活性，包括 SOD、CAT、APX 和 GR，這些活性的增加有助於減輕高光脅迫對光合器官的負面影響。表現最差的 HRW 濃度是 0.8mM。在 0.8mM HRW 預處理的幼苗中觀察到植物生長受到明顯抑制。這表明，儘管 HRW 在一定濃度下對植物有益，但過高的濃度可能會產生不利影響。同時，實驗也指出，HRW 預處理植物中是否還有其他途徑來緩解光系統氧化反應，仍需要進一步的研究。這表明雖然 HRW 顯示出了保護效果，但是對於其確切的作用機制和可能的其他影響因素，還需要更深入的研究來探究。

二、富氫水顯著提高鋁脅迫下玉米幼苗的生長速度和光合效率

另一位中國學者則在實驗室模擬了土壤酸化環境下，鋁脅迫所帶來的主要問題 [104]。在酸性土壤中，鋁的毒性形式對植物根系的損害導致水

[104] 趙學強．富氫水對鋁脅迫下玉米幼苗生長、生理響應的影響及對氧化損傷的防護作用 [D]. 南

分和養分吸收受阻，進而影響整個植物的生長。根據作者的實驗，HRW 處理顯著提高了鋁脅迫下玉米幼苗的生長速度和光合效率。特別是 75% 的 HRW（0.6mM）處理，對植物生長的促進效果最為顯著，這可能是透過增強葉綠素合成、提高光能捕獲能力和增強光合電子傳遞效率實現的。此外，HRW 還透過提高抗氧化酶活性，而不是透過增加熱耗散，顯著降低了鋁脅迫下玉米根和葉中的 ROS 累積。HRW 處理還有助於維持玉米體內的營養元素吸收平衡。在鋁脅迫下，玉米幼苗的鈣、鎂、鉀、磷、鐵和錳等營養元素的吸收受到抑制，而 HRW 的共處理則顯著提高了這些元素的含量，表明 HRW 能夠緩解鋁對營養元素吸收的抑制作用。

三、富氫水改善缺鐵脅迫下玉米幼苗的負面效應

還有學者深入討論了玉米幼苗根系生長發育中，可能面臨的缺鐵脅迫問題。實驗結果顯示 [105]，缺鐵顯著抑制了玉米幼苗的生長，導致植株矮小、葉片黃化，葉綠素含量降低，進而影響了光合作用的正常進行。HRW 的應用顯著改善了這些負面效應，促進了玉米幼苗的生長，提高了葉綠素含量，增強了光合氣體交換引數，從而提升了整體的光合作用能力。

在生理層面，HRW 顯著提高了玉米體內的活性鐵和總鐵含量，這表明 HRW 可能透過促進鐵的吸收和轉運來增強玉米對缺鐵環境的適應性。此外，HRW 還對玉米葉片的葉綠素螢光引數產生了積極影響，提高了 PS II 的最大光化學效率和光合效能指數，這反映出 HRW 對光合機構的保護作用。

抗氧化系統的分析顯示，缺鐵脅迫下玉米的抗氧化酶活性受到影

京農業大學，2016.

[105] 陳秋紅 · 富氫水對玉米缺鐵脅迫的緩解效應及機理研究 [D]. 南京農業大學，2017.

響，而 HRW 處理能夠提高這些酶的活性，增強了清除活性氧的能力，從而保護玉米免受氧化損傷。此外，HRW 還調節了玉米體內的礦質元素含量和分布，恢復了植物體內元素的平衡。

超微結構觀察結果顯示缺鐵處理導致玉米幼苗葉片葉綠體結構受損，而 HRW 處理則能顯著保護葉綠體的完整性，維持了葉綠體的正常發育。這些結果顯示，HRW 不僅在生理層面上恢復了玉米植株因缺鐵受到的損傷，而且在分子和細胞層面上也顯示出了積極的調節作用，為農業上缺鐵的緩解措施提供了理論依據和應用潛力。

四、富氫水改善鹽脅迫下玉米幼苗的負面效應

還有學者就 HRW 對鹽脅迫下的玉米幼苗的影響進行了研究[106]。研究發現，HRW 作為一種潛在的調節劑，對於緩解鹽脅迫下玉米幼苗的生長抑制具有積極作用。實驗結果顯示，HRW 能夠促進玉米幼苗根系的生長發育，具體表現為總根長、總表面積、總體積和根平均直徑的增加。在根系解剖結構方面，HRW 處理使得後生木質部導管直徑變大，中柱直徑變長，內皮層薄壁組織變寬，這些變化有助於根系水分和營養的運輸。

此外，HRW 處理還提高了鹽脅迫下玉米葉片單位面積的氣孔數量，增加了氣孔的張開度，並提高了葉綠素含量、可溶性醣和可溶性蛋白含量，這些生理活性的提升對鹽脅迫下的幼苗生長發育及生物量的累積產生了積極作用。

在抗氧化方面，HRW 顯著提高了根系 ATPase 活性，為細胞內的離子轉運提供了能量支持，有利於植物營養的運輸和生物量的累積。同

[106] 田婧藝，等 · 外源氫氣對玉米幼苗耐鹽性的影響 [J]. 湖南師範大學自然科學學報，2018, 41(6): 23-30.

時，HRW 處理還提高了 MHA1 和 CDPK21 基因的表現，這可能有助於促進離子轉運，維持離子平衡，從而在一定程度上提高了玉米幼苗對鹽脅迫的耐受性。

綜合以上結果，HRW 透過改善根系結構、增強抗氧化能力、提高生理活性以及調節相關基因表現，有效緩解了鹽脅迫對玉米幼苗的不良影響。這為尋找和開發改善植物耐鹽性的方法提供了理論支持。

第四節　外源性氫氣對大麥的影響

在廣袤的農田中，大麥以其獨特的地位和價值，成為全球糧食市場的重要組成部分。儘管在中國，大麥並未被列為主要的糧食作物，但這並不妨礙它在世界範圍內發揮著關鍵作用。中國作為世界上最大的糧食生產和消費國之一，雖然以稻米、小麥和玉米為主要糧食作物，但大麥在釀造業、飼料生產以及食品加工等領域的應用，仍然顯示出其不可忽視的經濟價值和市場潛力。

大麥，學名 *Hordeum vulgare* L.，是一種耐寒、耐旱的禾本科作物，其起源可追溯至新石器時代。它不僅是啤酒生產的主要原料，還在飼料加工、食品製造等領域發揮著重要作用。全球範圍內，大麥的種植面積和產量均居於前列，尤其在歐洲、亞洲和北美地區，大麥的種植和消費量尤為顯著。大麥的多功能性使其在全球糧食安全和經濟中占據著不可替代的地位。

然而，大麥產業的發展並非一帆風順。氣候變化帶來的極端天氣，如乾旱、洪水和溫度波動，嚴重影響了大麥的生長週期和產量。水資源的匱乏，特別是在乾旱頻發的地區，更是對大麥生產構成了嚴峻挑戰。此外，土壤退化、病蟲害的侵襲以及農業化學品的過度使用，也對大麥的可持續生產構成了威脅。這些問題不僅影響了大麥的產量和品質，也對農民的生計和糧食供應鏈的穩定性帶來了挑戰。

在這樣的背景下，科學家們一直在探索提高作物抗逆性的有效途徑。富氫水（外源性氫氣）作為一種新興的農業技術，近年來在植物抗逆性研究中顯示出了顯著的潛力。研究顯示，富氫水能夠透過調節植物體內的生理生化過程，增強作物對乾旱等非生物脅迫的耐受性。具體來說，富氫水可以透過提高植物的滲透調節能力、增強抗氧化酶活性以及調節植物內源激素的水準，來提升作物在逆境條件下的生長表現。

在大麥的種植中，富氫水的應用可能帶來革命性的變化。透過富氫水處理，大麥種子在萌發階段的抗旱性得到了顯著提升。富氫水能夠提高大麥種子的發芽率、發芽勢和發芽指數，同時降低丙二醛的累積，減少氧化損傷。此外，富氫水還能增加大麥幼苗中的可溶性醣、可溶性蛋白和游離脯胺酸的含量，這些物質在植物的滲透調節和抗氧化防禦中產生關鍵作用。這些發現為大麥的抗旱育種和栽培管理提供了新的策略，有望在提高大麥產量和品質的同時，增強其對環境變化的適應能力。

在接下來的篇幅中，我們將詳細探討大麥在全球糧食市場中的地位，分析當前大麥產業面臨的挑戰，並深入介紹富氫水如何作為一種創新的解決方案，幫助提升大麥的抗旱能力和生產效率。透過這些科學研究成果的分享，我們希望能夠為農業可持續發展提供新的視角，並促進科學知識在農業生產實踐中的應用。

一、富氫水對乾旱脅迫下大麥種子萌發及幼苗生物量分配的影響

乾旱脅迫對大麥種子和幼苗造成了一系列的負面影響，這些影響貫穿了從種子萌發到幼苗生長的整個早期發育階段。首先，乾旱條件顯著降低了大麥種子的發芽率，因為缺水的環境抑制了種子內部的生理活動，包括酶的活性，這對於種子成功萌發至關重要。隨著發芽過程的受阻，幼苗的生長也受到了限制，表現為根和芽的長度增長受到抑制，這直接影響了幼苗對養分和水分的吸收能力。

在生理層面，乾旱脅迫導致大麥幼苗的水分狀態惡化，表現為相對含水量和絕對含水量的下降，以及水分飽和虧的增加，這些生理指標的變化反映了植物體內水分狀況的緊張。此外，乾旱還影響了植物的滲透調節能

力，儘管植物會透過累積滲透調節物質如可溶性醣和可溶性蛋白來適應水分虧缺，但在持續的乾旱壓力下，這種調節能力可能會受到限制。

乾旱脅迫下，抗氧化系統的平衡受到嚴重影響。乾旱增加了活性氧的產生，如過氧化氫和超氧陰離子，這些高活性的分子能夠損傷細胞膜、蛋白質、脂質和 DNA。抗氧化酶系統，包括超氧化物歧化酶、過氧化物酶和過氧化氫酶，是植物清除這些有害 ROS 的主要防線，但在乾旱脅迫下，這些酶的活性可能會受到影響，導致氧化損傷的累積。

MDA 含量的增加是細胞膜氧化損傷的一個明顯標誌，在乾旱條件下，大麥幼苗的 MDA 含量顯著升高，這表明乾旱對細胞膜造成了損傷。光合作用作為植物生長的基礎，在乾旱脅迫下也會受到影響，葉綠素含量的降低直接影響了植物的光能轉換效率和生長速率 [107]。

最後，乾旱脅迫還可能改變大麥幼苗的生物量分配，影響根冠比，這不僅影響了植物對水分和養分的吸收，也影響了植物的生長結構和能量分配。這些負面影響突顯了提高大麥抗旱性在農業生產中的重要性，以及探索如富氫水等新型農業技術在緩解乾旱脅迫中的潛在應用價值。

在下文中，筆者將為讀者君介紹來自中國學者的最新研究成果。

在這篇科學研究報告中 [108]，宋瑞嬌及其團隊探究了 HRW 對乾旱脅迫下大麥種子萌發及其幼苗生物量分配的影響。實驗過程詳盡且系統，具體步驟如下：

(1) 試驗材料準備：選擇大麥品種「新啤 6 號」作為試驗材料。

(2) HRW 的製備：使用 AK-H300 氫氣發生器製備純度為 99.994% 的氫氣，將氫氣以 150mL/min 的速率向 500mL 蒸餾水中持續鼓泡 1 小

[107] ISLAM S M S, et al. Drought Stress in Barley (*Hordeum vulgare* L.): Physiological,Molecular and Agronomic Responses[J]. *Agronomy*, 2022, 12(11): 2650.

[108] 宋瑞嬌，馮彩軍，齊軍倉．富氫水對乾旱脅迫下大麥種子萌發及幼苗生物量分配的影響 [J]. 作物雜誌，2021(4): 206-211.

時，按照特定方法測量並確保氫氣在水中的飽和度，然後按比例稀釋至所需濃度。

(3) 種子預處理：選取健康、大小均勻一致的大麥種子，用 10% 次氯酸鈉消毒 10 分鐘，再用蒸餾水沖洗 3 次，最後將種子置於不同濃度(0mM、0.2mM、0.4mM、0.6mM 和 0.8mM) 的 HRW 中暗培養 24 小時，期間每隔 12 小時更換一次處理液。

(4) 種子發芽及幼苗生長試驗：將經過 HRW 處理的種子採用紙上發芽法，轉移至含有 40mL 20% PEG-6000 的發芽盒中，每盒放置 50 粒種子，在 25℃、光暗比 12h/12h、光照強度為 400μmol / (m^2s) 條件下培養，每個處理重複 3 次。記錄發芽率，並在 7 天後選取幼苗進行乾重測定。

(5) 測定指標：包括幼苗乾重、根乾重、芽乾重、根冠比、乾物質轉運量、乾物質轉移率、乾物質轉化效率和呼吸消耗乾物品質等。這些指標透過特定的公式計算得出。

(6) 生理指標測定：在萌發 7 天後，測定幼苗的可溶性醣含量、可溶性蛋白含量和葉綠素含量，分別使用蒽酮比色法、Bradford 方法和 Arnon 方法進行測定。

(7) 數據處理：使用 SPSS 19.0 軟體進行統計分析，採用 Microsoft Excel 2010 繪製圖表。

透過這一實驗過程，研究人員能夠評估不同濃度 HRW 對大麥種子在乾旱條件下萌發的影響，以及對幼苗生物量分配的作用。實驗結果顯示，適宜濃度的 HRW 處理顯著提高了大麥種子的發芽率和幼苗的生長指標，降低了乾旱脅迫的不利影響，這為大麥的耐旱性研究提供了重要的理論和實踐依據。

實驗結果顯示，適宜濃度的 HRW 處理對乾旱脅迫下大麥種子的萌發及其幼苗生物量分配有顯著的正面影響。具體結果如下：

(1) 發芽率提升：與對照組 (CK) 相比，0.2mM、0.4mM 和 0.6mM 濃度的 HRW 處理能顯著提高大麥種子的發芽率，其中 0.2mM 濃度的處理效果最佳。

(2) 乾物質轉移和轉化效率提高：適宜濃度的 HRW 浸種顯著增加了大麥種子的乾物質轉移量、轉移率和轉化效率，同時減少了呼吸作用消耗的乾物品質。

(3) 生物量分配改善：與對照組相比，0.2mM、0.4mM 和 0.6mM 濃度 的 HRW 浸種極顯著提高了幼苗的乾重，特別是根和芽的乾重，同時降低了乾旱脅迫下的根冠比。

(4) 滲透調節物質含量變化：HRW 處理顯著提升了大麥幼苗根和芽中的可溶性醣和可溶性蛋白含量，這些物質在滲透調節中發揮著重要作用，如圖 3-4-1 所示。

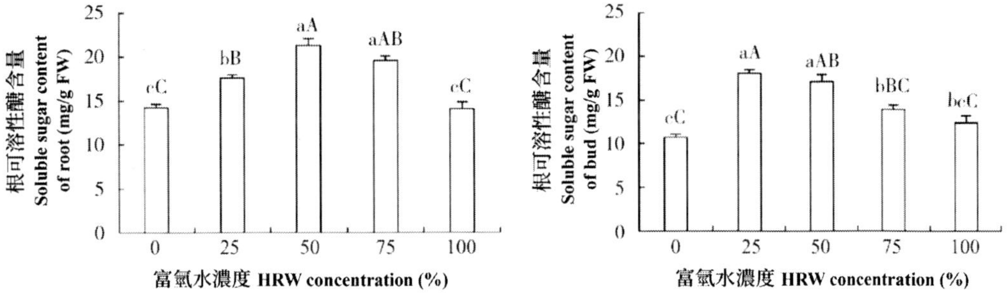

圖 3-4-1 乾旱脅迫下不同濃度 HRW 浸種對大麥幼苗根和芽可溶性醣含量的影響

(5) 葉綠素含量增加：HRW 處理提高了乾旱脅迫下大麥幼苗的葉綠素 a 和葉綠素 b 含量，以及葉綠素總含量，0.2mM 濃度的處理在提升葉綠素含量方面效果最為顯著。

(6) 抗氧化酶活性變化：HRW 處理對幼苗根和芽中的抗氧化酶活性有不同程度的影響，包括 SOD、POD 和 CAT 活性的變化，這些酶在清除活性氧和保護植物免受氧化損傷中產生關鍵作用。

(7) 丙二醛含量變化：HRW 預處理顯著降低了乾旱脅迫下大麥幼苗不同部位的丙二醛含量，表明外源氫氣能有效降低由乾旱引起的氧化損傷。

(8) 綜合評價：透過主成分分析法對 HRW 的作用效果進行評價，結果顯示 0.2mM 和 0.4mM 的 HRW 預處理的處理得分最高，表明這兩種濃度的 HRW 在提升大麥幼苗抗旱性方面最為有效。

綜上所述，適宜濃度的 HRW 透過多種生理機制提高了大麥種子在乾旱脅迫下的萌發率和幼苗的生長狀況，增強了植株的滲透調節能力和抗氧化能力，從而提高了大麥的抗旱性。

二、HRW 對乾旱脅迫下大麥種子萌發的影響

基於同樣的實驗，學者詳細研究了 HRW 對乾旱脅迫下大麥種子萌發的影響，學者利用聚乙二醇 -6000（PEG-6000）模擬了大麥種子在面對乾旱脅迫時的情景，其具體的結果如下 [109]：

1. 發芽特性的影響

研究顯示，隨著 PEG-6000 濃度的增加，大麥種子的發芽率逐漸下降。當 PEG-6000 濃度達到 10%時，種子的萌發受到顯著抑制；當濃度為 20%時，發芽率約為對照的一半；當濃度達到 35%後，發芽率低於 10%，萌發程序幾乎被完全抑制。

0.2mM、0.4mM 和 0.6mM 的 HRW 處理顯著提高了乾旱脅迫下大麥種子的發芽率，相比於對照分別高出 13.3、9.3 和 7.3 個百分點。而 0.8mM 的 HRW 雖表現出一定的促進效應，但作用並不顯著。

[109] 宋瑞嬌，馮彩軍，齊軍倉．富氫水對乾旱脅迫下大麥種子萌發的影響 [J]. 新疆農業科學，2022, 59(1): 79-85.

2. 滲透調節物質含量的影響

不同濃度的 HRW 處理對乾旱脅迫下大麥種子萌發期滲透調節物質含量有顯著影響。各濃度 HRW 均能顯著提高種子中可溶性醣的含量，其中 25%和 50%的 HRW 提升效果最佳，可溶性醣含量可達對照的 1.36 和 1.31 倍。

可溶性蛋白含量隨著 HRW 濃度的增加呈現先上升後下降的趨勢。當 HRW 濃度為 0.2mM 時，可溶性蛋白含量顯著升高；當 HRW 濃度為 0.4mM 後，可溶性蛋白含量達到峰值，為對照的 1.20 倍。

大麥種子中游離脯胺酸含量在 0.4mM 與 0.6mM HRW 處理下顯著增加，分別達到對照的 1.33 和 1.05 倍。

3. 氧化還原平衡的影響

MDA 是衡量氧化脅迫程度的指標。0.2mM、0.4mM 和 0.6mM 的 HRW 處理顯著降低了乾旱脅迫下大麥種子中的丙二醛含量，分別降低了 14.5%、8.4%和 8.6%。0.8mM HRW 中丙二醛含量雖有所降低，但與對照無顯著性差異。

SOD、POD 和 CAT 是重要的抗氧化酶。在 HRW 處理下，這三種酶的活性均有所升高。SOD 活性在 25%和 75%時顯著性差異，POD 活性在 50%時最高，CAT 活性在 50%時最高。

4. 抗氧化酶活性和丙二醛含量的具體數據

在濃度為 0 的 HRW 處理（對照）下，丙二醛含量為 4.77±0.04μmol/g FW，SOD 活性為 229.33±10.00 U/g FW，POD 活性為 36.36±1.69 U/g FW，CAT 活性為 212.95±12.63 U/g FW。

在 0.2mM HRW 處理下，丙二醛含量降低至 4.08±0.07μmol/g FW，SOD 活性顯著增加至 343.23±18.28 U/g FW，POD 活性為 46.45±2.66

U/g FW，CAT 活性為 337.26±52.20 U/g FW。

在 0.4mM HRW 處理下，丙二醛含量為 4.37±0.21μmol/g FW，SOD 活性為 290.17±3.04 U/g FW，POD 活性顯著增加至 50.76±4.43 U/g FW，CAT 活性顯著增加至 467.44±8.20 U/g FW。

5. 結論

20% PEG-6000 脅迫對大麥種子萌發造成較大程度的抑制，而 0.2mM 和 0.4mM HRW 浸種可以顯著改善萌發品質，提高發芽勢、發芽率和發芽指數。

HRW 透過增加可溶性蛋白、可溶性醣和游離脯胺酸含量，調節細胞和組織的水勢平衡，增強萌發期大麥種子的抗旱能力。

HRW 還能促進大麥種子內 SOD、POD 和 CAT 活性的升高，及時清除活性氧並降低丙二醛含量，緩解乾旱脅迫對大麥種子造成的氧化傷害。

這些結果顯示，適宜濃度的 HRW 能夠透過提升滲透調節能力和抗氧化能力，增強大麥種子對乾旱脅迫的耐受性。

根據這兩個實驗，宋瑞嬌及其團隊提出了 HRW 增強大麥種子對乾旱脅迫的耐受性可能涉及的多種機制。綜合兩篇文獻來看，學者團隊認為，是這些機制共同作用以提高種子在缺水條件下的生存和萌發能力。

首先，HRW 能夠顯著提高種子中的可溶性醣、可溶性蛋白和游離脯胺酸含量。這些物質在植物體內產生滲透調節劑的作用，有助於維持細胞內外的水勢平衡，減少因乾旱引起的細胞脫水和損傷。

其次，HRW 處理能夠增強抗氧化酶系統的活性，包括 SOD、POD 和 CAT。這些酶在清除植物體內過量活性氧（如過氧化氫和超氧陰離子）中發揮關鍵作用，從而減輕氧化反應對細胞膜和組織的損傷。MDA 含量的降低表明 HRW 有效減少了膜脂過氧化的程度，保護了細胞膜的完整性。

此外，HRW 還可能透過調節植物內源激素的水準，如赤黴素和脫落酸，來增強植物對乾旱的適應性。這些激素在調節植物生長、發育以及對環境脅迫的響應中發揮著重要作用。例如：氫氣能夠調控這些激素的動態平衡，維持根尖細胞及細胞核的完整性，減輕重金屬脅迫對種子萌發的抑制。

最後，HRW 對植物的滲透調節和抗氧化防禦系統的增強作用，可能與其作為外源氣體訊號分子的特性有關。氫氣作為一種新型氣體訊號分子，能夠啟用植物體內的訊號傳導途徑，改善滲透調節能力、氧化還原平衡，從而緩解非生物脅迫對植物正常生長發育的抑制。

綜上所述，HRW 透過多種生理和分子層面的調節機制，增強了大麥種子對乾旱脅迫的耐受性，這些機制包括但不限於滲透調節物質的累積、抗氧化酶活性的提升、內源激素平衡的調節以及訊號傳導途徑的啟用。這些發現為利用 HRW 作為一種潛在的農業技術手段，以提高作物在乾旱條件下的生產力和生存能力提供了科學依據。

三、富氫水改善大麥耐鹽性的機理基礎

在宋瑞嬌及其團隊的研究結果的影響和啟發下，另一個優秀的中國科學研究團隊就 HRW 對大麥耐鹽性的影響進行了研究 [110]。同其他已經提到過的作物和將要提到的作物一樣，鹽脅迫對大麥的影響是複雜且多方面的，包括生長抑制、細胞損傷、離子平衡失調和抗氧化系統的變化。

首先，鹽脅迫會顯著抑制大麥根的生長，導致細胞活力下降。這是因為高鹽環境會增加細胞外的滲透壓，使得細胞內的水分向外流失，進而影響細胞的正常生長和分裂。

[110] 鄭瑜瑋．富氫水調控番茄幼苗耐低溫性的初步研究 [D]. 瀋陽農業大學， 2023.

透過使用 HRW 處理，可以顯著緩解鹽脅迫對大麥的負面影響。富氫水透過提高 Na^+ 的外排率和改善 K^+ 的保留能力，幫助大麥維持更有利的 Na^+/K^+ 比率，從而提高其耐鹽性。此外，富氫水還能透過增加抗氧化酶如 SOD、POD、APX 和 CAT 的活性，幫助清除過量的 ROS，減少氧化損傷。

接下來我們將介紹學者們的實驗過程。

在這篇論文中，學者們透過一系列精心設計的實驗，探究了 HRW 對大麥耐鹽性的改善機制。實驗過程如下：

1. 植物材料和生長條件

實驗使用了大麥（*Hordeum vulgare* L. cv CM72）種子。種子首先用 10%的商業漂白劑進行表面消毒 10 分鐘，然後用自來水徹底沖洗 30 分鐘。用於離子通量分析的植物在四分之一強度的 Hoagland 溶液中生長，在 24±1℃的充氣水培系統裡持續培養 4 天。對於表型實驗、細胞活力、H_2O_2 染色以及葉片和根部的 Na^+ 和 K^+ 分析，植物在四分之一強度的 Hoagland 溶液中生長，光照週期為 12 小時光照／ 12 小時黑暗，溫度為 24±1℃，持續 20 天。

2. HRW 的製備

使用 H_2 氣體發生器（SHC-500；賽克賽斯氫能源有限公司，中國山東）產生純化氫氣（99.99%，體積比）。將 H_2 氣體以 150mL/min 的速率通入 1.0 L 的四分之一強度 Hoagland 溶液中，持續 15 分鐘，直到達到 100%飽和。在實驗條件下，新鮮製備的 HRW 中 H_2 濃度為 830±10μM。

3. 全植物生理評估

植物在四分之一強度 Hoagland 溶液中生長 5 天後，轉移到 0mM、100mM 或 200mM NaCl 溶液中，新增或不新增 H_2，持續 15 天後測量每株植物的鮮重和乾重，並測量葉綠素含量。使用 SPAD 計（SPAD-502，美能達，日本）。測量葉綠素含量。為了確定 PS II 的最大光化學效率（Fv/Fm），將幼苗在黑暗條件下適應 6 小時，然後使用 OS-30p 葉綠素螢光計（Opti-Sciences，美國）進行測量。

4. 活性測定

使用螢光素二乙酸酯（FDA）和碘化丙啶（PI）進行雙重染色方法，評估大麥根細胞的活性。FDA 可以透過完整的質膜，在螢光顯微鏡下在活細胞中經過內部酯酶水解後顯示綠色。PI 透過質膜上的大孔進入死亡或垂死細胞，並在形成 PI- 核 DNA 共軛物時顯示紅色。對照和 100mM NaCl 處理的根用新鮮製備的 FDA（5μg/ml，5 分鐘）染色，然後用 PI（3μg/ml，10 分鐘）染色。雙重染色的根用蒸餾水洗滌後，使用螢光顯微鏡（Leica MZ12；Leica Microsystems）和 I3 波長濾片及紫外線照射進行觀察。使用 Image J 軟體（NIH，美國）量化紅色和綠色螢光強度。

5. H_2O_2 染色

使用 H_2O_2 敏感的螢光探針 2′, 7′ - 二氯螢光素二乙酸酯（H_2DCFDA）檢測大麥根細胞中的 H_2O_2 產生。將經過 0 或 100mM NaCl 處理的大麥根收集，用蒸餾水洗滌，然後在 25μM H_2DCFDA[111] 溶液中浸泡 30 分鐘（含有 10mM KCl, 5mM Ca^{2+}-MES, pH 值 6.1）。染色後的根在蒸餾水中徹底洗滌，然後在螢光顯微鏡（Leica MZ12；Leica Microsystems）下觀察和收集螢光訊號。

[111] 2',7'- 二氯螢光素二乙酸酯，H_2DCFDA（2',7'-Dichlorodihydrofluorescein Diacetate）：一種細胞膜滲透性螢光探針，可在細胞內被酯酶水解並經活性氧（ROS）氧化後生成綠色螢光物質，廣泛用於定量檢測細胞內 ROS 水準。

6. 葉片和根部的 Na^+ 和 K^+ 含量分析

學者們收集大麥了葉片和根部，以確定 Na^+ 和 K^+ 含量。用 10mM $CaCl_2$ 洗滌根部以去除細胞間隙中的 Na^+。將收穫的組織樣品放入 Eppendorf 管中，並在 -20℃冰箱中保存，用於後續離子分析。為了收集組織液，將冷凍樣品解凍並用手擠壓，方法參考 Cuin（2007）[112]。將 50μL 收集的組織液用蒸餾水稀釋至 5mL。使用火焰光度計（Corning 410C，Halstead，英國）測定 K^+ 和 Na^+ 的濃度。每個處理評估了六個重複樣本。

7. 離子通量測量

使用非侵入式離子通量測量（MIFE）技術，測量 7 天大麥幼苗成熟（約 6mm 根部尖端）根部區域的 K^+、Ca^{2+} 和 Na^+ 的淨通量。簡而言之，從硼矽酸鹽玻璃毛細管（GC 150-10；Clark Electrochemical Instruments）中拉出空白微電極，將其在 225℃的烘箱中乾燥過夜，並用三丁基氯矽烷（Ho. 282707，Sigma-Aldrich，St. Louis，MO，美國）進行矽烷化處理。矽烷化處理後的微電極用適當的回填溶液填充。電極尖端然後用相應的液體離子交換劑（LIX）填充。準備好的微電極安裝在 MIFE 電極架上，並在適當的標準溶液中進行校準。在測量之前，將完整幼苗的根部固定在含有 30mL BSM 溶液的測量室中，並適應 30 分鐘。離子選擇性微電極的尖端被共聚焦並定位在根部表皮細胞外 40 ～ 50 微米處。在測量期間，微電極透過電腦控制的步進電機（液壓微操作器）以 12 秒方波週期移動，移動範圍為 100μm。

8. 膜電位測量

在測量之前，將完整的 7 天大麥幼苗的根部固定在 BSM 中 30 分鐘。傳統的 1M KCl 填充的 Ag-AgCl 微電極透過 Ag/AgCl 半電池連線到 MIFE

[112] CHEN Z, et al. Root plasma membrane transporters controlling K^+/Na^+ homeostasis in salt-stressed barley[J]. *Plant Physiology*, 2007, 145(4): 1714-1725.

電生理儀。在膜電位測量期間，微電極被手動操作的 3D 微操作器（MHW-4，Narishige，東京，日本）插入成熟區域（距根尖約 6mm）的外皮層細胞。一旦獲得穩定的膜電位測量 1 分鐘，就施加 100mM NaCl。連續監測長達 25 分鐘的瞬態膜電位變化。膜電位值由 MIFE CHART 軟體（Shabala，2006）記錄。對於每個處理，平均 5 ～ 6 個單獨幼苗的膜電位值。

9. 抗氧化酶活性測定

將 0.3 克新鮮根組織在含有 1mM EDTA 和 1%（重量／體積）PVP 的 50mM 冷磷酸鹽緩衝液（pH 值 7.0）中勻漿，用於測定 SOD、POD 和 CAT 或與 1mM AsA 結合的 APX 測定。將勻漿物在 4℃下以 12,000 × g 離心 20 分鐘，上清液用於酶活性測定。

學者們的實驗結果揭示了 HRW 對大麥耐鹽性的積極影響，具體表現在以下幾個方面：

(1) 生長促進：在無鹽脅迫條件下，HRW 處理增強了大麥根的長度，但對鮮重、葉綠素含量（以 SPAD 值測量）和 PS Ⅱ（葉綠素Ⅱ螢光 Fv/Fm 比率）的光化學效率沒有顯著影響。在 100mM NaCl 的輕度鹽脅迫下，根生長受到顯著抑制，而 HRW 的應用顯著緩解了這種抑制。更嚴重的鹽脅迫（200mM NaCl）導致植物根短、鮮重低、SPAD 和 Fv/Fm 值降低，這些不利影響透過 HRW 處理得到了顯著緩解。

(2) 細胞活性保護：透過使用螢光素二乙酸酯 - 丙啶碘（FDA-PI）雙重染色法觀察到，100mM NaCl 處理顯著增加了大麥根尖細胞的死亡率，而 HRW 處理顯著減輕了這種損傷，將死亡細胞的比例從約 60%降低到約 30%。

(3) ROS 調節：NaCl 處理誘導了大量活性氧（如 H_2O_2）的累積，這比控制條件和 HRW 條件下高出 3 倍以上。HRW 處理有效地抑制了鹽脅迫誘導的 H_2O_2 的增加。

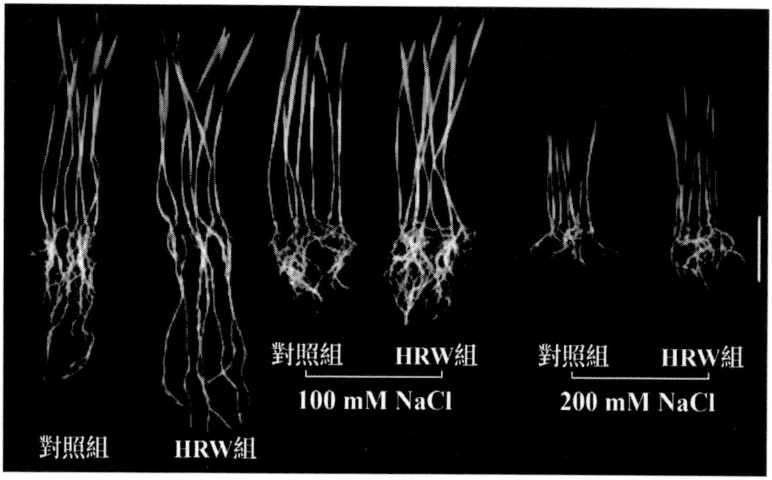

圖 3-4-2 鹽脅迫下對照組（Con）和 HRW 組同時間（5 天）大麥發芽情況的直觀展現

（4）離子平衡維持：NaCl 處理導致根和葉中 Na^+ 含量分別增加了 3～5 倍和 2～4 倍，這些增加都被 HRW 處理顯著阻止。相反，NaCl 處理顯著降低了根和葉中的 K^+ 含量，HRW 處理強烈逆轉了這些對 K^+ 穩態的不利影響，除了在 200mM NaCl 條件下的葉中。

（5）離子通量調節：鹽處理誘導了大量瞬態的淨 Na^+ 流入根部表皮細胞，這一流入在 HRW 預處理的根中降低了約 50%。此外，HRW 預處理的根在 Na^+ 排除方面表現出更高的速率，這與 SOS1 編碼 Na^+/H^+ 逆向轉運蛋白活性的增加一致。

（6）抗氧化酶活性增強：在 NaCl 存在的情況下，HRW 預處理顯著增強了 SOD、POD、APX 和 CAT 等抗氧化酶的活性，這有助於減輕由鹽脅迫引起的氧化損傷。

（7）膜電位和離子通道調節：HRW 處理減少了 NaCl 誘導的根質膜去極化，這種去極化通常會導致 K^+ 透過滲透性通道大量流失。HRW 處理的根在 NaCl 處理下顯示出較小的 K^+ 流出，並且 HRW 預處理顯著減少了 H_2O_2 誘導的 K^+ 流出。

綜上所述，HRW 透過多種機制改善了大麥的耐鹽性，包括促進生長、保護細胞活性、調節 ROS 平衡、維持離子平衡、調節離子通量、增強抗氧化酶活性以及調節膜電位和離子通道。這些發現為利用 HRW 作為一種潛在的農業管理工具提供了科學依據，以提高作物在鹽漬環境下的生產能力。

根據實驗結果，學者們提出了 HRW 對大麥耐鹽性的改善作用的可能機制。他們認為，這種改善是透過以下多個機制共同作用實現的。

首先，HRW 透過增強大麥根部 SOS1 編碼的 Na^+/H^+ 逆向轉運蛋白的活性，促進了 Na^+ 的排出。這種交換載體的作用是將細胞內的鈉離子與外部的氫離子進行交換，從而降低細胞質中的 Na^+ 濃度，防止鹽分脅迫下鈉離子的累積。

其次，HRW 改善了大麥的 K^+ 保留能力。在鹽脅迫條件下，植物細胞內的鉀離子往往會流失，導致 K^+/Na^+ 比例失衡。HRW 透過減少 NaCl 誘導的膜去極化，降低了 K^+ 外流通道對活性氧的敏感性，從而提高了 K^+ 的保留，維持了細胞內的離子平衡。

此外，HRW 還增強了大麥的抗氧化能力。透過提高抗氧化酶系統，包括 SOD、POD、APX 和 CAT 的活性，HRW 有助於清除鹽脅迫下產生的過量活性氧，減少氧化損傷，保護細胞免受 ROS 的負面影響。

HRW 還透過調節膜電位來發揮作用。它減輕了鹽脅迫導致的根細胞膜電位去極化，穩定了膜電位，有助於維持離子通道的功能，減少 K^+ 的非選擇性流失。

同時，HRW 降低了 ROS 的累積，特別是透過清除 H_2O_2，減少了因 ROS 引起的細胞損傷和死亡，從而保護了大麥細胞的活性。

此外，HRW 可能啟用了 H^+-ATPase，這是一種質子泵，透過將 H^+ 從細胞質泵送到細胞外，幫助維持細胞內外的 pH 梯度和膜電位，從而抑

制去極化並促進 K^+ 的保留。

最後，HRW 透過調節離子通量，減少了 Na^+ 的淨吸收並增加了 Na^+ 的排出，同時減少了 K^+ 的淨流失，從而在分子層面上改善了大麥的耐鹽性。

綜上所述，HRW 透過這些複雜的生理和分子機制，共同作用於大麥，提高了其在鹽脅迫條件下的生存和生長能力。

四、富氫水對發芽黑大麥營養成分及抗氧化特性的影響

發芽黑大麥，作為一種營養豐富的穀物，蘊含了一系列對人體有益的營養成分。其主要成分包括：膳食纖維、蛋白質、維他命（B_1 和 B_2）、礦物質、生物活性化合物、GABA[113]、胺基酸和脂類。這些營養成分共同構成了一個全面的營養框架，不僅滿足了日常的營養需求，還為維護長期健康提供了額外的益處。因此，發芽黑大麥可以被視為一種多功能的超級食品，適合融入多樣化的健康飲食中。

那麼，經過 HRW 處理過的大麥種子，它的營養物質的含量有沒有什麼變化呢？有學者對此進行了研究。

學者們在探究 HRW 對發芽黑大麥營養成分及抗氧化特性影響的實驗中，遵循了一系列嚴謹的步驟[114]。實驗之初，他們使用特定的設備在高壓條件下製備了富含 2ppm（1mM）氫氣的 HRW。接著，選取自青藏高原山地乾旱地區種植的黑大麥種子，將其在 25℃下分別用超純水和 HRW 進行浸泡，以模擬不同的發芽環境。在黑暗中的培養箱裡，這些種子開始了它們的發芽之旅，而研究人員則透過不斷新增水分來維持適宜的溼度。

---

[113] γ- 胺基丁酸（Gamma-aminobutyric Acid, GABA）

[114] GUAN Q, et al. Effects of hydrogen-rich water on the nutrient composition and antioxidative characteristics of sprouted black barley[J]. *Food Chemistry*, 2019, 299: 125095.

為了優化發芽條件，研究人員設計了正交實驗，考察了浸泡時間、發芽時間和溫度這三個關鍵因素如何影響黑大麥的發芽特性。他們透過測量胚根穿透種皮的比例來評估生長潛力，並定時監測發芽率，以此來確定不同處理條件下的發芽效果。

在生化成分分析方面，研究人員採用了先進的超高效液相色譜－四極桿飛行時間質譜（UPLC/Q-TOF-MS）技術，對黑大麥樣品進行了非標靶篩選，以辨識和比較不同處理後產生的生物活性成分。此外，透過超音波提取法，他們提取了黑大麥中的游離酚酸，並利用高效液相色譜（HPLC）對這些酚酸進行了定量分析。結合態酚酸的提取則透過鹼解和酸化後的有機溶劑提取實現。

抗氧化活性的評估包括了 DPPH[115] 自由基清除實驗、羥基自由基清除能力測試，以及總抗氧化能力（FRAP 方法）的測定，這些實驗有助於揭示 HRW 處理對黑大麥抗氧化特性的影響。游離胺基酸含量的測定則透過胺基酸分析儀完成，為評估黑大麥的營養價值提供了重要數據。

營養成分的測定涵蓋了粗蛋白、粗脂肪、維他命 B_1 和 B_2 的含量，以及鈣、銅、鋅、鐵和錳等礦物質元素的分析。這些測定結果將有助於全面了解 HRW 處理對黑大麥營養成分的影響。

最後，所有的實驗數據都經過了嚴格的統計分析，以確保結果的準確性和可靠性。透過這些細緻的實驗步驟，研究人員能夠深入理解 HRW 在發芽黑大麥加工中的潛在作用和機制。

除了 HRW 顯著提升了大麥種子的發芽率之外，我們應該重點關注的是其處理過的大麥種子的影響成分的變化。

---

[115] 2, 2- 二苯基 -1- 苦基肼（2, 2-Diphenyl-1-picrylhydrazyl, DPPH）

1. 酚酸含量的變化

實驗發現，經過 HRW 處理的發芽黑大麥中，特定游離酚酸的含量有所增加。具體來說，香草酸、咖啡酸、丁香酸以及沒食子酸的濃度在 HRW 處理後顯著提高，這些酚酸是重要的抗氧化成分，對提升食品的營養價值和健康益處具有積極作用。

2. 礦物質元素含量的變化

HRW 處理顯著增加了發芽黑大麥中的鈣 (Ca) 和鐵 (Fe) 含量，這些礦物質對於維持人體正常生理功能至關重要。特別是鐵元素，對於預防貧血和支持細胞功能非常重要。

3. 抗氧化活性的提升

HRW 處理顯著提高了發芽黑大麥的抗氧化能力。透過 DPPH 自由基清除實驗和羥基自由基清除實驗，研究人員觀察到 HRW 處理的樣品展現出更高的自由基清除率，這表明它們在抵抗氧化損傷方面具有更強的能力。

4. 胺基酸含量的變化

儘管發芽過程本身會增加黑大麥中的非必需胺基酸、必需胺基酸和半必需胺基酸含量，但 HRW 處理並未導致這些胺基酸含量的進一步顯著增加。

5. GABA 含量的增加

實驗結果顯示，無論是使用 UPW 還是 HRW 處理，發芽黑大麥中的 GABA 含量在發芽 6 天後都顯著增加，達到了大約 8 倍。GABA 是一種重要的抑制性神經遞質，對神經系統健康具有積極影響。

6. 維他命含量的變化

在發芽的初期，HRW 處理的黑大麥中硫胺素（維他命 B_1）含量顯著增加，而核黃素（維他命 B_2）含量有所下降。然而，到了發芽的第六天，兩種維他命的含量在 UPW 和 HRW 處理的黑大麥中都有顯著增加。

7. 膳食纖維（DF）含量的變化

實驗發現，HRW 處理的發芽黑大麥在發芽 1 天後的總 DF 和可溶性 DF 含量顯著低於 UPW 處理的黑大麥。隨著發芽時間的延長至 6 天，HRW 處理組的所有 DF 含量進一步降低，表明 HRW 可能促進了 DF 的分解，這有助於改善發芽黑大麥的食用品質和消化性。

這些結果顯示，HRW 作為一種處理手段，不僅能夠提高發芽黑大麥的發芽效率，還能夠在一定程度上改善其營養成分和抗氧化特性，使其成為一種更健康、更有益的食品選擇。

綜上所述，在中國廣袤的農田中，大麥以其耐寒、耐旱的特性，不僅在釀造業中占據重要地位，也在飼料生產和食品加工等領域發揮著重要作用。儘管在中國，大麥並非主要糧食作物，但其經濟價值和市場潛力不容忽視。全球範圍內，大麥的種植面積和產量均居前列，尤其在歐洲、亞洲和北美地區，大麥的種植和消費量尤為顯著。

然而，大麥產業的發展面臨著氣候變化帶來的極端天氣、水資源匱乏、土壤退化、病蟲害侵襲以及農業化學品過度使用等挑戰。這些因素嚴重影響了大麥的生長週期和產量，對農民的生計和糧食供應鏈的穩定性構成了威脅。

在這樣的背景下，科學家們一直在探索提高作物抗逆性的有效途徑。HRW 作為一種新興的農業技術，在植物抗逆性研究中顯示出了顯著的潛力。研究顯示，HRW 能夠透過調節植物體內的生理生化過程，增強作物對乾旱等非生物脅迫的耐受性。

在大麥的種植中，HRW 的應用可能帶來革命性的變化。實驗結果顯示，HRW 能夠提高大麥種子的發芽率、發芽勢和發芽指數，同時降低丙二醛的累積，減少氧化損傷。此外，HRW 還能增加大麥幼苗中的可溶性醣、可溶性蛋白和游離脯胺酸的含量，這些物質在植物的滲透調節和抗氧化防禦中產生關鍵作用。

此外，HRW 對發芽黑大麥的營養成分及抗氧化特性也產生了積極影響。HRW 處理顯著增加了發芽黑大麥中游離酚酸的含量，提高了其抗氧化能力，同時對礦物質元素如鈣和鐵的含量也有增加作用。這些發現為大麥的抗旱育種和栽培管理提供了新的策略，有望在提高大麥產量和品質的同時，增強其對環境變化的適應能力。

綜上所述，HRW 作為一種創新的解決方案，為大麥的種植帶來了新的希望。透過提高大麥的抗逆性和營養價值，HRW 的應用有望促進農業可持續發展，增強糧食安全，並為農業生產實踐帶來科學知識的有力支撐。

第五節　糧食作物的應用

本章探討了外源性氫氣在植物生長，特別是在糧食作物中的應用和影響，以及它如何作為一種潛在的農業資源來提升作物的產量和品質，同時增強作物對各種逆境的抵抗力。隨著全球人口的成長和氣候變化的挑戰，提高糧食作物的產量和品質，保障糧食安全，已成為一個迫切需要解決的問題。中國作為世界上人口最多的國家，對糧食作物尤其是小麥、玉米和稻穀的需求巨大。本章透過分析近 20 年的統計數據，展示了中國糧食作物生產的現狀和挑戰，並探討了氫氣作為一種新型農業投入品在提高作物產量和抗逆性方面的潛力。

種植面積的增加對中國糧食作物的產量提升的貢獻有限，增產主要依賴於單產的提升，與此同時中國的糧食進口量也在不斷增加。此外，化肥使用量在達到峰值後逐漸減少，這表明中國糧食生產正面臨化肥邊際效益遞減的問題。在這種背景下，開發新的農業技術，如何利用氫氣作為一種促進作物生長的資源，對持續提升中國糧食產量，維護糧食安全，顯得尤為重要。

我們討論了外源性氫氣對稻穀、小麥和玉米等糧食作物的積極影響。例如：HRW 能夠改善冷脅迫下的負面效應，提高抗氧化酶活性，促進除草劑降解，減輕植物毒性。此外，HRW 還能緩解水稻種子萌發過程中的鹽脅迫，提高抗氧化酶活性，調節離子平衡，增強水稻對鹽脅迫的耐受性等。對於小麥，氫氣的應用同樣展現出積極的效果。在銅脅迫下，HRW 能夠緩解小麥幼苗生長的抑制，維持細胞結構的完整性，調節葉片氣孔功能。在乾旱脅迫下，HRW 透過降低丙二醛含量和增加滲透調節物質含量，提高小麥幼苗的抗旱能力。對於玉米，HRW 能夠降低玉米幼苗在強光脅迫下對光抑制的敏感性，提高抗氧化酶活性，減少氧化損傷。在鋁脅迫下，HRW 能夠提高玉米幼苗的生長速度和光合效率，降低活性氧累積，維持營養元素吸收平衡。這些研究顯示，氫氣作為一種新型農業資源，能夠在不同環境脅迫下保護和促進糧食作物的生長。

三大主糧對中國的重要性不言而喻。面對氣候變化、病蟲害、土地和水資源限制以及環境汙染等挑戰，主糧育種和種植行業需要向高產多抗、優質、市場適應性強和可持續發展的方向轉型。氫氣作為一種新型農業資源，其在主糧育種和種植中的應用，為應對這些挑戰提供了新的思路和方法。

大麥作為全球糧食市場的重要組成部分，在中國雖然不是主要糧食作物，但在釀造業、飼料生產和食品加工等領域具有重要的經濟價值和市場潛力。大麥的耐寒、耐旱特性使其在全球糧食安全和經濟中占有不可替代的地位。然而，大麥產業的發展受到氣候變化、水資源匱乏、土壤退化、病蟲害和農業化學品過度使用的挑戰。HRW 的應用可能為大麥的抗旱性研究和栽培管理提供新的策略。

HRW 對大麥種子萌發及幼苗生物量分配的影響研究顯示，適宜濃度的 HRW 處理能顯著提高乾旱脅迫下大麥種子的發芽率、乾物質轉移量、轉移率及轉化效率，並減少呼吸消耗乾物品質。此外，HRW 處理還能降低乾旱脅迫下大麥幼苗根冠比，增加幼苗根和芽的乾重，促進幼苗可溶性醣、可溶性蛋白及葉綠素累積。這表明，一定濃度的 HRW 能透過調控種子乾物質轉運的途徑提升乾旱脅迫下大麥種子的萌發率，並可透過調節可溶性醣、可溶性蛋白和葉綠素含量降低乾旱脅迫對大麥幼苗根和芽生物量分配的不利影響。

在大麥耐鹽性方面，HRW 透過提高 Na^+ 的外排率和改善 K^+ 的保留能力，幫助大麥維持更有利的 Na^+/K^+ 比率，從而提高其耐鹽性。此外，HRW 還能透過增加抗氧化酶如 SOD、POD、APX 和 CAT 的活性，幫助清除過量的 ROS，減少氧化損傷。

HRW 對發芽黑大麥的營養成分及抗氧化特性的影響也得到了積極的結果。HRW 處理顯著增加了發芽黑大麥中游離酚酸的含量，提高了其抗氧化能力，同時對礦物質元素如鈣和鐵的含量也有增加作用。這些發現為大麥的抗旱育種和栽培管理提供了新的策略，有望在提高大麥產量和品質的同時，增強其對環境變化的適應能力。

綜上所述，氫氣在農業領域的應用前景廣闊，它不僅能夠提高糧食作物的產量和品質，增強作物的抗逆性，還能夠減少化肥的使用，促進農業的可持續發展。隨著科學研究的深入和農業技術的創新，氫氣有望成為全球糧食生產和植物生長調節的重要資源。

第四章
豆類作物

中國是全球最大的豆類生產和消費國之一，擁有悠久的豆類種植歷史和豐富的豆類品種。豆類及其製品在中國的飲食文化中占據著舉足輕重的地位，不僅因為其營養價值高，還因為其獨特的風味和多樣的食用方式。隨著健康飲食觀念的普及，豆類及其製品因其高蛋白、低脂肪的特性越來越受到消費者的青睞。

中國豆類市場主要包括大豆、綠豆、紅豆、黑豆等，其中大豆是最主要的品種，廣泛應用於豆製品的生產，如豆腐、豆漿、豆皮、腐竹等。近年來，隨著素食主義和健康飲食趨勢的興起，豆製品的種類也在不斷創新，出現了許多新型豆製品，如豆奶、黃豆優酪乳、大豆蛋白粉等，滿足了消費者對健康食品的需求。

豆製品市場前景廣闊，隨著消費者對健康和營養的日益關注，豆製品作為植物性蛋白的重要來源，其市場需求有望持續成長。此外，隨著食品科技的進步，豆製品的加工技術也在不斷提升，使得產品的口感、營養和保存性得到改善，進一步擴大了其市場潛力。同時，豆製品的出口也在逐年增加，中國豆製品在國際市場上的競爭力逐漸增強。

未來，隨著消費者對食品安全和健康飲食的重視，以及對環境保護和可持續發展的關注，豆類及其製品市場有望迎來新的發展機遇。開發更多健康、營養、環保的豆類產品，將是推動這一市場持續成長的關鍵。

第一節　大豆

那麼，富氫水在大豆的種植領域有什麼樣的具體表現呢？不同濃度的富氫水對大豆的產量與品質的影響是什麼樣的呢？有學者就此展開了實驗[116]。

為了製備不同濃度的 HRW，研究者們使用了 SCH-500 型氫氣發生器，將 99.99%純度的氫氣以 200mL/min 的流速通入水中 10 分鐘，製備出飽和的富氫水（100%）。然後，他們迅速用去離子水稀釋，分別製備出 30%和 60%濃度的 HRW 用於澆灌。在實驗中，研究者們特別關注了氫氣在 HRW 中的濃度，透過氣相色譜法（GC）測定，發現新製備的 HRW（100%濃度）中的氫氣濃度約為 0.66mM。

在這項研究中，學者們旨在探究不同濃度的 HRW 對大豆產量和品質的影響。實驗設計了三種不同濃度的 HRW 處理，分別為 0%（作為對照組 CK）、30% HRW （0.198mM）和 60% HRW （0.396mM）。當大豆幼苗生長至大約 15mm 高時，研究者們挑選了長勢一致的幼苗，將它們轉移到室外進行盆栽試驗。在試驗過程中，每週向盆栽中澆灌 1.5 L 不同濃度的富氫水，直至大豆成熟期。

在盆栽試驗中，研究者們對大豆植株的形態指標、生物量、產量相關指標（如單株莢數、單株莢重、單株粒數和百粒重）以及品質相關指標（如蛋白質和脂肪含量）進行了詳細測量和記錄。透過這些指標，他們評估了不同濃度 HRW 對大豆生長和產量的影響。實驗過程中，每個處理設定了 10 盆大豆，每盆移植 3 株，同時設有三個生物學重複，以確保數據的準確性和可靠性。

---

[116] 陳來斌，等．不同濃度富氫水對大豆產量與品質的影響 [J]. 南方農業學報，2024, 55(5): 1327-1334.

在這項研究中，學者們發現不同濃度的 HRW 對大豆的生長和產量有顯著影響。具體來說，與對照組（CK）相比，30% HRW（0.198mM）處理顯著增加了大豆地上部和根系的乾重，同時單株根瘤數顯著減少。然而，60% HRW 處理的大豆在株高、單株根瘤數和根系乾重方面與 CK 沒有顯著差異。在產量相關指標上，30% HRW（0.198mM）處理的大豆單株莢數顯著增加了 48.72%，單株莢重顯著升高了 78.40%，單株粒數顯著增加了 58.71%，百粒重增加了 18.92%。相比之下，60% HRW（0.396mM）處理的大豆單株莢數減少了 14.10%，單株莢重顯著降低了 24.73%，單株粒數顯著減少了 23.23%，百粒重降低了 22.44%。在品質相關指標上，30% HRW（0.198mM）處理的大豆蛋白質含量和脂肪含量與 CK 相比沒有顯著差異，但單株籽粒蛋白質總量顯著增加了 84.94%，單株籽粒脂肪總量顯著增加了 78.12%。而 60% HRW（0.396mM）處理的大豆蛋白質含量顯著降低，脂肪含量沒有顯著差異，單株籽粒蛋白質總量顯著降低了 56.37%，單株籽粒脂肪總量顯著降低了 39.84%。這些結果顯示，30% HRW（0.198mM）處理可以改善大豆的生長，顯著增加大豆植株生物量累積，同時提高大豆籽粒的產量和品質，而 60% HRW（0.396mM）處理則對大豆的生長和產量產生了不利影響。

第二節　綠豆

還有一個中國的學者團隊開展了對硒與富氫水配施對鹽脅迫下綠豆幼苗生長及根際細菌群落結構影響的研究[117]。

在這項研究中，學者們旨在探討硒與富氫水配合施用對鹽脅迫下綠豆幼苗生長及其根際細菌群落結構的影響。實驗採用盆栽試驗的方式，選用了耐鹽型的綠豆品種晉綠豆 8 號作為試驗材料。首先，將綠豆種子在 75%的酒精溶液中消毒 15 分鐘，然後用蒸餾水清洗 3 次後待用。接著，將種子播種在塑膠花盆中，每個花盆播種 10 粒種子，並裝入 15 kg 的土壤。在播種前，根據試驗設計，對土壤進行鹽脅迫和外源硒處理，將氯化鈉和亞硒酸鈉以水溶液的形式均勻噴施入供試土壤中，使土壤含鹽量為 1.5 g/kg，含硒量分別為 2.5mg/kg、5mg/kg 和 7.5mg/kg。

HRW 是透過氫氣發生器製備的，將純氫氣以 300mL/min 的速率通入 3L 自來水中 30 分鐘，得到的富氫水濃度作為 100%（0.66mM），然後立即用自來水稀釋，獲得 25%（0.165mM）和 50%（0.33mM）的富氫水。

實驗設定了 11 個處理，包括對照組（CK）、鹽脅迫組（Y）以及不同濃度硒與富氫水配施組（T1 ～ T9）。在綠豆出苗後第 25 天，收集植物植株，測量株高、根長，並收集綠豆幼苗葉片保存於 -80°C冰箱用於後續生理生化指標的測定。同時，收集根際土壤樣本，一部分用於 DNA 提取和高通量定序，另一部分風乾後用於土壤理化性質的測定。

整個實驗過程中，學者們詳細記錄了各項操作步驟和條件，確保了實驗的嚴謹性和數據的準確性。透過這種細緻的實驗設計和操作，研究

[117] 武泉棟，等 · 硒與富氫水配施對鹽脅迫下綠豆幼苗生長及根際細菌群落結構的影響 [J]. 生態與農村環境學報，2025, 41(1): 138-146.

者們能夠深入分析硒與富氫水配合施用對綠豆幼苗在鹽脅迫條件下的生長和根際細菌群落結構的影響。

在這項研究中，學者們發現硒與富氫水配施對鹽脅迫下綠豆幼苗的生長和根際細菌群落結構具有顯著影響。具體實驗結果顯示，與對照組相比，鹽脅迫顯著抑制了綠豆幼苗的株高、根長、葉片葉綠素含量，並且顯著降低了 POD、CAT 和 SOD 的活性，同時增加了 MDA 的含量。然而，硒與富氫水的配合施用有效地緩解了這些負面影響，促進了綠豆幼苗的生長，提高了抗氧化酶的活性，並減少了 MDA 的累積。

在根際細菌群落結構方面，硒與富氫水配施對鹽脅迫下的根際土壤細菌多樣性和豐富度產生了積極影響。特別是 7.5mg/kg 的硒與 50% HRW（0.33mM）的配施處理，顯著增加了根際土壤細菌群落的多樣性和豐富度，其中 ACE 指數（用於評估生物多樣性的一種非引數方法）增加了 24.51%，Chao1 指數（用於反映物種豐富度的指標）增加了 24.75%。此外，透過高通量定序分析，學者們觀察到硒與富氫水配施處理改變了根際土壤細菌的群落組成，特別是增加了有益細菌的相對豐度，這可能有助於提高植物對鹽脅迫的耐受性。

這些結果顯示，硒與富氫水的配合施用不僅能夠改善鹽脅迫下綠豆幼苗的生理狀態，還能夠調節根際微生物群落，從而提高植物的耐鹽性。這為鹽漬土壤地區的綠豆栽培提供了潛在的調控技術，有助於提高綠豆在不利環境條件下的生長和產量。

第五章
蔬菜作物

在這片充滿生機的綠色田野上，蔬菜作為人類餐桌上不可或缺的食材，不僅為我們提供了豐富的營養，也成為農業多樣性的重要組成部分。從蘿蔔的清脆、白菜的鮮嫩、菠菜的翠綠，到油菜的油潤、菜心的甜潤、黃瓜的爽口、冬瓜的清淡、番茄的多彩、秋葵的細膩、紅甜菜的甘甜、上海青的柔嫩、結球生菜的清脆，每一種蔬菜都有其獨特的風味和營養價值。

然而，隨著全球人口的成長和消費者對食品安全和品質的要求日益提高，蔬菜種植業面臨著提高產量、改善品質、減少化學農藥使用、保護環境和提高農業可持續性等多重挑戰。在這一背景下，氫氣的應用在蔬菜種植業中展現出了巨大的潛力和獨特的價值。

正如本書在之前引用的學者的研究已經證明，氫氣在促進植物生長、增強植物抗逆性、提高作物的抗氧化能力等方面具有顯著效果。透過使用 HRW 灌溉，我們能夠在不增加化學投入的前提下，提升白菜的緊實度、菠菜的營養價值、油菜的油分含量、菜心的清甜、黃瓜的新鮮度、冬瓜的多汁、番茄的風味、秋葵的滑潤、紅甜菜的色澤、上海青的嫩綠、結球生菜的緊實度等特性。

本章將深入探討氫氣在蔬菜種植業中的應用，從白菜、菠菜、油菜、菜心、黃瓜、冬瓜、番茄、秋葵、紅甜菜、上海青、結球生菜等蔬菜的種植入手，分析氫氣如何作為一種環保的農業投入品，提高作物的產量和品質，增強作物的自然抵抗力，減少對環境的影響，為消費者提供更加健康、安全、美味的蔬菜產品。

隨著我們一步步深入了解，我們將發現氫氣不僅能夠提升蔬菜的營養價值和口感，還能夠為農業的可持續發展提供新的解決方案。我們相信，氫氣在蔬菜種植業中的運用將為農業帶來革命性的變革，為實現綠色、高效、環保的農業生產開闢新的道路。

第一節　葉菜類

一、白菜

白菜，作為中國蔬菜市場的重要組成部分，以其豐富的營養價值和廣泛的食用範圍，在中國人的日常飲食中占有不可或缺的地位。它不僅為人們提供了豐富的維他命和礦物質，還因其多樣的烹飪方式而深受喜愛。在眾多蔬菜中，白菜以其易於保存和運輸的特性，成為蔬菜供應鏈中的關鍵角色，對保障蔬菜市場的穩定供應發揮著重要作用。

在對白菜的深入研究中，科學家們發現氫氣作為一種訊號分子，能夠顯著提高植物的抗氧化、抗逆境和抗凋亡能力。特別是在小白菜上的應用，研究人員透過實驗發現，透過 HRW 的形式供給氫氣，可以有效增強小白菜對鎘等重金屬的抗性。在鎘脅迫下，HRW 預處理的小白菜表現出了顯著的生長優勢，其根系對鎘的吸收減少，同時抗氧化能力得到提高。此外，透過轉錄本分析，研究人員還發現與鎘吸收相關的基因表現量在 HRW 預處理後被顯著抑制，這進一步證實了 HRW 在降低鎘吸收方面的潛在作用。

另一項研究則聚焦於 HRW 與真空預冷技術結合使用對小白菜衰老和抗氧化能力的影響。研究結果顯示，50% 0.4mM 的 HRW 能夠有效維持小白菜中葉綠素及其代謝衍生物的含量，並透過降低葉綠素降解酶的活性來延緩葉綠素的降解。此外，HRW 與真空預冷的結合處理不僅顯著降低了小白菜的失重率，還維持了葉綠素和抗氧化物質的含量，提高了抗氧化酶的活性，從而抑制了丙二醛的累積。這些發現表明，HRW 和真空預冷技術的結合，可以作為一種環保的保鮮技術，有效延緩小白菜的採後衰老，延長其貨架期。

接下來我們將詳細介紹以上兩項研究。

第一項研究，學者團隊 [118] 選擇小白菜作為實驗對象，探究 HRW 對小白菜在鎘脅迫下的抗性影響。鎘是一種對植物生長和人類健康都有害的重金屬，其在土壤和水體中的汙染問題日益受到關注。因此，研究 HRW 如何增強小白菜對鎘的抗性，不僅有助於提高作物的產量和品質，也對環境保護和食品安全具有重要意義。透過這項研究，科學家們希望能夠為農業生產提供新的策略，以應對日益嚴峻的環境挑戰。

為此，學者們設計了一系列實驗來探究 HRW 對小白菜在鎘脅迫條件下的影響。該實驗所使用的 HRW 的濃度是 50% (0.4mM)。其核心部分是小白菜植株的培養，它們被分別放置在正常水和 HRW 環境下生長，以模擬不同的生長條件。研究者們特別設計了鎘脅迫的環境，以此來模擬重金屬汙染對作物生長的影響，並觀察 HRW 是否能夠提供保護作用。實驗過程中，小白菜的生長狀況被密切監測，包括根和地上部分的生長長度和健康狀況。

為了深入理解 HRW 對小白菜生長的具體影響，研究者們採用了多種生物學技術。他們利用氣相色譜技術來檢測小白菜體內氫氣的釋放，使用原子吸收光譜法來分析小白菜體內鎘的吸收情況。此外，透過組織化學染色技術，研究者們能夠直觀地觀察鎘在小白菜根系中的分布情況。

在分子層面，研究者們透過轉錄本分析來探究與鎘吸收相關的基因在 HRW 處理下的變化情況，這涉及對特定基因表現量的測定，以了解它們是如何響應鎘脅迫和 HRW 處理的。同時，為了評估小白菜的抗氧化能力，研究者們測量了多種抗氧化酶的活性，並評估了脂質過氧化水

[118] WU Q, et al. Hydrogen-rich water enhances cadmium tolerance in Chinese cabbage by reducing cadmium uptake and increasing antioxidant capacities[J]. *Journal of Plant Physiology*, 2015, 175: 174-182.

準和活性氧種類的含量。

這些精心設計的實驗步驟綜合構成了一個全面的研究方案，它不僅揭示了 HRW 透過生物學機制增強小白菜對鎘脅迫的抗性，還深入探討了氫氣如何影響植物的生理反應。這些發現為我們提供了一個全新的視角，以理解氫氣在植物生理中的作用，並為農業實踐和環境保護開闢了新的可能性。

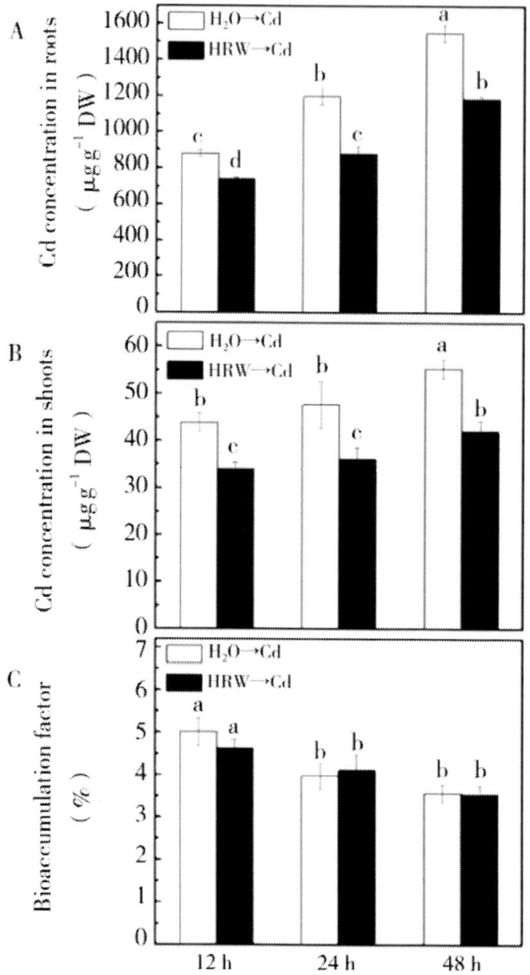

圖 5-1-1 HRW 預處理對鎘脅迫下中國白菜幼苗鎘濃度的影響，包括根部 (A) 和莖部 (B) 的鎘濃度 [119]

---

[119] 根部鎘濃度 (A)：子圖 A 展示了根部鎘濃度隨時間的變化情況。在未進行 HRW 預處理的條件下，可以觀察到根部鎘濃度隨著時間的推移而增加。相比之下，在 50% 飽和 HRW 預處理的條件下，根部鎘濃度的增長受到了明顯的抑制，這表明 HRW 預處理能夠有效降低根部對鎘的吸收。

莖部鎘濃度 (B)：子圖 B 反映了莖部鎘濃度的變化趨勢。與根部的情況相似，HRW 預處理顯著降低了莖部的鎘累積量。這一結果顯示，HRW 預處理不僅減少了根部的鎘吸收，還抑制了鎘從根部向莖部的轉運，從而在植物的可食用部分減少了鎘的累積。

生物累積因子 (C)：子圖 C 展示了生物累積因子的變化，該因子是透過計算莖部鎘濃度與根部鎘濃度的比率得到的。這個比率是衡量鎘從根部向莖部運輸效率的重要指標。根據圖 C 的數據，HRW 預處理似乎並沒有顯著改變這一比率，意味著 HRW 對鎘在植物體內分布比例的影響有限，但仍然有助於整體降低鎘對植物的生物有效性。

基於這些方法，研究者們已經能夠從宏觀到微觀層面，全面地掌握氫氣對植物生理的影響。接下來，我們將深入探討實驗結果，這些結果不僅驗證了 HRW 的應用潛力，還為我們提供了關於植物如何在分子層面響應環境壓力的寶貴資訊。

在中國白菜對鎘 (Cd) 耐受性的研究中，HRW 的應用展現了顯著的正面效果。實驗數據顯示，經過 0.4mM 的 HRW 預處理的幼苗，在鎘脅迫環境下，其根長和鮮重的下降得到了有效緩解。具體而言，與未處理的對照組相比，HRW 處理的幼苗在 24 小時鎘處理後，根長增加了約 48%，鮮重增加了約 16%。此外，原子吸收光譜法的測量結果揭示，HRW 預處理顯著降低了幼苗根和莖部的鎘濃度，12 小時、24 小時和 48 小時後降幅分別為 16.0%、36.6%、23.5% (根部) 和 22.4%、24.3%、24.1% (莖部)。

在分子層面上，HRW 透過調節與鎘吸收和轉運相關的關鍵基因表現，降低了鎘的累積。特別是，鎘誘導的 IRT1 和 Nramp1 基因上調被 HRW 顯著阻斷，而 HMA3 基因的表現則被加強，這有助於鎘在根部液泡中的隔離。同時，HRW 抑制了 HMA2 和 HMA4 基因的表現，減少了鎘從根部向莖部的運輸。

抗氧化酶活性的增強是 HRW 處理的另一重要效果。HRW 顯著提高了 SOD、POD、CAT 和 APX 等抗氧化酶的活性，這些酶在抵禦氧化損傷中發揮關鍵作用。與單獨鎘處理的幼苗相比，HRW 聯合處理的幼苗表現出更高的抗氧化酶活性，有效減輕了氧化損傷。

組織化學染色的結果進一步證實了 HRW 預處理顯著降低了鎘誘導的 ROS 累積，包括 O^{2-} 和 H_2O_2。此外，HRW 處理還降低了 TBARS 含量，這是脂質過氧化的指標，表明 HRW 能夠減輕氧化損傷，提高根的活力。類似的實驗結果也在多個其他的學者的研究團隊上得以展現。

比如吳雪博士的博士論文，她也得到了，外源 HRW 可以有效緩解小白菜 Cd 脅迫，並顯著降低小白菜 Cd 含量的結論 [120]；鄔奇博士也認為，使用 HRW 向植物供 H_2 可顯著提高小白菜對鎘的耐性，緩解鎘對小白菜根伸長和生物量累積的抑制 [121]。

綜合這些結果，可得出如下結論：氫氣透過降低與鎘吸收相關基因的表現和提高抗氧化酶系統的活性，有效減少了小白菜根對鎘的吸收並增強了其抗氧化能力，從而增強了小白菜對鎘的抗性。這些發現不僅為理解氫氣在植物生理中的作用提供了新的視角，也為農業實踐中應對重金屬汙染提供了潛在的解決方案。

但氫氣對小白菜的作用不止於種植階段。另一項研究就探討了 HRW 結合真空預冷技術對小白菜的抗衰老和氧化能力的影響 [122]。實驗人員製備了 0.4mM 的 HRW 溶液，結合預冷技術，將實驗用小白菜分為了四組：對照組（未處理的小白菜樣本在 6 ～ 10℃下保存），真空預冷組（小白菜新鮮樣本進行真空預冷），蒸餾水＋預冷組（小白菜樣本先在蒸餾水中浸泡 10 分鐘，然後進行真空預冷），以及 HRW ＋預冷組（小白菜樣本先在 0.4mM 的 HRW 中浸泡 10 分鐘，隨後進行真空預冷）。真空預冷的條件包括：小白菜處理品質 5 kg，初始溫度 25℃，最終溫度 6℃，最終壓力 800 Pa，真空預冷時間 30 分鐘。預冷後的小白菜被整齊地放置在貨架上，並在 6 ～ 10℃和 80%～ 90%相對溼度的條件下保存 12 天，每 3 天取樣一次，取樣時去除葉片的主脈外的外部葉片，迅速冷凍於液氮中，然後保存於 -80℃以備分析。

實驗過程中，研究人員測量了小白菜的顏色引數、葉綠素含量、葉

---

[120] 吳雪．富氫水緩解小白菜（*Brassica chinensis* L.）鎘脅迫的機理研究 [D]. 南京農業大學 , 2020.

[121] 鄔奇．氫氣調控小白菜耐鎘性的作用機制研究 [D]. 南京農業大學，2017.

[122] AN R, et al. Effects of hydrogen-rich water combined with vacuum precooling on the senescence and antioxidant capacity of pakchoi (*Brassica rapa* subsp. *Chinensis*)[J]. *Scientia Horticulturae*, 2021, 289: 110469.

綠素衍生物含量、葉綠素降解酶的活性、重量損失率、總酚和抗壞血酸含量、抗氧化酶活性、自由基清除率以及丙二醛含量。這些測量結果不僅反映了小白菜在保存期間的衰老過程，也揭示了 HRW 和真空預冷技術如何協同作用，以維持小白菜的新鮮度和營養價值。

學者們的實驗結果如下。

1. HRW 維持葉綠素含量

實驗結果顯示，0.4mM 的 HRW 能夠有效保持小白菜中葉綠素及其代謝衍生物的含量，如葉綠素 a、葉綠素 b、葉綠醌 a、葉綠醌 b、葉綠素 a' 和葉綠素 b'，這些與葉綠素酶、Mg 脫螯合酶、葉綠醌酶和葉綠素 a' 氧化酶的活性降低有關。

2. HRW 降低重量損失率

與單獨使用真空預冷或水 + 真空預冷的組別相比，HRW 結合真空預冷顯著降低了採後白菜的失重率。

3. HRW 提高抗氧化酶能力

HRW 和真空預冷的聯合處理不僅提高了麩胱甘肽還原酶、過氧化氫酶和超氧化物歧化酶的活性，提高了包括總酚和抗壞血酸的抗氧化物質含量，還提高了清除 2,2- 二苯基 -1- 苦基肼自由基、超氧陰離子和羥基自由基的速率。

4. HRW 抑制衰老過程中的氧化損傷

HRW 處理的小白菜在保存期間顯示出較低的 MDA 含量，這是氧化損傷的一個指標，表明 HRW 透過減少氧化損傷來延緩小白菜的衰老。

綜合以上兩個研究，我們可以認為，富氫水不但可以提高白菜對鎘的耐受性，還可以延緩白菜葉綠素的降解，調節它的衰老過程。因此，富氫水作為一種潛在的農業投入品，對於促進可持續農業發展和提高食品安全具有重要的應用價值。

二、菠菜

菠菜，學名 *Spinacia oleracea* L.，作為一種在世界範圍內廣泛種植的蔬菜，在中國蔬菜市場中占有舉足輕重的地位。它不僅因含有豐富的類胡蘿蔔素、維他命 C、維他命 K 以及礦物質等營養素而被譽為「營養模範生」，還因其獨特的口感和食用價值深受消費者喜愛。在中國，菠菜的種植幾乎遍布所有地區，是日常飲食中不可或缺的一部分，對於滿足人們對健康飲食的需求具有重要意義。

然而，菠菜的採後保鮮問題一直是制約其市場供應和消費的瓶頸。菠菜葉片大，呼吸作用旺盛，易受機械損傷和微生物侵染，導致品質下降和貨架壽命縮短。為了解決這一問題，科學家們進行了大量的研究，探索了多種保鮮技術，以延長菠菜的保鮮期並保持其營養價值。

在這些研究中，有一篇文章特別引人注目，它探討了 HRW 處理對菠菜採後儲藏品質的影響 [123]。HRW，作為一種具有還原性和抗氧化能力的水溶液，已被證實在果蔬保鮮方面具有潛在的應用價值。在下文中，我們將對這位學者的實驗過程與結果進行詳細的介紹。

在這篇文章中，記錄了學者團隊精心設計的實驗過程，以及其就 HRW 對菠菜採後儲藏品質影響的評估。實驗選用了「帝沃 9 號」菠菜作為試材，在適宜的條件下種植並採收。首先，菠菜被隨機分為兩組，一

[123] 徐超，等．富氫水處理對菠菜採後貯藏品質的影響 [J]. 北方園藝，2023(8): 78-87.

組用去離子水浸泡作為對照組（CK），另一組則使用 0.16mM 的 HRW 處理，處理時間均為 10 分鐘。處理後，菠菜葉片表面水分被去除，並採用 0.03mm 厚的 PE 包裝袋進行包裝，每袋裝有 300 g 菠菜，共 50 袋，然後置於 20±1℃的冷庫中，在相對溼度 85%～ 90%的條件下儲藏 5 天。

在儲藏期間，研究人員每天對菠菜進行感官評分和取樣，樣品使用液氨速凍後保存於 -80℃的冰箱中。實驗包含了三個生物學重複，確保結果的可靠性。HRW 的製備是透過鼓泡法，使用氫氣發生器將高純度氫氣充入去離子水中，經過一定時間製備出飽和氫氣溶解度的 HRW，再迅速與去離子水混合至所需的濃度。

實驗中對菠菜的感官品質、色澤、失重率、呼吸速率、乙烯釋放量、可溶性固形物含量、葉綠素含量、維他命 C 含量、相對電導率、丙二醛含量、DPPH 自由基清除率、LOX 活性以及抗氧化酶（CAT、POD、APX）活性等多項指標進行了測定。這些測定有助於全面評估菠菜在儲藏期間的品質變化，以及 HRW 處理對這些變化的影響。

透過這些詳細的實驗步驟，研究人員能夠深入分析 HRW 對菠菜採後儲藏品質的具體影響，為菠菜的保鮮提供了科學依據。實驗結果顯示，經過 0.16mM 的濃度 HRW 處理的菠菜，在儲藏期間的感官品質得到了顯著維持，這主要展現在葉片色澤、質地和新鮮度等方面的改善。此外，HRW 處理顯著降低了菠菜的失重率，這表明它能有效減少菠菜在儲藏過程中的水分蒸發，從而降低因失水導致的萎蔫和黃化。

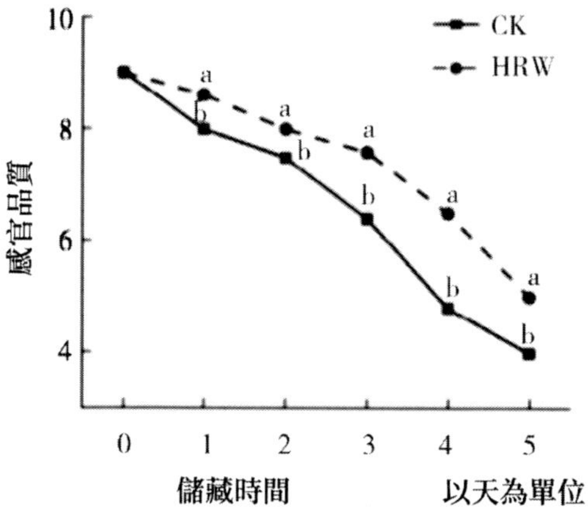

圖 5-1-2 富氫水處理對菠菜感官品質的影響 [124]

在生理指標方面，HRW 處理抑制了菠菜的呼吸強度和乙烯釋放量，這有助於延緩菠菜的新陳代謝和成熟過程，進一步延長儲藏壽命。同時，HRW 處理也延緩了可溶性固形物、葉綠素和維他命 C 含量的下降，這些指標的維持有助於保持菠菜的營養品質。

抗氧化酶活性的測定顯示，HRW 處理提高了菠菜中 CAT、POD 和 APX 的活性，這表明 HRW 能夠增強菠菜的抗氧化能力，對抗儲藏過程中可能發生的氧化反應。此外，HRW 處理還降低了 LOX 活性和 MDA 含量的累積，這有助於減少細胞膜脂質過氧化和維持細胞膜的完整性。

綜合上述結果，研究人員得出結論，HRW 處理是一種有效的菠菜採後保鮮方法，它透過降低水分蒸發、抑制呼吸作用和乙烯釋放、延緩營養品質下降以及提高抗氧化能力等多重機制，顯著延長了菠菜的儲藏期並保持了其商品價值。這些發現為菠菜等綠葉蔬菜的採後保鮮提供了新的策略，並可能對其他果蔬的保鮮技術發展具有啟示作用。

[124] HRW 代表富氫水處理組，CK 代表自來水對照組。

三、油菜

油菜（*Brassica napus* L.）是中國蔬菜市場的重要組成部分，不僅在農業經濟中占有重要地位，而且在國民飲食文化中也具有深遠的影響。作為世界上最大的油菜生產和消費國之一，中國對油菜的需求量巨大，它不僅是重要的油料作物，其幼苗和葉片也是人們日常飲食中不可或缺的蔬菜。油菜的種植和消費對保障糧食安全、促進農民增收和滿足消費者營養需求具有重要意義。

近年來，隨著人們對健康飲食的日益關注，油菜的營養價值和保健功能越來越受到重視。油菜富含蛋白質、維他命和礦物質等多種營養成分，對提高人體免疫力、預防疾病具有積極作用。然而，油菜的生長易受多種非生物脅迫因素的影響，如乾旱、鹽鹼、重金屬汙染等，這些因素會降低油菜的產量和品質，進而影響市場供應。

為了提高油菜的抗逆性和市場競爭力，科學家們開展了一系列實驗研究，探索了 HRW 對油菜生長及生理特性的影響。富氫水是一種富含氫分子的水溶液，具有抗氧化和抗炎作用，已被證實對多種植物具有促進生長和提高抗逆性的效果。在這些研究中，研究人員透過設定不同的富氫水濃度處理，評估了其對油菜種子發芽、幼苗生長、生理指標和抗氧化能力的影響。

這其中有不少研究為油菜的栽培和蔬菜市場的發展提供了新的策略和技術支援，有助於實現油菜生產的可持續發展，保障蔬菜市場的穩定供應，滿足消費者對健康蔬菜的需求。

在探討 HRW 對油菜生長及生理特性影響的領域中，有四個不同的研究團隊分別從不同的角度進行了實驗研究。這些研究團隊透過精心設計的實驗過程，揭示了 HRW 對油菜生長的積極作用及其潛在的生理機制。

學者馬南行的研究[125]旨在系統評估不同濃度 HRW 對油菜種子萌發特性、幼苗生長動態及關鍵生理指標的影響，探索其在蔬菜育苗中的潛在應用價值，並為優化 HRW 濃度選擇提供科學依據。實驗以大連本地油菜品種為研究對象，設定純水對照組（CK）及低濃度（0.15mM）、中濃度（0.45mM）、高濃度（0.65mM）三個 HRW 處理梯度。試驗所用 HRW 由大連迪麥醫療科技有限公司提供的 HRW 機製備，透過電解法生成飽和氫水後，使用蒸餾水逐級稀釋至目標濃度，並採用行動式溶解氫檢測儀精確驗證氫離子濃度，確保實驗條件的可控性與重複性。試驗採用完全隨機設計，每組設定三次重複，每個處理包含 50 粒油菜種子，以降低偶然誤差對實驗結果的影響。

實驗過程分為種子預處理、發芽培養及幼苗生長管理三個階段。首先，油菜種子分別經對應濃度的 HRW 浸泡 30 分鐘進行活化處理，隨後用無菌紗布包裹並轉移至恆溫培養箱中，在 30°C恆溫條件下進行發芽培養。發芽期間每日觀察記錄種子狀態，並於處理後第 4 天統計發芽勢（高峰期發芽種子數占總供試種子的百分比），第 7 天統計最終發芽率，以評估 HRW 對種子萌發階段的促進作用。完成發芽試驗後，從各處理組中篩選出發芽狀態一致的 25 粒種子，移栽至 50 孔穴盤中，採用統一配方的營養基質進行育苗管理。幼苗生長階段每隔 5 天以對應濃度的 HRW 進行葉面噴灑處理，共實施 5 次灌溉，確保幼苗在整個生長期持續接觸 HRW。培養 25 天後，採集幼苗樣本進行形態指標與生理指標的測定：地上部分生物量透過洗淨根系、吸乾水分後秤量鮮重獲得；葉鮮重則選取功能葉片單獨測定。生理指標分析包括可溶性蛋白含量、可溶性醣含量、VC 含量及纖維素含量，所有測定均嚴格遵循標準操作流程，並設定技術重複以保障數據準確性。試驗數據經 SPSS 26.0 軟體進行單因素方差分析，結合 Duncan 多重比較檢驗，以 $P<0.05$ 作為差異顯著性判斷標

[125] 馬南行 · 富氫水對油菜生長及生理特性的影響 [J]. 現代農業科技，2023(13): 80-86.

準，系統解析不同濃度 HRW 對油菜生長及代謝活動的調控效應。透過上述多元度、多階段的實驗設計，研究旨在揭示 HRW 濃度與植物生理響應之間的劑量效應關係，為 HRW 在蔬菜集約化育苗中的規模化應用提供理論支持與技術引數。

實驗結果顯示，不同濃度 HRW 對油菜的生長及生理特性均表現出顯著促進作用。在種子萌發階段，與純水對照組（CK）相比，低（0.15mM）、中（0.45mM）、高（0.65mM）濃度 HRW 處理顯著提升了油菜種子的發芽勢與發芽率。

其中，高濃度 HRW 組的發芽勢達 95.7%，較對照組（79.3%）提高 16.4 個百分點，且與中濃度組（94.5%）差異不顯著；發芽率則從對照組的 74.1%提升至 96.6%，增幅達 22.5 個百分點，顯示出濃度依賴性效應。

幼苗生長方面，HRW 處理顯著增加了地上部分生物量與葉鮮重，且隨濃度升高呈遞增趨勢：高濃度組地上部分生物量（1.21 $g \cdot m^{-2}$）較對照組（0.79 $g \cdot m^{-2}$）提高 53.2%，葉鮮重（0.56 $g \cdot m^{-2}$）較對照組（0.37 $g \cdot m^{-2}$）增加 51.4%，中、高濃度組間雖無顯著差異，但均顯著高於低濃度組。

生理代謝指標中，HRW 處理顯著提高了油菜的可溶性蛋白、可溶性醣及 VC 含量。與對照組相比，低、中、高濃度 HRW 組的可溶性蛋白含量分別增加 34.4%、65.6%和 82.0%，可溶性醣含量分別提升 18.2%、20.0%和 27.3%，VC 含量則分別成長 7.0%、15.1%和 27.3%，其中高濃度組 VC 含量顯著優於中、低濃度組。

此外，纖維素含量雖隨 HRW 濃度增加略有下降，但未達顯著差異水準。整體而言，高濃度 HRW（0.65mM）在促出發芽、生物量累積及營養品質提升方面表現最優，表明 HRW 的生理調控效應與其濃度梯度密切相關。

魏曉男團隊則探討了 HRW 對過量 $Ca(NO_3)_2$ 誘導的毒性的影響 [126]。

---

[126] WEI X, et al. Hydrogen-rich water ameliorates the toxicity induced by $Ca(NO_3)_2$ excess through

他們的研究旨在探究不同濃度富氫水（HRW）對受過量 $Ca(NO_3)_2$ 脅迫的青江菜（*Brassica campestris* spp. *chinensis* L.）幼苗生長的調控機制，重點解析 HRW 如何透過增強抗氧化能力及調節硝酸鹽代謝與運輸緩解毒性效應。實驗採用土培與水培兩種體系，來系統評估 HRW 的作用效果。供試 HRW 透過氫氣發生器將高純氫氣以 500mL/min 流速通入蒸餾水 30 分鐘至飽和狀態（氫濃度約 835.1 μM，即 0.835mM），隨後稀釋為 10%（83.5μM，0.0835mM）、30%（236.2 μM，0.236mM）、50%（417.5 μM，0.418mM）及 100%（835.1 μM，0.835mM）四種濃度梯度。

土培實驗中，青江菜種子經發芽後移栽至蛭石與營養土混合基質中，待幼苗生長至兩片真葉時，每隔 12 小時葉面噴灑 50mL 不同濃度 HRW，持續 17 天。處理第 7 天後，開始施加含 80mM $Ca(NO_3)_2$ 的 1/4 霍格蘭營養液進行脅迫處理，對照組則採用 15mM $Ca(NO_3)_2$。水培實驗則採用 1/4 霍格蘭營養液培養幼苗 4 天後，轉移至含 80mM $Ca(NO_3)_2$ 及不同濃度 HRW 的溶液中繼續培養 4 天，每 12 小時更換一次溶液以維持濃度穩定。所有處理設三次生物學重複，每組包含 6 株幼苗（土培）或 10 株幼苗（水培）。

實驗過程中，透過組織化學染色定位葉片中超氧陰離子（$O_2^{\cdot-}$）與 H_2O_2 累積，並測定丙二醛（MDA）含量及相對電導率以評估膜脂過氧化程度。抗氧化酶活性（SOD、POD、CAT、APX）採用分光光度法測定，硝酸鹽含量透過硝基水楊酸比色法分析，硝酸還原酶（NR）及麩醯胺酸合成酶（GS）活性透過特定底物反應定量。此外，利用即時螢光定量 PCR 技術檢測硝酸鹽轉運基因 BcNRT1.5 與 BcNRT1.8 的表現模式，以解析 HRW 對硝酸鹽長距離運輸的調控機制。數據經 SPSS 軟體進行單因素方差分析，結合 Duncan 多重比較檢驗（$P < 0.05$）評估差異顯著性。透過上

enhancing antioxidant capacities and re-establishing nitrate homeostasis in *Brassica campestris* spp. *chinensis* L. seedlings[J]. *Acta Physiologiae Plantarum*, 2021, 43: 50.

述多元度實驗設計，研究旨在闡明 HRW 緩解 Ca（NO_3）$_2$ 毒性的生理與分子機制，為富氫水在設施蔬菜抗逆栽培中的應用提供理論依據。

實驗結果顯示，富氫水 (HRW) 對緩解 $Ca(NO_3)_2$ 過量脅迫下油菜幼苗的毒性具有顯著作用。在土壤栽培體系中，80mM $Ca(NO_3)_2$ 處理導致幼苗鮮重下降 45.5%，株高降低 22.1%，同時地上部硝酸鹽含量較對照組激增 11 倍；而葉面噴灑 50% HRW（417.5 μM，即 0.418mM) 顯著恢復幼苗生長，使地上部鮮重提升至接近正常水準，並減少硝酸鹽累積，其中 30% HRW（236.2 μM) 和 50% HRW 分別使地上部硝酸鹽含量降低 35.6%和 28.1%。水培實驗進一步驗證，HRW 處理顯著緩解 $Ca(NO_3)_2$ 對根長的抑制，50% HRW 使受脅迫幼苗的根長恢復至對照組的 80%以上，地上部鮮重亦顯著增加。

生理機制分析顯示，$Ca(NO_3)_2$ 脅迫導致活性氧 (ROS) 大量累積，$O_2^{\cdot-}$ 和 H_2O_2 在葉片中顯著富集，丙二醛 (MDA) 含量及相對電導率分別上升 62.2%和 83%，表明膜脂過氧化加劇。HRW 處理（尤其是 50%濃度）有效降低 ROS 水準，使 H_2O_2 和 MDA 含量分別減少 14.4%和 28.4%，同時提升超氧化物歧化酶 (SOD)、過氧化物酶 (POD)、過氧化氫酶 (CAT) 及抗壞血酸過氧化物酶 (APX) 活性，其中 SOD 和 CAT 活性在 30% HRW 處理下增幅最大，POD 和 APX 則在 50% HRW 處理時達峰值。

在硝酸鹽代謝方面，HRW 透過調控轉運基因表現重塑硝酸鹽穩態。80mM $Ca(NO_3)_2$ 脅迫下，硝酸鹽轉運基因 BcNRT1.5（負責硝酸鹽向地上部運輸）表現顯著上調，而 BcNRT1.8（介導硝酸鹽根部滯留）表現受抑；50% HRW 處理逆轉此趨勢，抑制 BcNRT1.5 表現並增強 BcNRT1.8 表現，使根部硝酸鹽占比提高，減少向地上部的轉運。此外，HRW 提升硝酸還原酶 (NR) 和麩醯胺酸合成酶 (GS) 活性，分別增加 31.9%和 25.4%，促進硝酸鹽同化為胺基酸，進一步降低植株內硝酸鹽毒性累積。上述結果顯示，HRW 透過協同增強抗氧化防禦、調節硝酸鹽代謝與運輸途徑，多元度緩解 $Ca(NO_3)_2$ 過量脅迫，為設施蔬菜安全生產提供了潛在解決方案。

程鵬飛學者團隊探索了 AB 作為新型氫氣供體在農業現場應用中提升甘藍型油菜耐寒性的作用機制 [127]，並驗證其是否透過硫化氫（H_2S）訊號通路實現這一效果。實驗首先選用商業油菜種子（*Brassica napus* L. cv. Zhongshuang11），經次氯酸鈉消毒後置於恆溫光照培養箱中萌發，控制條件為 21℃、200μmol·m^{-2}·s^{-1} 光照及 14 小時光週期。三日後，幼苗分別暴露於常溫（21℃）或冷脅迫條件（4℃），並透過新增不同處理試劑（如 1mg/L AB、1mM NaHS、500μM HT 或 5μM PAG）探究其生理響應。

為評估冷脅迫對植物的影響，實驗測定了一系列生理指標。其中包括測量葉綠素 a 和 b 的含量，以及採用硫代巴比妥酸反應物質（TBARS）和相對電導率（REC）評估膜脂過氧化程度，同時透過 DAB 和 NBT 染色法視覺化根尖過氧化氫（H_2O_2）及超氧陰離子（$O_2^{\cdot -}$）累積。抗氧化酶活性（如 SOD、CAT、APX、POD）透過分光光度法測定，並利用即時定量 PCR 分析相關基因的轉錄水準變化。

H_2S 含量及合成關鍵酶（如半胱胺酸脫硫酶，DES）活性透過分光光度法和螢光探針 AzMC 結合雷射共聚焦顯微鏡進行定量與定位分析。此外，透過田間試驗驗證 AB 的實際應用潛力，將油菜種植於自然環境中，每月定期施用 1mg/L AB，監測冬季至早春季節植株表型、光合引數及關鍵耐寒基因（如 ICE1、CBF5、CBF17、COR）的表現。所有實驗均設定三次生物學重複，數據經 OriginPro 統計軟體分析，採用 Turkey 多重檢驗或 t 檢驗評估差異顯著性。透過上述系統性實驗設計，學者旨在闡明 AB 透過 H_2S 訊號調控植物耐寒性的分子與生理機制，並為農業實踐提供理論支持。

[127] CHENG P, et al. Ammonia borane positively regulates cold tolerance in *Brassica napus* via hydrogen sulfide signaling[J]. *BMC Plant Biology*, 2022, 22: 585.

研究結果顯示，氨硼（AB）處理顯著緩解了冷脅迫對甘藍型油菜幼苗生長的抑制作用。在 4℃低溫條件下，施用 1mg/L AB 的植株相較於未處理組，其莖長、根長、莖粗、鮮重、相對含水量及葉綠素含量等生理指標的下降幅度顯著減小，如圖 5-1-3 所示。

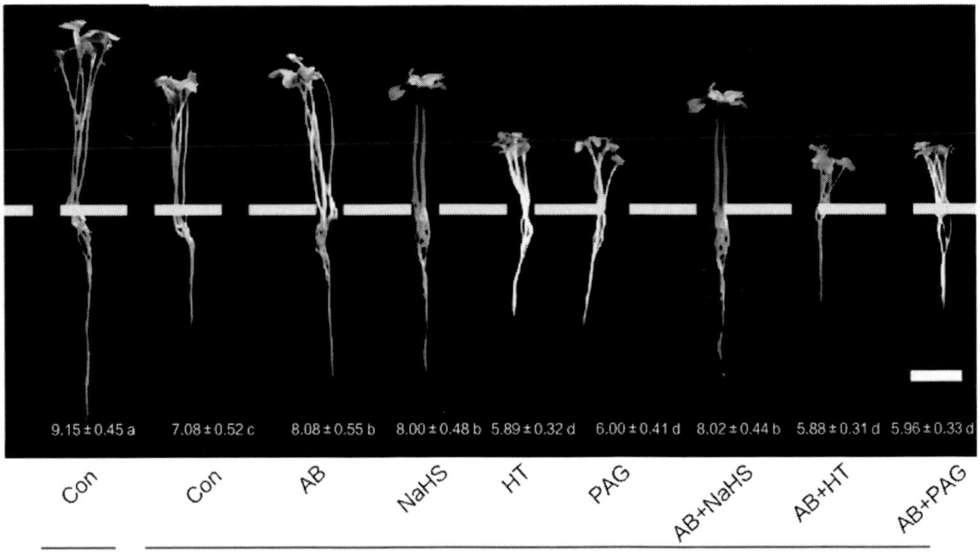

圖 5-1-3 在冷脅迫下，新增 AB、HT（硫化氫清除劑）或 PAG（硫化氫合成抑制劑）對根長度的影響[128]

莖長抑制率從 -35.6%改善至 -10.8%，葉綠素含量損失從 -14.8%降低至 -3.2%。同時，冷脅迫誘導的氧化損傷現象在 AB 處理組中明顯減弱：根組織中過氧化氫（H_2O_2）和超氧陰離子（$O_2^{\cdot -}$）的累積量分別減少 24.1%和 20.5%，硫代巴比妥酸反應物質（TBARS）和相對電導率（REC）的升高趨勢也得到有效抑制。這一保護作用與 AB 增強抗氧化系統活性密切相關，其中超氧化物歧化酶（SOD）、過氧化氫酶（CAT）、抗壞血酸過氧化物酶（APX）和過氧化物酶（POD）的活性分別提升至對照組的 49.3%、39.2%、75.5%和 61.9%，且相關基因的轉錄水準同步上調。

[128] Con 代表對照組，AB 代表氨硼烷處理組，HT 代表硫化氫清除劑處理組，PAG 代表硫化氫合成抑制劑處理組，NaHS 代表硫氫化鈉處理組。

實驗進一步揭示了 AB 透過硫化氫 (H_2S) 訊號通路調控耐寒性的機制。低溫脅迫本身會啟用半胱胺酸脫硫酶 (DES) 活性，促進內源 H_2S 的合成，而 AB 處理使這一效應進一步增強，H_2S 含量在冷脅迫 6 小時後達到峰值，較未處理組顯著升高。透過螢光探針 AzMC 結合雷射共聚焦顯微鏡觀察，發現 AB 與 H_2S 供體 NaHS 類似，可顯著增強根尖 H_2S 的螢光訊號，而 H_2S 清除劑 (HT) 或 DES 抑制劑 (PAG) 則完全阻斷了 AB 的保護作用，導致植株生長抑制和氧化損傷加劇。田間試驗進一步驗證了 AB 的實用性：在自然低溫條件下，每月施用 1mg/L AB 的油菜植株鮮重和葉綠素含量顯著高於對照組，光合引數 (淨光合速率 Pn、氣孔導度 Gs) 顯著提升，且耐寒關鍵基因 (ICE1、CBF5、CBF17、COR) 的表現水準顯著上調。這些結果共同表明，AB 透過強化 H_2S 訊號通路，協調抗氧化防禦與基因表現調控，從而在實驗室和田間環境中均能有效提升甘藍型油菜的耐寒性。

學者趙乾的研究則旨在探究透過氨硼烷 (AB) 製備的富氫水 (HRW) 對油菜 (*Brassica napus* L.) 幼苗在鹽脅迫 (NaCl)、乾旱 (PEG 模擬) 及鎘脅迫 ($CdCl_2$) 下的生理調控作用，並驗證其相較於傳統電解法製備 HRW 的優勢 [129]。實驗採用水培體系，以油菜品種「中雙」為材料，透過 AB 與水的緩慢反應製備 HRW，氫濃度透過溶解氫檢測儀測定，結果顯示 1mg/L、2mg/L 和 5mg/LAB 分別對應氫濃度約 0.184mM、0.312mM 和 0.528mM，其中 2mg/L（0.312mM）AB 製備的 HRW 在 72 小時內保持穩定氫濃度，顯著優於傳統電解法 HRW（氫濃度 5 小時內降至基線水準)。

脅迫處理設定包括 150mM NaCl 模擬鹽脅迫、20% PEG-6000 模擬乾旱脅迫及 100μM $CdCl_2$ 模擬鎘脅迫。3 日齡油菜幼苗分別置於含上述

[129] ZHAO G, et al. Hydrogen-rich water prepared by ammonia borane can enhance rapeseed (*Brassica napus* L.) seedlings tolerance against salinity, drought or cadmium[J]. *Ecotoxicology and Environmental Safety*, 2021, 224: 112640.

脅迫因子的 1/2 霍格蘭營養液中，同時新增不同濃度 AB 製備的 HRW，持續處理 3 天。對照組採用無脅迫條件的 1/2 霍格蘭營養液。

該實驗的生理指標檢測涵蓋活性氧（ROS）累積（DAB 和 NBT 組織化學染色）、丙二醛（MDA）含量（硫代巴比妥酸法）、抗氧化酶活性及 Na^+、K^+、H^+、Cd^{2+} 的穩態。脯胺酸代謝透過高效液相色譜（HPLC）及比色法測定含量，並分析有關酶的活性。所有實驗設三次生物學重複，數據經 SPSS 17.0 進行單因素方差分析及 Duncan 多重比較（$P < 0.05$），以系統解析 HRW 透過 NO 訊號通路調控油菜幼苗抗逆性的潛在機制。

實驗結果顯示，AB 製備的 HRW（0.312mM）顯著提升了油菜幼苗對鹽脅迫（150mM NaCl）、乾旱（20% PEG-6000）及鎘脅迫（100μM $CdCl_2$）的抗性。

在鹽脅迫下，HRW 處理使幼苗根鮮重和株高分別恢復至對照組的 85%和 78%，並透過上調 BnSOS1（液泡 Na^+/H^+ 逆向轉運蛋白基因）和 BnNHX1（質膜 Na^+/H^+ 逆向轉運蛋白基因）表現，降低根內 Na^+ 含量（降幅達 32%），同時提升 K^+ 含量（增幅 18%），使 Na^+/K^+ 比值降低 40%。非損傷微測技術（NMT）進一步顯示，HRW 處理顯著增強根尖 Na^+ 外排速率（提高 2.1 倍）並減少 K^+ 流失（降幅達 45%）。

在乾旱脅迫下，HRW 透過啟用 Δ^1- 吡咯啉 -5- 羧酸合成酶（P5CS）活性（增幅 65%）並抑制脯胺酸脫氫酶（ProDH）活性（降幅 38%），使根內脯胺酸含量提升至對照組的 2.3 倍，從而增強滲透調節能力。對於鎘脅迫，HRW 處理使根部 Cd^{2+} 累積量減少 52%，同時透過抑制 BnIRT1（鐵調控轉運蛋白基因）表現降低 Cd 吸收速率（降幅 40%），並透過增強超氧化物歧化酶（SOD）和抗壞血酸過氧化物酶（APX）活性（分別提高 58%和 44%）減少丙二醛（MDA）含量（降幅 37%），緩解膜脂過氧化。

四、韭菜

韭菜，學名 *Allium tuberosum* Rottler ex Spreng.，是一種在亞洲尤其是中國廣泛種植的蔬菜，也稱為「中國韭菜」。它屬於蔥科蔥屬的多年生草本植物，以其嫩綠的葉片和白色的鱗莖部分——俗稱「韭菜白」而聞名。韭菜不僅是一種常見的食材，因其獨特的香味和口感，常被用於各種菜餚的烹飪，包括炒食、做餡或作為調味料，而且在中醫中也具有一定的藥用價值，被認為有助於改善消化、促進血液循環等。

在市場上，韭菜因其高產、易種植和對環境適應性強的特點而受到菜農的青睞。它在中國的菜市場和超市中占據了重要位置，是許多家庭日常飲食中不可或缺的一部分。韭菜的季節性較強，通常在春秋兩季收穫，但在現代農業技術的幫助下，透過溫室種植等方式，可以實現全年供應。此外，隨著對健康飲食意識的提高，韭菜作為一種富含膳食纖維、維他命和礦物質的健康蔬菜，其市場需求在逐漸增長，不僅在傳統市場，也在健康食品和有機產品市場中占有一席之地。韭菜的出口貿易也在增加，尤其是在亞洲國家之間，因其獨特的風味和營養價值而受到歡迎。

有篇文章的實驗背景集中在探討 H_2 在維持韭菜保存品質中的作用 [130]，特別是透過提高抗氧化能力來實現這一目標。中國韭菜是一種在亞洲和歐洲廣泛種植的受歡迎蔬菜，但由於其易腐性，在收穫後很快就會失去新鮮度，這對運輸和保存構成了挑戰。為了延長中國韭菜的貨架壽命並保持其營養價值，研究者們一直在尋找更環保和有效的保鮮方法。儘管已有一些方法被提出，如應用細胞分裂素化合物和在富含二氧化碳的氣氛中保存，但科學家和消費者仍面臨著尋找更有效方法的挑戰。鑑於此，本研究旨在研究分子氫在維持中國韭菜保存品質和延長貨架壽命中的效果，

[130] JIANG K, et al. Molecular hydrogen maintains the storage quality of Chinese chive through improving antioxidant capacity[J]. *Plants*, 2021, 10(6): 1095.

以及它如何影響 ROS 代謝和抗氧化防禦系統。這些發現不僅具有理論和實踐意義，而且可能為其他易腐蔬菜的運輸和消費提供新的視角。

實驗過程開始於選擇新鮮的中國韭菜，這些韭菜無缺陷、無病害和物理損傷，並迅速轉移到實驗室。挑選出顏色均勻、大小一致且無枯萎和黃化傾向的韭菜用於後續實驗。實驗中，韭菜被分為幾個處理組，包括對照組（空氣）和不同濃度的氫氣處理組，分別為 1%、2% 和 3% 的 H_2。透過精確計算，從氫氣發生器產生的純度為 99.99% 的氫氣被注入密封的塑膠容器中，以達到所需的氫氣濃度。所有處理組的氣體每日更新，並將容器存放在 4±1℃的冰箱中，保持 70%～75% 的相對溼度。

實驗過程中，學者們監測了韭菜在保存期間的感官品質，包括色澤、腐爛指數、重量損失比率和可溶性蛋白含量。為了評估韭菜的抗氧化能力，該研究測定了韭菜中的總酚、黃酮和維他命 C 含量，以及 ROS 和過氧化氫（H_2O_2）的累積情況。還評估了抗氧化酶活性，包括 SOD、POD、CAT 和 APX。

為了進一步了解氫氣處理對韭菜非酶抗氧化物質及其代謝的影響，學者們還測定了還原型 GSH 含量和 GR 活性。所有的樣本都是在健康的韭菜組織中採集的，用於後續的分析。實驗重複了三次，每次實驗都有三個生物學重複，以確保數據的準確性和可靠性。透過這些實驗步驟，學者們旨在揭示氫氣處理對中國韭菜在保存期間品質維持的潛在影響，以及其可能的抗氧化機制。

與對照組相比，3% H_2 處理顯著延長了中國韭菜的貨架壽命如圖 5-1-4 所示，這透過明顯減緩腐爛指數的增加、重量損失比率的減少以及可溶性蛋白含量的降低得到了證實。此外，H_2 處理還有效減緩了總酚、黃酮和維他命 C 含量的下降趨勢，這些成分對於韭菜的營養價值和抗氧化能力至關重要。

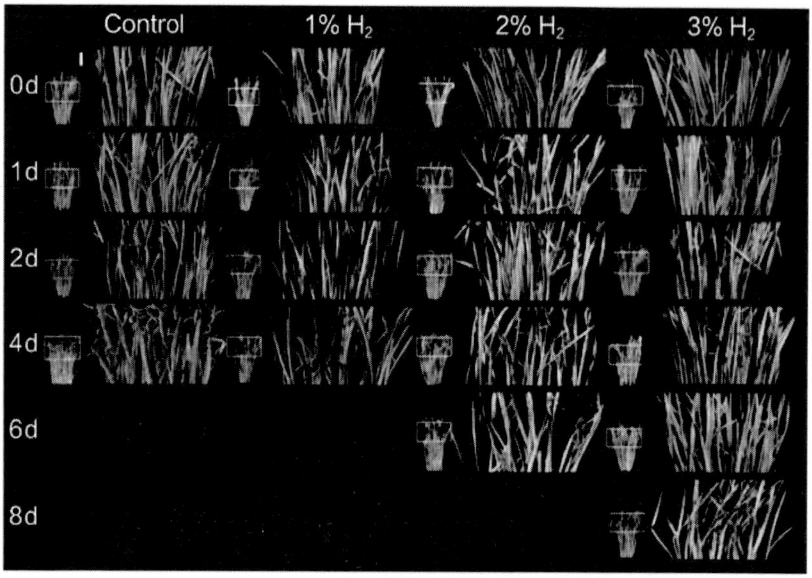

圖 5-1-4 氫氣對中國韭菜貨架壽命的影響 (d 表示天) [131]

在抗氧化能力方面，H_2 處理顯著減少了 ROS 和過氧化氫 (H_2O_2) 的累積，這與 DPPH 清除活性的提高和抗氧化酶活性的增強相一致。具體來說，SOD、POD、CAT 和 APX 的活性在 H_2 處理下得到了顯著提升，尤其是在 3% H_2 處理組中。

此外，H_2 處理還提高了韭菜中還原型 GSH 的含量和 GR 的活性，這些都是維持細胞內氧化還原平衡的關鍵因素。這些結果顯示，H_2 透過增強抗氧化防禦系統，有效地減輕了保存期間韭菜的氧化損傷，從而有助於保持其感官品質和營養價值。這些發現為使用分子氫作為一種潛在的保鮮技術提供了科學依據，可能會對中國韭菜等易腐蔬菜的運輸和消費產生重要影響。

[131] Control 代表對照組。

五、上海青

宋韻瓊等人的研究專注於探究 HRW 對青菜產量和品質的影響，特別是針對華耘青 1 號青梗菜這一品種 [132]。該研究採用了不同濃度的 HRW 處理，包括 50% HRW 噴施、10% HRW 浸種以及 10% HRW 浸種後結合 50% HRW 噴施，與清水對照組相比較，以評估這些處理對青菜生長的多種指標的影響。

實驗中，HRW 是透過電解水的方法製備，得到的氫氣體積比為 99.99%，然後與清水混合製成不同濃度的 HRW 溶液。研究中特別指出了 HRW（100% 以 0.8mM 計）的濃度梯度，包括 1%、10%、25%、50%、100%的體積比，這為後續實驗提供了精確的濃度控制。實驗結果顯示，採用 10% HRW 浸種結合 50% HRW 噴施的處理方式，在本試驗條件下，獲得了最佳的增產效果。這種處理顯著提升了青菜的總葉數、最大葉長 × 葉寬、開展度和株高等形態學指標。

在生物量方面，10% HRW 浸種結合 50% HRW 噴施的處理方式同樣表現出色，顯著增加了青選單株鮮重、地上部鮮重和地下部鮮重，並提高了葉片乾物質含量。這些結果顯示，HRW 處理不僅能促進青菜的生長，還能增強其生物量和可能的抗逆性。

品質指標方面，研究測量了纖維素、可溶性醣、可溶性蛋白、維他命 C（VC）和硝酸鹽等含量。結果顯示，HRW 處理顯著降低了青菜中的纖維素和硝酸鹽含量，而可溶性蛋白含量顯著提高。特別是，10% HRW（0.08mM）浸種結合 50% HRW（0.4mM）噴施的處理方式在提升可溶性醣含量方面表現出顯著效果。此外，僅 50% HRW 噴施處理顯著提高了青菜中 VC 的含量。

[132] 宋韻瓊，等 · 富氫水處理對青菜產量和品質的影響 [J]. 現代農業科技，2022, (8): 49-54.

綜上所述，宋韻瓊等人的研究為使用 HRW 提高青菜產量和品質提供了有力的實驗依據。透過精確控制 HRW 的濃度和施用方式，該研究不僅增進了對 HRW 在農業應用中的理解，還為青菜等蔬菜作物的栽培提供了新的策略。這些發現對於推動 HRW 在農業領域的應用具有重要意義，尤其是在提高作物產量和改善品質方面。未來的研究可以進一步探索 HRW 在其他作物上的應用效果，以及其潛在的作用機制。

我們接下來要介紹一個研究。它的實驗背景主要集中在探討採後上海青的營養品質變化及其保鮮技術 [133]。上海青作為一種重要的綠葉蔬菜，因其豐富的營養價值和良好的口感而深受消費者喜愛。然而，由於上海青在採收後易受到失水、黃化、腐爛等因素的影響，導致其貨架期較短，營養品質迅速下降，這不僅影響了消費者的購買體驗，也給蔬菜的運輸和銷售帶來了挑戰。為了延長上海青的貨架期並保持其營養價值，研究者們一直在探索有效的保鮮技術。

在眾多的保鮮技術中，物理保鮮技術因其副作用小、操作簡便等優點而備受關注。其中，真空預冷技術透過降低環境壓力來加速水分蒸發，從而達到快速降溫的目的，有助於去除田間熱，減少葉菜的呼吸作用，延緩其衰老過程。此外，HRW 作為一種新型的保鮮處理手段，因其高滲透性和抗氧化特性，在果蔬保鮮領域顯示出巨大的潛力。研究顯示，HRW 能夠調節果蔬的抗氧化系統，減少氧化損傷，從而延緩果蔬的衰老。

基於此，本研究旨在透過實驗探討不同儲藏溫度對上海青貨架期及營養品質的影響，篩選出適宜的儲藏溫度。同時，研究 HRW 處理對延緩上海青衰老、維持其營養品質的效果。最後，結合真空預冷技術，探索 HRW 與真空預冷相結合的複合保鮮方法，以期為上海青的採後保鮮提供新的技術支援。透過這些研究，不僅能夠為上海青的保鮮提供科學

[133] 安容慧 · 富氫水結合真空預冷對採後上海青營養品質的影響 [D]. 瀋陽農業大學，2020.

依據，也為其他葉菜類蔬菜的保鮮技術研究提供參考。

在本研究中，學者們首先關注了採後上海青在不同儲藏溫度下的營養品質變化。他們設計了一系列實驗，將上海青置於 0°C、5°C、10°C、15°C、20°C、25°C和 30°C的溫度條件下，並在相對溼度為 85%～ 90%的環境中進行儲藏。實驗的目的是確定不同溫度對上海青貨架期和營養品質的影響，以篩選出最佳的儲藏溫度。

為了研究 HRW 對上海青保鮮效果的影響，研究者們製備了不同濃度的 HRW。他們使用氫氣發生器產生高純度氫氣，並將其通入蒸餾水中，製備出飽和的 HRW。然後，透過稀釋這個飽和溶液，得到了不同濃度的 HRW，包括 1% (0.0066mM)、10% (0.066mM)、50% (0.33mM) 和 100%的 HRW 溶液。在實驗中，研究者們測定了新製備的 HRW 中氫的濃度，發現在 100%濃度的 HRW 中，氫的濃度約為 0.66mM。

接下來，研究者們探索了不同濃度的 HRW 對上海青的保鮮效果。他們將上海青浸泡在不同濃度的 HRW 中，處理時間和濃度根據預實驗結果進行了優化。處理後的上海青被瀝乾，並在 20°C的條件下儲藏，以模擬室溫環境。在儲藏期間，研究者們定期觀察和記錄上海青的外觀品質，如葉片顏色、黃化程度等，並測定了與葉綠素代謝相關的酶活性，以及葉綠素及其衍生物的含量。

最後，為了評估 HRW 結合真空預冷技術的保鮮效果，研究者們在真空預冷前使用 50% (0.33mM) 的 HRW 對上海青進行了浸泡處理。他們設定了特定的真空預冷引數，包括終壓 800 Pa、初溫 24°C、終溫 6°C，並控制補水率為 6%。預冷處理後，上海青被包裝並儲藏，定期監測其儲藏期間的營養品質變化。

整個實驗過程嚴格遵循科學方法，確保了實驗結果的準確性和可靠性。透過這些細緻的實驗設計和操作，研究者們旨在揭示 HRW 處理和真空預冷技術對上海青保鮮效果的影響，為開發新的採後保鮮技術提供科學依據。

在本研究中，學者們透過一系列精心設計的實驗，得出了有關採後上海青保鮮效果的實驗結果。首先，他們發現不同儲藏溫度對上海青的貨架期和營養品質有顯著影響。在較低的溫度（0°C、5°C）下，上海青的貨架期得到了顯著延長，而較高的溫度（20°C、25°C、30°C）則加速了上海青的衰老過程。特別是在 15°C時，上海青的貨架期出現了明顯的轉曲點，表明這一溫度是影響上海青保鮮的關鍵閾值。

其次，學者們探究 HRW 處理對上海青保鮮效果的影響。實驗結果顯示，50%（0.33mM）HRW 處理的上海青在儲藏期間表現出較好的保鮮效果，如圖 5-1-5 所示。

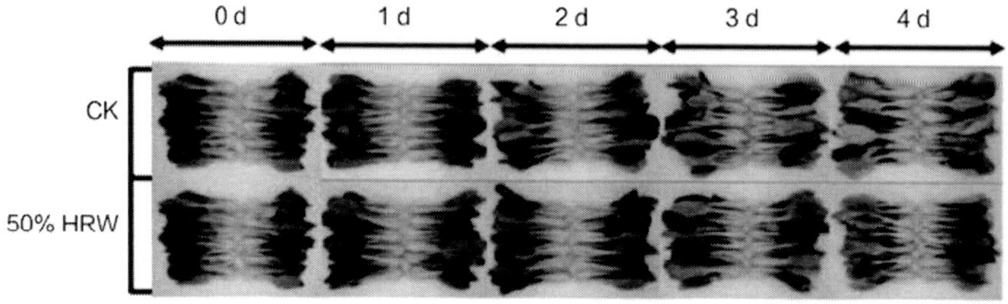

圖 5-1-5 HRW 對採後上海青外觀品質的影響（d 表示天）

此外，HRW 處理還有助於有效抑制葉綠素降解相關酶的活性，從而延緩了葉綠素含量的下降速度，維持了上海青中的抗氧化成分，如類胡蘿蔔素、葉黃素和總酚的含量，這些成分對於保持上海青的營養品質至關重要。

最後，結合真空預冷技術的實驗結果顯示，HRW 與真空預冷的聯合處理進一步提高了上海青的保鮮效果。這種複合保鮮方法不僅減緩了上海青在儲藏期間的失水現象，還顯著降低了 MDA 的累積，這是細胞膜脂過氧化的一個關鍵指標。同時，HRW 結合真空預冷處理還提高了抗氧化酶的活性，增強了上海青的抗氧化能力，從而有效延緩了上海青的衰老過程。

第二節　秋葵

有一個中國學者團隊撰寫了一篇實驗背景集中在探討 H RW 對於延緩秋葵［*Abelmoschus manihot*（L.）Medik.］採後軟化和延長貨架壽命的潛在效果的文章[134]。秋葵作為一種營養價值高且廣受歡迎的蔬菜，其採後的保鮮是一個挑戰，因為秋葵果實在收穫後很快就會軟化，容易受到機械傷害，這些因素限制了其保存壽命並減少了消費者的接受度。儘管已有多種技術，如基於海藻酸鹽的塗層、多胺、1- 甲基環丙烯和赤黴素等被證明可以成功地延緩秋葵的衰老並延長其採後保存時間，但仍然需要更簡便和更安全的技術支援來保持秋葵的新鮮度並延緩其衰老過程。因此，他們研究的目標是評估 HRW 處理對秋葵採後果實軟化和品質保持的效果，並分析細胞壁組成和細胞壁代謝基因的變化，以闡明 HRW 延緩秋葵軟化和延長保存壽命的機制。

在這項研究中，學者們首先準備了 HRW，透過將純度為 99.99%的氫氣（H_2）以每分鐘 300mL 的速率通入 8L 純淨水中，持續 160 分鐘，於 25℃條件下進行，以獲得飽和的 HRW（0.8mM）。透過氣相色譜分析，新製備的 HRW 中氫氣的濃度為 0.22mM，並且在 25℃下至少 12 小時內保持相對恆定。

實驗所用的秋葵在 2021 年 7 月從寧波當地農場採摘，挑選出無病害和機械損傷、成熟度和大小一致的秋葵，隨機分為兩組，每組 200 個果實。將秋葵分別浸入 0.22mM 新鮮製備的 HRW 或對照水中，於 25℃下處理 15 分鐘。處理後，秋葵自然晾乾，然後裝入聚乙烯袋中（每個袋子直徑 5mm×5mm 的孔，每袋裝 10 個秋葵），在 25±1℃和 80%～90%

[134] DONG W, et al. Hydrogen-rich water delays fruit softening and prolongs shelf life of postharvest okras[J]. *Food Chemistry*, 2023, 399: 133997.

相對溼度的條件下保存，持續 15 天。在保存期間，每隔 3 天隨機取出 40 個秋葵進行分析。

為了評估 HRW 處理對秋葵果實硬度和失重的影響，使用質地分析儀（FTC, TMSTouch）配備 7.5mL 直徑的探頭，以 10mL/s 的速度測定每個樣本中 10 個秋葵的硬度。失重率（%）透過計算初始秋葵重量與最終重量之差，然後除以初始秋葵重量得出。

接著，學者們提取並分析了細胞壁成分。首先，將 10 g 秋葵組織研磨後用 95%（v/v）乙醇處理，然後在沸水中維持 30 分鐘，重複此步驟直至上清液中無糖產生。之後，殘渣經冷卻、均質化，並在 4℃下用 90%（v/v）二甲基亞碸處理過夜以去除澱粉，再用氯仿－乙醇（1：1）洗滌三次。得到的細胞壁材料在 40℃的真空烘箱中乾燥過夜並稱重。然後，使用先前描述的方法對細胞壁材料進行分級。透過 m-hydroxydiphenyl 方法測定水、EDTA 和 Na_2CO_3 分級中的醛酸含量，以半乳糖醛酸為標準。使用苯酚 - 硫酸法測定纖維素和半纖維素的含量，以葡萄糖作為這些測定的標準。

最後，為了分析基因表現，根據植物 RNA 提取試劑盒的指南，將冷凍的秋葵組織仔細研磨後提取總 RNA。使用 SuperRT cDNA 合成試劑盒合成第一鏈 cDNA。在 Step One Plus^{TM} 即時 PCR 儀器上進行 RT-qPCR 反應，包括 SYBR Green I Master Mix 和基因特異性引物。使用 2-ΔCt 方法進行相對定量，以 AcACT 表現作為內部參考。

實驗結果顯示， HRW 處理顯著保持了秋葵果實的硬度，並延緩了軟化過程，從而延長了秋葵在保存期間的貨架壽命如圖 5-2-1 所示。

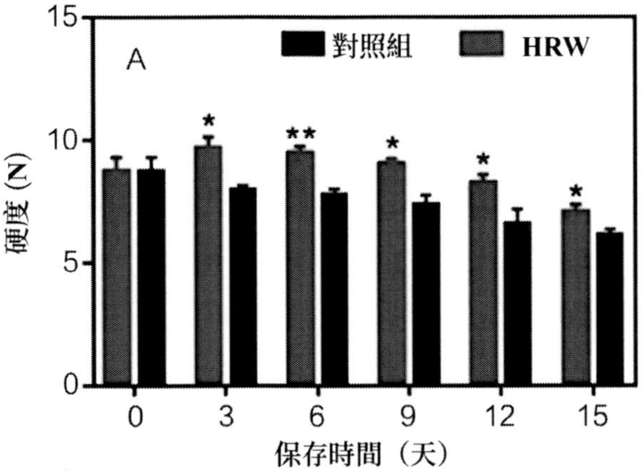

圖 5-2-1 不同保存時間下經 HRW 處理過的秋葵與對照組的硬度對比

具體來說，與未處理的秋葵相比，經過 HRW 處理的秋葵在保存期間的硬度顯著提高，失重率也顯著降低。在細胞壁成分方面，HRW 處理顯著抑制了水溶性和螯合物溶性果膠的累積，並延緩了 Na_2CO_3 溶性果膠含量的下降，同時提高了半纖維素和纖維素的含量。在基因表現層面，HRW 處理在保存初期透過上調與果膠、半纖維素和纖維素生物合成相關的基因表現來維持細胞壁的合成。在保存末期，HRW 處理透過下調多個細胞壁降解基因的表現，包括 AePME、AeGAL 和 AeCX，來抑制細胞壁的解體。這些發現表明，HRW 處理透過在保存的不同階段調節細胞壁的生物合成和解體，從而延緩了秋葵的軟化並延長了其貨架壽命。

他們的研究更側重於細胞壁的變化和相關基因表現，以闡明 HRW 延緩秋葵軟化和延長保存壽命的機制。那麼，經過 HRW 處理的秋葵在衰老過程中，植物激素層面有何變化呢？這裡，我們有必要介紹其團隊的另一個研究 [135]。該團隊實驗研究了 HRW 對秋葵採後貨架期延長的效果及其潛在的調控機制。研究團隊透過對比處理組和對照組的秋葵，發

[135] DONG W, et al. Hydrogen-rich water treatment increased several phytohormones and prolonged the shelf life in postharvest okras[J]. *Frontiers in Plant Science*, 2023, 14: 1108515.

現 HRW 處理能夠顯著延遲秋葵的衰老過程，並在保存期間保持了果實的品質。實驗中使用的 HRW 濃度為 0.22mM，這一濃度在之前的研究中已被證實能夠對秋葵的軟化過程產生延遲作用，並延長其保存時間。

在實驗過程中，研究人員對秋葵進行了 HRW 處理，並將其保存在 25±1℃的溫度和 80%～ 90%的相對溼度條件下，持續 12 天。在這一過程中，每隔 3 天對秋葵的衰老指數和 DE 值進行測量，以評估 HRW 處理對秋葵外觀和色澤的影響。結果顯示，與對照組相比，經過 HRW 處理的秋葵在保存期間衰老速度更慢，果實品質得到了更好的維持。

實驗結果顯示，HRW 處理能夠上調秋葵中所有褪黑激素生物合成基因的表現，如 AeTDC、AeSNAT、AeCOMT 和 AeT5H，從而提高處理後秋葵中褪黑激素的含量。同時，HRW 處理還增加了秋葵中 IAA 和 GA 代謝相關基因的表現，這些基因的上調與 IAA 和 GA 含量的增加有關。此外，與未處理的秋葵相比，經過 HRW 處理的秋葵中 ABA 含量較低，這是由於其生物合成基因的下調和降解基因 AeCYP707A 的上調所致。然而，在非處理和 HRW 處理的秋葵中，GABA 的含量並沒有顯著差異。

透過 ELISA 試劑盒測定了秋葵中褪黑激素、ABA、IAA 和 GA 的水準，並透過即時定量 PCR 技術對相關基因的表現進行了分析。統計分析顯示，HRW 處理與對照組之間存在顯著性差異，表明 HRW 處理對秋葵衰老過程的調控具有顯著影響。

綜上所述，HRW 處理透過增加褪黑激素、IAA 和 GA 的含量，降低 ABA 含量，從而延緩了秋葵的衰老過程，延長了其採後的貨架期。這些發現為採後果實的保鮮提供了新的策略，並為進一步探索 HRW 在延長採後產品貨架期中的作用機制提供了科學依據。

第三節　番茄

中國的番茄種植行業是中國農業的重要一環，具有顯著的地域性和季節性特徵。中國是世界上最大的番茄生產國之一，其產量在全球範圍內占據重要地位。番茄種植遍布中國多個省分，但主要集中在山東、新疆、內蒙古、河北、四川等地區，這些地區擁有適宜的氣候和土壤條件，有利於番茄的生長。

中國的番茄種植方式多樣，包括傳統的露地種植和現代設施種植，如大棚和溫室。保護地栽培可以有效控制生長環境，提高產量和品質，同時延長供應期，滿足市場需求。近年來，隨著農業科技的進步，中國的番茄種植行業逐漸向現代化、集約化和標準化方向發展，廣泛採用了滴灌、水肥一體化等高效節水灌溉技術，以及生物防治和病蟲害綜合管理等綠色防控技術。

中國的番茄種類豐富，包括鮮食番茄、加工番茄和兼用型番茄。鮮食番茄主要供應新鮮蔬菜市場，而加工番茄則用於製作番茄醬、番茄汁、番茄罐頭等產品。中國的番茄加工業相當發達，番茄醬等加工產品不僅滿足國內需求，還大量出口到國際市場。

然而，中國的番茄種植行業也面臨著一些挑戰，如氣候變化、病蟲害、市場波動等。為了提高番茄產業的競爭力和可持續發展，中國政府和農業部門積極推動農業科技創新，加強農業基礎設施建設，提高農民的種植技術和管理水準，同時透過政策扶持和市場引導，促進番茄產業的健康發展。此外，隨著消費者對食品安全和健康飲食的日益關注，中國的番茄種植行業也在積極適應市場變化，發展綠色有機番茄種植，滿足消費者對高品質番茄產品的需求。

一、氫氣透過調節一氧化氮合成參與生長素誘導的側根形成

在這一研究中，有學者探討了 H_2 在植物生長素誘導的側根形成中的作用，特別是透過調節一氧化氮（NO）的合成[136]。實驗使用了不同濃度的外源 H_2 處理植物，發現 H_2 能在劑量依賴的方式下誘導側根形成，其中 0.39mM 的 H_2 處理在番茄幼苗中的效果最為顯著。研究還發現，生長素類似物 NAA 能夠觸發番茄幼苗內源 H_2 的產生，而生長素運輸抑制劑 NPA 則抑制了 H_2 的產生和側根的發展。此外，透過外源 H_2 的應用，可以恢復由 NPA 抑制的側根形成和 H_2 產生。

研究中，內源 NO 的水準透過特定的探針 DAF-FM DA 和電子順磁共振（EPR）分析被檢測出來，結果顯示在 NAA 和 H_2 處理的番茄幼苗中 NO 水準增加。進一步的實驗表明，NO 的產生和隨後的側根形成可以透過 NO 清除劑 cPTIO 和一氧化氮合酶（NR）抑制劑來阻止。分子證據也證實了一些代表性的 NO 標靶細胞週期調節基因也被 H_2 誘導，但在去除內源 NO 後受到影響。遺傳證據表明，在 H_2 存在的情況下，擬南芥中兩個硝酸還原酶（NR）缺陷突變體 nia1 和 nia2 表現出側根長度的缺陷。

實驗結果顯示，生長素誘導的 H_2 產生與側根形成相關，至少部分是透過 NR 依賴的 NO 合成。這些發現為理解 H_2 在植物根器官發生中的作用提供了新的見解，並為 H_2 在農業實踐中的應用提供了理論基礎。研究還指出，H_2 不僅是對抗非生物脅迫的重要植物生長調節劑，而且是在生長素依賴的方式下誘導根器官發生的誘導劑。研究中使用的 H_2 濃度約為 0.39mM，這一濃度在實驗中被證實對番茄幼苗側根形成具有顯著的促進作用。

---

[136] CAO Z, et al. Hydrogen gas is involved in auxin-induced lateral root formation by modulating nitric oxide synthesis[J]. *International Journal of Molecular Sciences*, 2017, 18(10): 2084.

整體而言，這項研究提供了關於 H_2 在植物生長和發育中作用的新見解，特別是其在調節側根形成中的作用，以及與 NO 合成之間的相互作用。這些發現可能對提高植物的抗逆性和改良作物生長條件具有重要意義。

二、HRW 處理對番茄生長發育和產量的影響

趙懿穎等人在 2022 年於《農業與技術》發表了一篇文章[137]。該文章的研究探討了 HRW 對番茄生長發育和產量的影響。文章中指出，氫氣作為一種具有調節植物生長發育和增強抗逆能力的物質，已受到廣泛關注。研究選用了「Micro-Tom」番茄作為試驗材料，旨在分析不同濃度的 HRW 對番茄種子萌發、坐果率、果實縱橫徑、單果鮮重及單株產量的影響。

實驗中，HRW 的製備方法是將 100 粒水素球置於去離子水中 12 小時以上，製得飽和 HRW，並透過 CT-8023 富氫測試筆測定新製備的飽和 HRW 中氫氣濃度約為 0.7mM。實驗分為六組，包括清水處理的對照組和五個不同濃度（15%、25%、50%、75%和 100%）的 HRW 處理組。

實驗結果顯示，大多數濃度的 HRW 對番茄種子的發芽率及發芽指數影響不顯著，但 25% HRW（0.175mM）處理後的番茄種子發芽勢顯著下降。在植株生長方面，15%（0.105mM）、25%（0.175mM）、50%（0.35mM）和 75%（0.525mM）的 HRW 處理顯著增加了番茄植株莖稈粗度，其中 25% HRW 處理的效果最顯著。對於果實品質，25%、50%和 75% HRW 處理後番茄果實橫徑和縱徑均明顯增加。100% HRW 處理能顯著提高番茄坐果率，而 25%和 50% HRW 處理能明顯提高番茄果實單果鮮重和單株產量，其中 50% HRW 處理的增產效果最為顯著。

---

[137] 趙懿穎，等·富氫水處理對番茄生長發育和產量的影響 [J]. 農業與技術，2022, 42(22): 1-9.

該研究顯示，儘管 HRW 對番茄種子的萌發影響有限，但其對番茄植株的生長發育具有顯著的促進作用，能夠提高坐果率和產量。這些發現對於改善植物生長狀態、提高產量和推動綠色農業的發展具有重要意義。研究還指出，HRW 處理操作簡單、成本低、環保，為農作物生長發育及產量的研究或推廣應用提供了參考。

綜上所述，該研究提供了關於 HRW 在農業應用中的潛力和效果的有價值的數據，特別是在提高番茄產量和改善果實品質方面的應用。透過不同濃度的 HRW 處理，研究揭示了 HRW 在植物生長調節中的潛在作用，為未來在農業領域中應用 HRW 提供了科學依據。

三、富氫水調控番茄幼苗耐低溫性的初步研究

在一向研究中，學者鄭瑜瑋以「金冠五號」番茄為材料，旨在探究對番茄幼苗生長發育及其在低溫脅迫下的影響 [138]。研究中使用的 HRW 氫氣濃度為 0.7mM，透過將氫棒放入去離子水中浸泡 5 小時製備飽和 HRW，隨後稀釋至所需濃度。

實驗結果顯示，HRW 處理顯著提高了番茄幼苗的株高、葉面積、乾鮮重和根系生長量，同時增強了光合作用，增加了葉片中果糖和葡萄糖含量，降低了蔗糖含量，並促進了糖代謝相關酶活性及基因表現。這些結果顯示，HRW 透過促進糖代謝，進而促進了番茄幼苗的生長發育。

在低溫脅迫下，HRW 預處理的番茄幼苗在株高、葉面積、鮮重、乾物品質、根系生長量等方面均顯著提高，表明 HRW 能有效緩解低溫對番茄生長的抑制作用。此外，HRW 處理降低了低溫脅迫下番茄幼苗中的過氧化氫、超氧陰離子和丙二醛含量，提高了抗氧化酶活性，增強了抗

[138] WU Q, et al. Understanding the mechanistic basis of ameliorating effects of hydrogen-rich water on salinity tolerance in barley[J]. *Environmental and Experimental Botany*, 2020, 177: 104136.

氧化物質含量，從而減輕了低溫對番茄的傷害。

研究還發現，HRW 預處理提高了低溫脅迫下番茄幼苗葉片的脯胺酸、可溶性蛋白和可溶性醣含量，表明 HRW 處理能提高番茄幼苗葉片的滲透調節能力，增強番茄幼苗的耐冷性。此外，氫化酶基因 SlF420 在番茄幼苗中的表現受到 HRW 處理的影響，正向調控了番茄幼苗的生長發育，並緩解了冷脅迫對番茄幼苗的抑制作用。

綜上所述，本研究揭示了 HRW 透過調節番茄幼苗的糖代謝、光合作用、抗氧化系統和滲透調節能力，從而增強了番茄幼苗的生長發育和耐低溫能力。這些發現為富氫水在農業應用中提供了科學依據，展示了其在提高作物抗逆性和產量方面的潛力。

四、分子氫幫助番茄應對乾旱脅迫

有中國的學者團隊開展了一項研究，旨在探討氫氣和脫落酸（ABA）如何共同影響植物對乾旱脅迫的響應 [139]。

在這篇文章中，學者們進行了一系列的實驗來探究 H_2 和 ABA 在番茄幼苗耐旱性中的作用。實驗使用了番茄「Micro-Tom」品種的幼苗，首先將種子在適宜條件下進行表面消毒、浸泡並催芽。發芽後的幼苗被轉移到含有 50% Hoagland 營養液的錐形瓶中生長一週，隨後轉移到 100% Hoagland 營養液中繼續生長兩週。在幼苗生長到約一個月大（四葉期）時，開始進行不同化學處理。

實驗中，幼苗被處理以不同濃度的 HRW，以及不同濃度的 ABA。為了模擬乾旱條件，使用了聚乙烯醇 6000（PEG-6000），並設定了一系列處理組，包括對照組（未接受乾旱脅迫和 HRW 或 ABA 處理）、PEG

[139] YAN M, et al. The involvement of abscisic acid in hydrogen gas enhanced drought resistance in tomato seedlings[J]. *Scientia Horticulturae*, 2022, 292: 110631.

處理組（接受乾旱脅迫未處理 HRW 或 ABA）、PEG ＋ HRW 處理組（接受乾旱脅迫並處理 75% HRW）、PEG ＋ ABA 處理組（接受乾旱脅迫並處理 150μM ABA），以及 PEG ＋ HRW ＋ ABA 處理組（接受乾旱脅迫並同時處理 75% HRW 和 150μM ABA）。此外，為了研究 ABA 在氫氣增強的耐旱性中的作用，還設定了 PEG ＋ HRW ＋ FLU 處理組（接受乾旱脅迫並處理 0.3375mM HRW 和 50μM FLU，FLU 是 ABA 合成的抑制劑）。

在實驗過程中，學者們使用了一種氫氣發生器來製備氫氣，將氫氣以 300mL/min 的速率通入 1 L 蒸餾水中，直至達到飽和。實驗條件下，新製備的 HRW 中氫氣的濃度為 0.45mM。在為期六天的處理過程中，幼苗在相同的溫度和光週期條件下生長，以確保實驗條件的一致性。透過這些精心設計的實驗步驟，學者們旨在揭示氫氣和 ABA 在番茄幼苗耐旱性中的相互作用及其潛在的分子機制。

在這項研究中，學者們觀察到 HRW 和 ABA 均能顯著提高番茄幼苗在乾旱脅迫下的株高、莖粗和根活性，其中 75%的 HRW（0.3375mM）和 150μM ABA 為最佳濃度。

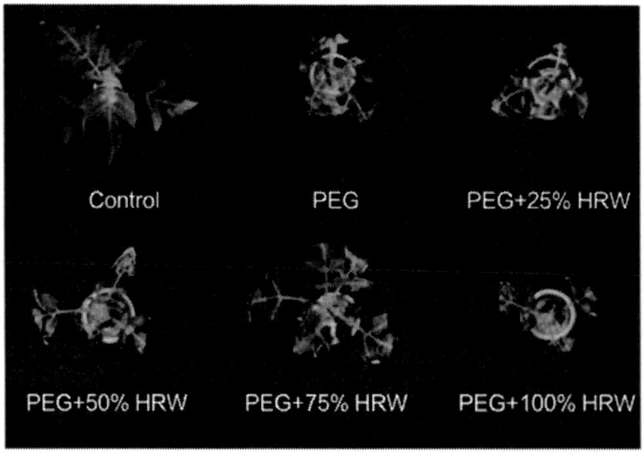

圖 5-3-1 在乾旱脅迫條件下，用不同濃度的 HRW 處理後，番茄幼苗的生長狀況[140]

[140] Control 代表對照組。

具體來說，與單獨的 PEG 處理相比，PEG ＋ HRW 和 PEG ＋ ABA 處理的幼苗在乾旱脅迫下顯示出更高的生長速度和更強的生命力。此外，透過使用 FLU，學者們發現 HRW 對植物生長的積極影響在相當程度上被抵消，這表明 ABA 在 HRW 增強的耐旱性中可能發揮了關鍵作用。實驗還發現，與單獨的 PEG 處理相比，PEG ＋ HRW 處理下的 ABA 含量提高了 18%，這進一步證實了氫氣透過調節 ABA 的生物合成來增強番茄幼苗的耐旱性。

在抗氧化酶活性方面，HRW 或 ABA 處理顯著提高了 SOD、CAT 和 APX 的活性，並且在乾旱脅迫下，這些處理還提高了抗氧化酶基因的表現水準。這些結果顯示，HRW 和 ABA 透過增強番茄幼苗的抗氧化防禦系統來提高其對乾旱脅迫的耐受性。

此外，學者們還發現 HRW 透過增加番茄幼苗中葉黃素環氧化酶 (ZEP)、9- 順式環氧類胡蘿蔔素雙加氧酶 (NCED) 和 AAO 的活性，以及上調相關基因的表現，從而增強了內源 ABA 含量。這些發現揭示了氫氣透過調節 ABA 生物合成和訊號傳導基因的表現來增強番茄幼苗的耐旱性。整體而言，這項研究的結果為理解氫氣和 ABA 在植物耐旱性中的作用機制提供了新的見解，並為農業生產中提高作物的耐旱性提供了潛在的策略。

五、富氫水對櫻桃番茄耐鹽性及產量品質的影響

在一項研究中，中國學者李湘妮等人探討了 HRW 對櫻桃番茄對櫻桃番茄在硝酸鈣 [$Ca(NO_3)_2$] 高鹽脅迫條件下的耐鹽性及其生長情況的影響 [141]。實驗採用岩棉培方式，透過灌根法處理櫻桃番茄，比較了自來水

[141] 李湘妮 · 富氫水岩棉培對櫻桃番茄耐鹽性及產量品質的影響 [J]. 試驗研究，2022,(12): 154-157.

(CK)和 HRW 對櫻桃番茄的影響。實驗中使用的富氫水濃度約為 1mg/L，這是透過水電解法製得的，其中氫氣濃度約為 0.7mM。

實驗結果顯示，HRW 處理顯著降低了櫻桃番茄葉片中的 MDA 含量，減少了細胞膜受損程度。這一發現表明，HRW 能夠減少高鹽脅迫下番茄細胞膜的氧化損傷，從而保護細胞膜的穩定性。同時，HRW 處理顯著提高了葉片和根部的 SOD、CAT、POD、Pro[142] 和 APX 的含量，這些抗氧化酶在清除 ROS 方面產生關鍵作用，從而減輕高鹽脅迫對細胞膜結構和功能的破壞，提高櫻桃番茄的耐鹽能力。

在產量和品質方面，HRW 處理的櫻桃番茄株高、莖粗、單果重、果實硬度、果穗數和產量均明顯優於對照組，分別增加了 6.11％、8.03％、19.2％、3.24％、7.95％和 6.02％。這些結果顯示，HRW 處理能夠促進櫻桃番茄的營養生長，提高其產量。此外，HRW 處理的櫻桃番茄果實中蛋白質含量顯著提高了 25.81%，維他命 C、可溶性固形物、總醣含量、糖酸比也明顯高於對照組，而硝酸鹽含量則明顯下降了 2.48%。這些結果顯示，HRW 處理不僅提高了櫻桃番茄的產量，還改善了果實的品質，使其更具有營養價值和市場競爭力。

綜上所述，HRW 處理透過提高抗氧化系統活性及滲透調節能力，有效緩解了櫻桃番茄無土栽培中 $Ca(NO_3)_2$ 過量累積導致的次生鹽漬化問題，提高了櫻桃番茄的耐鹽性，並顯著提升了產量和品質。這些發現為富氫水在農業上的潛在應用提供了科學依據，展示了其在提高作物抗逆性和產量品質方面的應用前景。此外，本研究還為櫻桃番茄的栽培管理提供了新的策略，即透過使用 HRW 來提高作物在不利環境條件下的表現，這對於農業生產具有重要的實際意義。

[142] 脯胺酸（Proline, Pro）

六、氫氣奈米氣泡水提高櫻桃番茄品質

在這項研究中，學者們探討了 HNW 對櫻桃番茄在高鹽脅迫條件下的生長發育和產量品質的影響 [143]。實驗透過兩年的田間試驗，比較了 HNW 與常規肥料處理對櫻桃番茄的影響。研究中使用的 HNW 的氫氣濃度約為 1.0mg/L。

實驗結果顯示，與對照組相比，HNW 處理顯著提高了櫻桃番茄的產量，無論是在有肥料還是無肥料的情況下。在無肥料的情況下，HNW 處理使櫻桃番茄的產量提高了 39.7%，而在有肥料的情況下，產量提高了 26.5%。此外，HNW 處理還增加了土壤中有效氮（N）、磷（P）和鉀（K）的吸收，這可能歸因於根部相關基因（LeAMT2，LePT2，LePT5 和 SlH-KT1,1）表現量的增加。

在品質方面，HNW 灌溉的櫻桃番茄顯示出更高的糖酸比和番茄紅素含量，分別比表面水（SW）灌溉的植物高出 8.6%和 22.3%。重要的是，無肥料的 HNW 處理對產量、糖酸比、揮發性物質和番茄紅素含量的有益效果比單獨使用肥料更強。例如：無肥料的 HNW 處理使產量提高了 9.1%，糖酸比提高了 31.1%，揮發性物質含量提高了 20.0%，番茄紅素含量提高了 54.3%。

研究還發現，HNW 處理能夠調節櫻桃番茄果實中的糖分和酸的平衡，增加總揮發性化合物、醛類化合物的含量，以及與番茄風味相關的特定化合物，如己醛、(E)-2- 己烯醛和 trans-1,2- 環戊二醇的含量。此外，HNW 處理還提高了番茄紅素生物合成相關基因的表現水準。

綜上所述，這項研究顯示，HNW 作為一種可持續的農業實踐，不僅能夠提高櫻桃番茄的產量，還能夠改善果實的品質，同時減少對環境的

---

[143] LI M, et al. Hydrogen fertilization with hydrogen nanobubble water improves yield and quality of cherry tomatoes compared to the conventional fertilizers[J]. *Plants*, 2024, 13(3): 443.

影響。這些發現為 HNW 在園藝生產中的應用提供了科學依據，並為實現更環保和高效的農業種植提供了新的視角。

七、分子氫增加番茄保存的時間

除了種植階段之外，還有一個學者團隊針對番茄採後保鮮階段做了一系列全新的實驗。他們的實驗背景集中在探討氫氣在番茄果實保存過程中防止亞硝酸鹽累積的作用 [144]。眾所周知，亞硝酸鹽的攝取對人類健康有害，而透過食用水果和蔬菜是吸收亞硝酸鹽的主要途徑之一，這主要是因為植物的氮同化作用。番茄作為一種重要的蔬菜作物，在全球範圍內廣泛消費，並且是葉酸、鉀以及維他命 A、C 和 E，以及番茄紅素和酚類化合物的良好來源。儘管番茄具有這些寶貴的特性，但它是一種呼吸躍變型果實，因此在保存期間，其亞硝酸鹽含量可能會增加，從而在人類消費後引發一些健康問題。考慮到在中國大量施用氮肥（2009 年占全球總使用量的 30%以上），蔬菜食品中硝酸鹽和亞硝酸鹽累積的威脅日益增加。此外，由於番茄通常可以在當地的露天市場或廚房中保存，並且其基因組已被定序，因此它成了研究保存期間亞硝酸鹽累積相關分子機制的合適植物模型。本研究旨在探究內源性氫氣如何幫助預防番茄在保存過程中的亞硝酸鹽累積，並透過物理化學、生化和分子方法來研究氫氣對防止亞硝酸鹽累積的影響，以期為農業和食品工業中果蔬產品的保存提供新的策略。

在這項研究中，學者們探究了 HRW 對番茄果實在保存過程中亞硝酸鹽累積的影響。研究人員將購買回的滿足商業成熟度的番茄在實驗室內進行表面消毒處理。隨後，將番茄果實浸泡在含有不同濃度氫

[144] ZHANG Y, et al. Nitrite accumulation during storage of tomato fruit as prevented by hydrogen gas[J]. *International Journal of Food Properties*, 2019, 22(1): 1425-1438.

氣 (0.195mM, 0.585mM 和 0.78mM H_2) 的蒸餾水中，以模擬不同的保存條件。為了排除氫氣以外的其他因素影響，還設定了氮氣 (N_2) 和氬氣 (Ar) 富集水的對照組。此外，為了驗證氫氣對番茄果實中亞硝酸鹽累積的影響，還使用了一定濃度的維他命 C、鎢酸鈉 (NR 酶抑制劑)、2,6- 二氯酚靛酚鈉鹽 (DCPIP，一種氫氣合成的抑制劑)、硝酸鈉 (NO_3^-)、亞硝酸鹽 (NO_2^-) 等處理組。

在處理過程中，學者們定期更換氫水，以保持氫氣濃度的相對恆定，並在不同時間點對番茄果實進行了表型、生理和生化分析。為了模擬正常的室溫或微冷保存條件，將處理後的番茄果實放置在 25.0±0.2℃ (室溫，模擬市場或廚房的溫度) 或 4.0±0.2℃ (模擬冰箱的溫度) 的塑膠容器中保存 16 天。在此期間，定期取樣進行番茄果實的硬度、氫氣含量、亞硝酸鹽和硝酸鹽含量以及相關酶活性和基因表現水準的測定。

為了進一步分析氫氣對番茄果實中亞硝酸鹽累積的影響，學者們還對番茄果實進行了氣相色譜 (GC) 分析，以測定內源性氫氣的含量。此外，還透過高效液相色譜 (HPLC) 技術檢測了番茄果實中亞硝酸鹽和硝酸鹽的濃度。透過這些實驗步驟，學者們旨在揭示氫氣在番茄果實保存過程中防止亞硝酸鹽累積的潛在作用機制。

在這項研究中，學者們發現 HRW 處理顯著延緩了番茄果實在保存過程中的衰老和亞硝酸鹽累積。具體來說，0.585mM 濃度的 HRW 處理顯著減少了番茄果實中的亞硝酸鹽含量，並且這種效果與氫氣濃度相關。氫水處理的番茄果實在保存期間表現出更好的保鮮效果，包括較低的軟化程度和延遲的成熟跡象，如圖 5-3-2 所示。

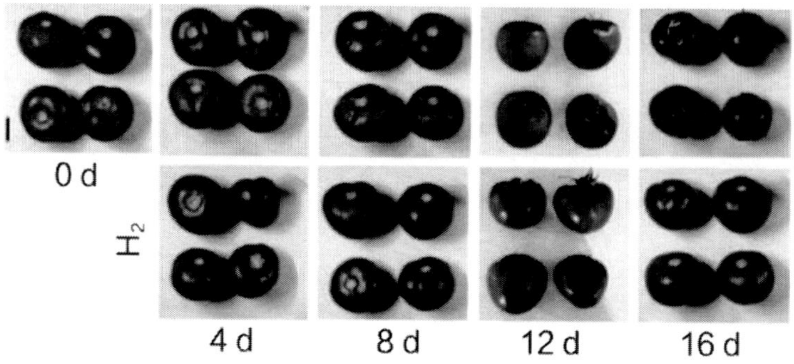

圖 5-3-2 在保存過程中，經氫氣處理的番茄果實的衰老程序 (d 表示天)

此外，氫水處理顯著提高了番茄果實中的抗氧化酶活性，包括 SOD、CAT 和 GR，並且這些抗氧化酶的基因表現水準也相應上調。同時，氫水處理還抑制了亞硝酸鹽合成的關鍵酶硝酸還原酶 (NR) 的活性和表現，同時促進了將亞硝酸鹽還原為銨的亞硝酸鹽還原酶 (NiR) 的活性和表現。此外，氫水處理還阻止了維他命 C 含量的下降，維他命 C 是一種已知的亞硝酸鹽清除劑。這些結果顯示，氫氣可能透過調節與亞硝酸鹽代謝相關的酶活性和基因表現，以及維持維他命 C 的水準，從而在番茄果實保存期間防止亞硝酸鹽的累積。

第四節　黃瓜

黃瓜作為一種廣泛種植的蔬菜，以其清脆口感和高水分含量而深受消費者喜愛，在中國各地的蔬菜市場中占有重要地位，並且中國作為黃瓜產量最大的國家（產量占世界黃瓜產量的八成），中國的黃瓜種植行業是世界蔬菜行業中極為重要的組成部分。中國黃瓜的種植區域遍布全國，尤其在華北、東北和華東地區較為集中，這些地區的氣候條件適宜黃瓜生長。

中國黃瓜種植方式多樣，包括傳統的露地種植和現代化的設施農業，如大棚和溫室種植。設施農業的應用使得黃瓜可以全年生產，有效延長了供應期，並且透過控制生長環境提高了產量和品質。隨著農業科技的進步，中國的黃瓜種植行業正逐步實現現代化、標準化和規模化生產，廣泛採用集約化育苗、水肥一體化、病蟲害綜合防治等先進技術和管理方法。

中國黃瓜的品種繁多，包括適合鮮食的脆黃瓜和適合加工的長黃瓜等。除了滿足國內市場的需求，中國的黃瓜及其加工產品也出口到世界各地。黃瓜加工業也相對成熟，包括黃瓜罐頭、醃製黃瓜、黃瓜汁等產品。

然而，中國的黃瓜種植行業同樣面臨著一些挑戰，如極端氣候條件、病蟲害發生、市場波動等。為了提高黃瓜產業的競爭力和可持續發展，中國政府和農業部門積極推廣農業科技創新，加強農業基礎設施建設，提高農民的種植技術和管理水準。同時，隨著消費者對食品安全和健康飲食的日益關注，中國的黃瓜種植行業也在積極適應市場變化，發展綠色有機種植，提高產品品質，滿足消費者對高品質黃瓜產品的需求。此外，黃瓜種植行業還在積極探索和實踐節水灌溉、土壤改良、生物防治等可持續農業技術，以減少對環境的影響，提高資源利用效率。

一、富氫水浸種增強黃瓜幼苗耐冷性的作用及其生理機制

在這項研究中，劉豐嬌及其同事深入探討了 HRW 對黃瓜幼苗耐冷性的影響及其潛在的生理機制 [145]。研究使用了濃度為 0.45±0.02mM 的富氫水處理黃瓜種子，以蒸餾水作為對照組（CK），並進行了兩年的田間試驗。實驗目的是評估外源氫氣對黃瓜幼苗在低溫脅迫下的耐冷性及其生理反應。

實驗結果顯示，與對照組相比，經富氫水處理的黃瓜幼苗在低溫脅迫下表現出較低的電解質滲漏率（EL）和冷害指數，這表明 HRW 處理能減輕低溫對黃瓜幼苗細胞膜的損傷。此外，HRW 處理顯著降低了過氧化氫（H_2O_2）和超氧陰離子（$O_2^{\cdot -}$）的含量及產生速率，同時提高了 SOD、POD、CAT、APX 和 GR 的活性，這表明 HRW 能夠增強黃瓜幼苗的抗氧化能力，減少 ROS 的累積，從而保護細胞膜免受過氧化傷害。

研究還發現，HRW 處理的黃瓜幼苗在低溫下具有更高的還原型 GSH 和 AsA 含量，這進一步證實了 HRW 增強了幼苗的抗氧化防禦系統。此外，HRW 處理的幼苗在低溫脅迫下顯示出更高的滲透調節能力，表現為脯胺酸和可溶性醣含量的增加，這有助於減緩幼苗失水速度，維持生理功能。

這些結果顯示，富氫水處理透過增強抗氧化系統活性和提高滲透調節能力，有效提高了黃瓜幼苗的耐冷性。具體而言，HRW 處理顯著降低了低溫脅迫下黃瓜幼苗葉片的 MDA 含量，減少了膜脂過氧化的傷害，並透過提高抗氧化酶活性來減緩高鹽對細胞膜結構和功能的破壞。此外，HRW 處理還提高了黃瓜幼苗葉片的脯胺酸和可溶性醣含量，增強了滲透調節能力，減緩了失水速度，從而在較長時間內維持了生理功能。

---

[145] 劉豐嬌，等．富氫水浸種增強黃瓜幼苗耐冷性的作用及其生理機制 [J]. 中國農業科學，2017, 50(5): 881-889.

綜上所述，這項研究為富氫水在農業上的潛在應用提供了科學依據，特別是在提高作物在低溫環境下的適應性和生產力方面。研究中使用的富氫水濃度為0.45mM，這一濃度在實驗中顯示出對黃瓜幼苗耐冷性的積極影響。這些發現不僅增進了我們對氫氣在植物耐冷性中作用的理解，也為開發新的農業技術提供了有價值的資訊，這些技術可能有助於提高作物在不利環境條件下的生存能力和產量。

二、氫氣對鎘脅迫下黃瓜不定根有促進作用

本文透過實驗研究了氫氣（H_2）對鎘（Cd）脅迫下黃瓜不定根發生的影響及其生理機制[146]。實驗中，研究者使用了不同濃度的$Cd(NO_3)_2$溶液（0.25μM, 0.5μM,1μM, 2μM和4μM）以及不同比例的HRW處理黃瓜的外植體，以探究氫氣在Cd脅迫下對不定根發生的作用。

實驗結果顯示，與對照組（蒸餾水處理）相比，$Cd(NO_3)_2$處理顯著抑制了黃瓜不定根的發生，且隨著$Cd(NO_3)_2$濃度的增加，抑制效果加劇。具體來說，0.25μM和0.5μM $Cd(NO_3)_2$處理分別使不定根數量減少了33.73%和35.96%，而1μM $Cd(NO_3)_2$處理使根數量減少到對照的48.4%。進一步增加$Cd(NO_3)_2$濃度至2μM和4μM，不定根數量分別下降了78.77%和91.44%。

相比之下，不同濃度的HRW（100%以0.8mM）顯著增加了Cd脅迫下黃瓜外植體的不定根數量，其中50%(0.4mM) HRW處理的效果最佳，幾乎達到了對照組的水準。這表明氫氣透過減少氧化損傷、增加滲透調節物質含量和調節與生根相關的酶活性來促進Cd脅迫下的不定根發生。

在生理機制方面，HRW處理顯著降低了Cd脅迫下黃瓜外植體的

[146] WANG B, et al. Hydrogen gas promotes the adventitious rooting in cucumber under cadmium stress[J]. *PLoS ONE*, 2019, 14(2): e0212639.

MDA 含量、REC、LOX 活性，以及超氧陰離子（$O_2^{\cdot -}$）、過氧化氫（H_2O_2）和 TBARS 的含量。同時，HRW 處理還增加了 AsA 和還原型 GSH 的含量，以及相關酶活性和基因表現，如 APX、DHAR[147]、MDHAR 和 GR。

此外，HRW 處理還增加了滲透調節物質的含量，如可溶性醣、蛋白質和脯胺酸，以及 POD 和 PPO 的活性，同時顯著降低了 IAAO[148] 的活性。這些結果顯示，氫氣透過調節與生根相關的酶活性和滲透調節物質的含量，增強了黃瓜在 Cd 脅迫下的抗氧化能力，從而促進了不定根的發生。

三、黃瓜富氫水浸種對低溫下幼苗光合碳同化及氮代謝的影響

學者劉鳳嬌等研究了 HRW 對低溫條件下黃瓜幼苗光合碳同化及氮代謝的影響[149]。實驗選用了「津優 35 號」黃瓜種子，將其分別用飽和 HRW（含氫氣 0.45±0.02mM）和去離子水（對照）浸種 8 小時，然後在常溫下育苗至兩葉一心期，再轉移至光照培養箱中進行低溫（晝／夜溫度：8℃／5℃）處理。實驗結果顯示，低溫環境顯著抑制了黃瓜幼苗的生長，導致葉片光合色素含量、光合速率、氣孔導度、蒸騰速率、光合效率和 RuBPCase 活性下降，同時胞間 CO_2 濃度和初始螢光上升。

富氫水處理的黃瓜幼苗在低溫脅迫下的表現與對照組變化趨勢一致，但在多數指標上顯著高於對照組，表明外源氫氣透過提高光合關鍵酶活性、減輕光抑制、維持較高的碳氮代謝水準，從而增強了黃瓜幼苗對低溫脅迫的耐受性。具體來說，富氫水處理的幼苗在葉綠素含量、RuBPCase 活性、葉綠素螢光引數、糖含量及其相關酶活性、氮含量和氮

[147] 脫氫抗壞血酸還原酶（Dehydroascorbate Reductase, DHAR）

[148] 吲哚乙酸氧化酶（Indoleacetic Acid Oxidase, IAAO）

[149] 劉豐嬌，等．黃瓜富氫水浸種對低溫下幼苗光合碳同化及氮代謝的影響 [J]. 園藝學報，2020, 47(2): 287-300.

代謝關鍵酶活性等方面均表現出對低溫脅迫的較好耐受性。此外，富氫水處理還促進了幼苗根系的生長，減輕了低溫對根系活力的負面影響。

在光合作用方面，富氫水處理的幼苗在低溫脅迫下保持了較高的光合色素含量和 RuBPCase 活性，減少了光抑制，維持了較高的光合效率。在碳代謝方面，富氫水處理的幼苗在低溫下總醣、蔗糖和還原醣含量上升，而澱粉含量下降，與對照組相比，富氫水處理的幼苗在這些指標上均表現更好。在氮代謝方面，富氫水處理的幼苗在低溫脅迫初期氮含量上升，隨後透過協調 GS/GOGAT 和 GDH 途徑維持氨的同化，保持了氮代謝的平衡。

綜合以上結果，富氫水處理透過提高抗氧化能力、調節光合作用和氮代謝，增強了黃瓜幼苗對低溫脅迫的適應性。這些發現為富氫水在黃瓜栽培中的應用提供了理論依據，也為提高作物在逆境條件下的生產力提供了潛在的技術途徑。

四、富氫水處理對高溫高鹽脅迫下黃瓜產量和品質的影響

隨著全球暖化的影響，中國傳統的黃瓜種植區越來越有可能收到高溫脅迫的影響。為了克服高溫脅迫對黃瓜產量的影響，有中國學者基於氫農業的現有成果開展了實驗。

在第一項實驗中[150]，學者們的 HRW 是透過將純化的氫氣(99.99%，體積比)通入 1,000mL Hoagland 溶液 (pH 值 5.87，25℃)中製備而成的。然後，將飽和的 100%庫存溶液立即稀釋至所需的濃度 (50%

[150] CHEN Q, et al. Hydrogen-rich water pretreatment alters photosynthetic gas exchange, chlorophyll fluorescence, and antioxidant activities in heat-stressed cucumber leaves[J]. *Plant Growth Regulation*, 2017, 83(1): 1-13.

和 100%飽和度，體積比)。透過氣相色譜 (GC) 分析，新製備的 HRW 中氫氣的濃度為 0.22mM，並在 25℃下至少保持 12 小時的相對恆定水準。

實驗使用了 3 週齡的黃瓜 (新津春 4 號) 幼苗，首先將幼苗在生長室中培養。幼苗在長出第一對真葉後被移植到裝有 Hoagland 營養液的塑膠杯中，並在特定的光週期、溼度、溫度和光合有效輻射密度條件下生長。

為了模擬高溫脅迫，當黃瓜幼苗長到 3 周大小時，研究者們將它們用 0.11mM 或 0.22mM 的 HRW 預處理，每隔 24 小時處理一次，持續 7 天。在高溫處理前一天，將植物分為兩組：非脅迫組 (25/18℃) 和高溫組 (42/38℃)。在實驗過程中，使用 Hoagland 營養液作為對照組。實驗處理包括：對照組、高溫脅迫 (HT) 組、0.11mM 的 HRW 預處理後高溫脅迫 (50% HRW ＋ HT) 組和 0.22mM 的 HRW 預處理後高溫脅迫 (100% HRW ＋ HT) 組。幼苗在高溫條件下處理 3 天。

在高溫處理後，採集樣本以確定鮮重和生理特性。透過這種方法，學者們能夠評估 HRW 預處理對黃瓜幼苗在高溫脅迫下光合作用、葉綠素含量、葉綠素螢光引數、電解質洩漏、脂質過氧化和抗氧化活性的影響。

在這項研究中，學者們發現 HRW 預處理顯著改善了黃瓜幼苗在高溫脅迫下的生理反應。具體來說，與僅接受高溫處理的樣本相比，HRW 預處理顯著減輕了對光合作用、葉綠素含量、葉綠素螢光引數、電解質洩漏、脂質過氧化和抗氧化活性的負面影響。HRW 預處理顯著提高了抗氧化酶活性，促進了黃瓜葉片中高濃度的滲透保護物質的累積，並上調了熱休克蛋白 70 (HSP70) 的表現。這些數據表明，外源 HRW 預處理透過提高光合作用能力、增強抗氧化反應以及促進 HSP70 和滲透物質的累積，部分緩解了高溫脅迫對黃瓜幼苗生長的不利影響。而 50%的 HRW (0.11mM) 預處理對黃瓜幼苗在高溫脅迫下的效果最佳。與 100% HRW 預處理相比，50% HRW 預處理在提高光合作用效率、增強抗氧化反應以及促進熱休克蛋白 70（HSP70）和滲透保護物質的累積方面表現出更好的效果。因此，50%的 HRW（0.11mM）被認為是最佳的預處理濃度。因此，HRW 預處理為提高植物對高溫脅迫的耐受性提供了一種潛在的策略，這可能對農業生產中提高作物的耐熱性具有重要意義。

在另一項實驗中，學者王怡玫等人進行了一項實驗研究[151]。研究使用水果黃瓜作為試驗材料，在模擬高溫環境和基質連續使用造成的鹽脅迫條件下，分析了 HRW 淋根處理對水果黃瓜幼苗生長、果實產量及品質的影響。

實驗中，HRW 是透過水電解法製得，其濃度約為 0.5mM。研究人員設定了兩個處理組：淨化水庫水淋根（CK）作為對照組，以及 HRW 淋根處理組。每個處理都進行了三次重複，採用隨機區組排列。實驗從 3 月 10 日開始，直至 6 月 1 日結束。

在幼苗生長階段，HRW 處理顯著促進了水果黃瓜幼苗的葉面積、葉片鮮重、莖鮮重、根鮮重、乾重和根長的生長，與對照組相比，多數指標達到了顯著差異水準。這表明 HRW 對水果黃瓜幼苗生長具有積極的促進效果，並在一定程度上緩解了高溫高鹽脅迫。

在產量和相關性狀方面，HRW 處理組的水果黃瓜株高、單果重和產量均顯著高於對照組。具體而言，HRW 處理使水果黃瓜的產量比對照組增加了 3.2%。這些結果顯示，HRW 淋根可以促進水果黃瓜的生長，並在高溫高鹽條件下提高其產量。

在品質方面，HRW 處理的水果黃瓜果實中的可溶性醣和可溶性固形物含量略高於對照組，而 VC 含量略有下降，但蛋白質含量和硝酸鹽含量沒有顯著差異。這表明 HRW 處理在提高水果黃瓜果實品質方面也具有一定的潛力。

---

[151] 王怡玫，等 · 富氫水處理對高溫高鹽脅迫下水果黃瓜產量和品質的影響 [J]. 現代農業科技，2024(8): 23-26.

第五節　櫛瓜種子

在一個中國學者團隊的研究中，探討了磁化水、礦物質水和HRW對櫛瓜種子發芽及其生理效應的影響 [152]。實驗採用不同處理水浸種，包括磁化水、礦物質水和HRW，與自來水作為對照組進行比較。結果顯示，與對照組相比，使用磁化水、礦物質水和HRW浸種能夠顯著促進櫛瓜種子的發芽，其中活力指數分別提高了61.63%、21.71%和31.40%。此外，這些處理水還促進了抗氧化酶活性，與對照組相比，SOD活性分別提高了14.65%、1.99%和7.46%，POD活性分別提高了21.71%、4.22%和11.59%。

在櫛瓜種子胚的發育方面，與對照組相比，使用磁化水、礦物質水和HRW處理後，乾重分別增加了47.28%、12.71%和27.16%。這些結果顯示，不同處理水浸種對櫛瓜種子發芽和生理效應具有積極影響，且促進效應依次為磁化水、HRW和礦物質水。

該研究中的HRW是透過自來水經過特殊裝置處理製得，氫氣濃度為1mM。這一濃度的HRW在促進櫛瓜種子發芽和生理效應方面表現出顯著效果，尤其在提高抗氧化酶活性和促進胚芽發育方面。這些發現為農業合理高效利用不同功能性質的水提供了理論參考，並對提高櫛瓜種子發芽率和培育品質具有實際應用價值。

[152] 孔繁榮，等．不同處理水浸種對櫛瓜種子發芽的生理效應 [J]. 種子科技，2023,41(2): 20-23.

第六節　甜椒

而在另一個中國學者團隊探討了 HRW 對長季節基質栽培甜椒在高溫條件下的抗逆性和品質的影響 [153]。實驗選用了「甘多爾」甜椒品種，透過灌根處理，分析了 HRW 對甜椒的生理效應。結果顯示，與自來水對照組相比，HRW 處理顯著降低了甜椒葉片和根部 MDA 含量，這表明 HRW 能夠減少高溫引起的膜脂過氧化損傷。同時，HRW 處理顯著提高了葉片和根部的 SOD、CAT、POD、APX 活性以及 Pro 含量，增強了甜椒的抗逆能力。

在產量方面，HRW 處理使甜椒產量增加了 17.73%，並且顯著改善了果實品質。具體而言，維他命 C（VC）含量極顯著增加了 43.52%，可溶性固形物、可溶性蛋白質、總酚含量分別顯著增加了 5.46%、7.85%、10.61%，可溶性醣、粗纖維、類胡蘿蔔素含量也有所提高。這些結果顯示，在高溫脅迫下，HRW 處理透過有效降低甜椒植株細胞的質膜氧化程度，維持細胞膜的穩定性，並提高抗氧化酶活性，加快植株體內活性氧的清除，增加滲透調節物質 Pro 的累積，從而減輕高溫對甜椒植株的傷害，增強植株的抗逆性，提高產量和品質。

實驗中使用的 HRW 是透過水電解製氫法製備的，其氫氣濃度約為 1mg/L（即 0.5mM）。這一濃度的 HRW 在提高甜椒抗逆性和品質方面顯示出積極的效果，為南方溫室甜椒長季節高效基質栽培提供了新的方法。

---

[153] 李湘妮，等．富氫水對長季節基質栽培彩椒抗逆性和品質的影響 [J]. 蔬菜，2023,(12): 18-22.

第七節　金針花

學者胡花麗曾在自己的博士論文中，探討了富氫水對金針花生長的影響 [154]。研究顯示，HRW 處理能顯著影響金針花的生長表現和採後耐貯性。在實驗中，HRW 的製備透過微奈米氣泡技術完成，其中氫氣濃度為 1.6mM。實驗中使用了不同濃度的 HRW 處理金針花，包括 0.8mM 和 1.6mM 的濃度。結果顯示，與對照組相比，0.8mM 的 HRW 處理顯著提高了金針花的總產量，大約提高了 11%。

在實驗過程中，研究人員在金針花抽薹期、花蕾剛長出時和採收前進行了三次澆灌處理。透過對金針花的日產量和總產量進行分析，發現 0.8mM HRW 處理的金針花在採收期間的前 5 天內日產量較對照組高。此外，在儲藏過程中，HRW 處理的金針花表現出較低的褐變水準，這與降低的 PPO 活性有關。PPO 是一種與果蔬褐變密切相關的酶，其活性的降低可以減少褐變的發生。HRW 處理顯著減緩了金針菜褐變度的上升，尤其是在儲藏後期，表明 HRW 處理可以在一定程度上減慢採後金針花的褐變程序。

ROS 的累積是植物衰老過程中的重要因素，它可以破壞細胞膜結構，導致細胞內多酚氧化酶與其底物的區域化分布格局被打破，從而促進褐變反應的發生。HRW 處理減緩了金針花組織內 ROS 的累積，減少了膜脂過氧化反應，這有助於維持細胞膜的完整性和功能。實驗中測定了金針花組織內 MDA 的含量，MDA 作為膜脂過氧化反應的產物，其含量的降低表明 HRW 處理減緩了膜脂氧化程序。

在脂肪酸方面，HRW 處理維持了金針花組織內較高的不飽和脂肪酸與飽和脂肪酸的比率。這一比率對於保持細胞膜的流動性和功能至關

[154] 胡花麗．氫氣對採後金針菜、獼猴桃衰老的生理機制研究 [D]. 南京農業大學，2018.

重要。不飽和脂肪酸的下降與金針花的褐變有關，而 HRW 處理可能透過調節 ROS 水準減緩了組織內脂肪酸的氧化程度，從而維持細胞膜的功能，抑制了 PPO 與其酚類底物接觸的程度，減緩了組織的褐變程度，保持了採後金針花的品質。

此外，實驗還發現，隨著儲藏時間的延長，金針花組織內源性氫氣含量呈下降趨勢，但 HRW 處理組的金針花內源性氫氣含量顯著高於對照組。這表明 HRW 可能參與調控了金針花的衰老過程，維持較高的內源性氫氣水準對於減緩組織衰老具有一定作用。這一發現為金針花的採後保鮮提供了新的視角。

在 *Scientia Horticulturae* 上發表的一項研究中，胡花麗及其同事探討了採前施用 HRW 對金針花芽在低溫儲藏期間產量和品質的影響 [155]。研究的核心目標是評估 HRW 處理是否能夠減輕低溫儲藏期間金針花芽的褐變現象，並且提高其產量。

實驗中，HRW 是透過將純度為 99.99%的氫氣奈米化並溶解到去離子水中製備的，其濃度約為 1.6mM，工作濃度為 0.8mM。實驗材料為金針花（*Hemerocallis citrina Baroni* L.）的「大烏嘴」品種，研究人員在金針花的不同生長階段施用 HRW 或對照組的水處理。採收後，金針花芽在 0～2℃和 85%～95%相對溼度的條件下儲藏，並在儲藏期間定期評估其品質變化。

實驗結果顯示，與對照組相比，HRW 處理顯著增加了金針花芽的產量，並且降低了儲藏期間的褐變程度。HRW 處理的金針花芽在儲藏期間顯示出較低的 ROS 水準、電解質洩漏率和脂質過氧化水準，同時提高了不飽和脂肪酸與飽和脂肪酸的比例和內源性氫氣含量。此外，HRW 處理

[155] HUA H, LI P, SHEN W. Preharvest application of hydrogen-rich water not only affects daylily bud yield but also contributes to the alleviation of bud browning[J]. *Scientia Horticulturae*, 2021, 287: 110267.

的金針花芽在 PAL 和 PPO 活性上顯著降低，這有助於總酚含量的增加。

在儲藏期間，HRW 處理的金針花芽表現出較低的超氧自由基 ($O_2^{\cdot-}$) 和過氧化氫 (H_2O_2) 水準，這表明 HRW 能夠顯著減少金針花芽在儲藏期間的 ROS 累積。此外，HRW 處理還減輕了金針花芽的膜滲透性和 MDA 含量的增加，表明 HRW 能夠維持膜的完整性並減少脂質過氧化，如圖 5-7-1 所示。

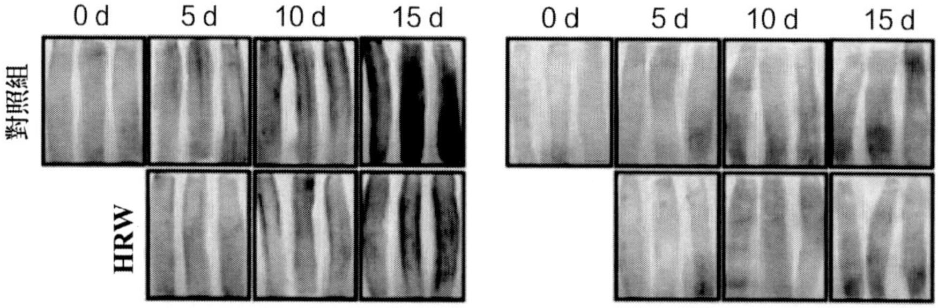

圖 5-7-1 對金針花芽進行的超氧自由基 ($O_2^{\cdot-}$) 的組化染色結果（d 表示天）

研究人員將金針花芽浸泡在含有 NBT 的磷酸鉀緩衝溶液中，然後在黑暗條件下進行孵化。如果樣本中存在 $O_2^{\cdot-}$，它們會與 NBT 反應生成藍紫色的沉澱，這種顏色的變化可以用來評估 $O_2^{\cdot-}$ 的產生情況。透過這種方法，研究人員能夠觀察到在低溫儲藏期間，經過 HRW 處理的金針花芽與對照組相比，$O_2^{\cdot-}$ 的產生顯著減少，這表明 HRW 處理有助於減輕金針花芽在低溫下的氧化反應反應。

綜合這些結果，研究者得出結論，採前施用 HRW 不僅能夠提高金針花芽的產量，而且透過減輕活性氧的累積、維持膜功能和提高總酚含量，有助於緩解金針花芽在低溫儲藏期間的褐變現象。這些發現為開發新的採後保鮮技術提供了科學依據，並為進一步的研究提供了基礎，以探討 HRW 在植物生長和採後保鮮中的應用潛力。

第八節　多種蔬菜的研究

除了我們上述提到的研究之外，李其友學者及其團隊在研究中深入探討了 HRW 對蔬菜種子萌發和幼苗生長的影響。研究團隊透過對比不同濃度的 HRW 對苦瓜、冬瓜、黃瓜、番茄和菜心這五種蔬菜種子的發芽情況及幼苗生長的多項指標，得出了一系列有價值的結論。

實驗結果顯示，HRW 對菜心、番茄、黃瓜和冬瓜種子的發芽及幼苗生長具有顯著的促進作用，而對苦瓜種子和幼苗的影響則不明顯。具體來說，菜心種子在 0.35mM 的 HRW 處理下發芽效果最佳，發芽勢和發芽率均有顯著提升；番茄、黃瓜和冬瓜種子在 0.25mM 的 HRW 處理下發芽效果最好，其發芽勢和發芽率也達到了較高水準。此外，菜心和冬瓜幼苗在 0.25mM 的 HRW 處理下生物量成長最為顯著，而黃瓜和番茄幼苗則在 0.35mM 的 HRW 處理下生物量、葉面積和根系等指標表現最佳。

研究還指出，不同蔬菜適宜的 HRW 濃度存在差異，且同種蔬菜在不同生長期對 HRW 濃度的需求也不盡相同 [156]。

1. 菜心

種子的最適 HRW 濃度為 0.35mM（以常溫常壓下飽和度計，下同，43.75%），在這一濃度下，菜心種子的發芽勢和發芽率分別達到了 94.7%和 95.6%。而在幼苗期，最適濃度降低到了 0.25mM，這一濃度下的生物量比純水處理高出了 21.57%。

2. 番茄

種子的最適 HRW 濃度為 0.25mM，發芽勢和發芽率分別達到了 89.7%和 91.5%。在幼苗期，最適濃度升高到了 0.35mM，此時番茄幼

[156] 李嘉煒，等 · 富氫水對蔬菜種子萌發和幼苗生長的影響 [J]. 長江蔬菜，2022, (08): 10-14.

苗的生物量、葉面積、根長、根體積和根表面積分別比純水處理高出了 46.06%、37.70%、21.14%、66.67%和 31.06%。

3. 黃瓜

與番茄相似，黃瓜種子在 0.25mM 的 HRW 處理下發芽效果最佳，發芽勢和發芽率達到了 92.3%和 94.3%。幼苗期最適濃度為 0.35mM，此時黃瓜幼苗的生物量、葉面積、根長和根表面積分別比純水處理高出了 44.49%、23.17%、47.58%和 28.44%。

4. 冬瓜

冬瓜種子和幼苗的最適 HRW 濃度均為 0.25mM（31.25%）。在這一濃度下，冬瓜幼苗的生物量、葉面積和根體積分別比純水處理高出了 25.23%、13.56%和 11.76%。

5. 苦瓜

在本研究的試驗條件下，苦瓜種子和幼苗對不同濃度的 HRW 反應不敏感，發芽勢和發芽率在純水和 HRW 處理之間沒有顯著差異。

綜上所述，李其友學者的研究強調了 HRW 在促進蔬菜種子萌發和幼苗生長中的潛力，同時也揭示了合理選擇 HRW 濃度對於提高農業生產效率的重要性。透過精準控制 HRW 的使用濃度和時機，可以顯著提升蔬菜的發芽率和幼苗生長品質，為農業生產帶來增效增益的可能。

而透過我們本章對一系列頂尖學者的學術成果的介紹，我們可以清晰地看到氫氣在蔬菜種植業中的應用展現出了巨大的潛力和獨特的價值。從蘿蔔、白菜、菠菜到油菜，不同的蔬菜在 HRW 的灌溉下均表現出了積極的生長反應和增強的抗逆能力。這些研究不僅證實了氫氣在促進植物生長、增強抗氧化能力、提高作物產量和品質方面的顯著效果，而且揭示了氫氣透過影響植物激素訊號傳導、提高抗氧化酶活性、調節基因表現等多種生物學機制發揮作用的可能性。

特別值得一提的是，不同蔬菜對 HRW 的適宜濃度存在差異，這表明在實際應用中，需要根據具體的作物種類和生長階段來優化 HRW 的使用策略。此外，氫氣的應用不僅局限於提高作物的生理特性，它在減少化學農藥使用、保護環境和提高農業可持續性方面也顯示出了巨大的潛力。

綜合這些研究成果，我們有理由相信，氫氣作為一種新型的農業投入品，將在未來的農業生產中發揮重要作用。它不僅能夠為消費者提供更加健康、安全、美味的蔬菜產品，而且有望為農業的可持續發展提供新的解決方案。隨著對氫氣生理學效應研究的不斷深入，我們期待氫氣能夠在蔬菜種植業乃至整個農業領域中帶來革命性的變革，為實現綠色、高效、環保的農業生產開闢新的道路。

第六章
水果產業

在中國，水果產業不僅是一個龐大且多樣化的市場，它還承載著深厚的文化意義和歷史傳統。水果在中國的餐桌上扮演著重要角色，它們不僅為人們提供了豐富的營養，還與節日、慶典和日常飲食緊密相連。草莓、奇異果、蘋果、香蕉和荔枝等水果，以其獨特的營養價值和口感，成為市場上的熱門選擇，深受消費者的喜愛。

草莓，這種小巧而鮮豔的水果，不僅味道鮮美，而且營養價值極高。它含有的維他命 C 有助於增強免疫力，錳元素對骨骼健康至關重要，而葉酸則是孕婦和準備懷孕的女性不可或缺的營養素。草莓的紅色表皮下隱藏著的不僅僅是甜美的果汁，還有對健康的多重益處。然而，草莓作為一種易腐爛的漿果，其保鮮期非常短，通常只有幾天。在採摘後，草莓需要迅速冷卻以延長其保鮮期，但這一過程需要精確的溫度和溼度控制。並且在長途運輸過程中，草莓也容易受到擠壓和碰撞，導致品質下降。此外，草莓的成熟度也會影響其保鮮時間，過熟的草莓更易腐爛。

奇異果，這種外表毛茸茸、內心柔軟多汁的水果，是維他命 C 的寶庫。它不僅能夠提升身體的抗氧化能力，還能促進腸道健康，幫助消化。奇異果的酸甜口感和多變的品種，使其成為全球消費者餐桌上的常客。但是，奇異果在採摘時通常是硬的，需要經過一段時間的後熟過程才能食用。這一過程需要精確的溫度和乙烯氣體的控制，以確保奇異果成熟均勻且不會過熟。在非產地區域，奇異果的後熟過程可能因為缺乏適當的設施而變得困難，導致奇異果品質不穩定。

蘋果，這種歷史悠久的水果，在全球範圍內都有著廣泛的消費基礎。蘋果的營養價值均衡，含有豐富的纖維、維他命和礦物質，對心臟健康和消化系統都有益處。蘋果的多樣性也展現在其品種上，從酸甜可口的青蘋果到甘甜多汁的紅富士，每一種都有其獨特的風味和特性。但是，蘋果產業面臨的一個主要問題是品種單一化，市場上常見的蘋果品種有限，這限制了消費者的選擇。此外，為了提高產量和抵禦病蟲害，蘋果在生長過程中可能會使用較多的農藥，導致農藥殘留問題。這不僅影響了消費者的健康，也對蘋果產業的可持續發展構成了威脅。

香蕉，被譽為「快樂水果」，不僅因為其甜美的口感，更因為其豐富的營養價值。香蕉含有的鉀元素有助於維持心臟健康和血壓穩定，而其易於消化的特性，使得香蕉成為各個年齡層人群的理想選擇。香蕉的成熟過程需要嚴格控制，以避免過早腐爛，這增加了保存和運輸的難度，尤其是在長途運輸中。

荔枝，以其獨特的甜味和香氣，成為夏季解暑的佳品。荔枝含有豐富的糖分和維他命，尤其是維他命 C，對增強免疫力和促進皮膚健康都有積極作用。荔枝的果肉晶瑩剔透，口感細膩，是夏季水果中的珍品。然而，荔枝是一種季節性很強的水果，通常只在夏季成熟。荔枝的保鮮期非常短，一旦採摘，就需要在短時間內食用或加工。荔枝的這一特性限制了其全年供應，也增加了保存和運輸的難度。為了解決這一問題，荔枝產業需要發展更為先進的保鮮技術和冷鏈物流系統。

面對這些挑戰，氫農業技術的出現為提升和幫助水果產業提供了新的機遇。氫農業利用氫氣作為一種能源和生長調節劑，可以促進植物的生長和發育，提高作物的抗病性和抗逆性。這種技術的應用有潛力帶來以下幾個方面的改進：

- 提高產量和品質：透過優化植物的光合作用，氫農業可以提高水果的產量和品質，使其更加符合市場需求。
- 延長保鮮期：氫農業可以透過改善水果的生理特性，延長其保鮮期，減少在運輸和保存過程中的損耗。

- 減少農藥使用：氫農業可以增強植物的自然抵抗力，減少對化學農藥的依賴，從而降低農藥殘留，提高食品安全性。
- 環境友好：作為一種環保的農業技術，氫農業有助於減少化學肥料和農藥的使用，促進生態平衡和可持續發展。
- 提高經濟效益：透過提高產量和品質，降低損耗，氫農業有助於提高農民的收入和整個水果產業的經濟效益。

氫農業技術的應用還可能帶來其他潛在的好處，例如以下幾方面。

- 增強作物適應性：氫農業有助於提高作物對極端氣候條件的適應性，如乾旱、洪水和溫度波動，從而保證水果生產的穩定性。
- 促進生物多樣性：透過減少化學農藥的使用，氫農業有助於保護和促進農業生態系統中的生物多樣性。
- 提高消費者信任：隨著消費者對食品安全和可持續農業實踐的關注日益增加，氫農業可以提高消費者對水果產品的信任和接受度。
- 支持農業創新：氫農業技術的發展和應用可以激發農業領域的創新，推動新技術和方法的開發，以應對全球糧食安全和環境挑戰。

氫農業技術在中國水果產業中的應用前景廣闊，雖然它仍處於發展階段，但已經有了很多的科學研究和實踐探索驗證了其效果和可行性。隨著技術的進步和市場的適應，氫農業有望成為推動中國水果產業升級和可持續發展的重要力量。此外，政策支持、資金投入和公眾教育也是推動氫農業技術應用的關鍵因素。

在接下來的篇章中，我們將深入探討並結合學術界的最新研究成果，以草莓、奇異果、無籽刺梨、蘋果、香蕉和荔枝等水果為例，詳盡地闡述氫氣應用在水果產業中的潛在益處。我們將具體分析氫氣如何顯著提升這些水果的產量和品質，延長保鮮期，減少運輸和保存過程中的損耗，以及如何透過降低化學農藥的使用來減少農藥殘留，提高食品安全性。此外，我們還將討論氫氣在促進作物適應性、生物多樣性、增強消費者信任和推動農業創新方面的潛在貢獻。

第一節　草莓

中國草莓產業的蓬勃發展，不僅在農業產值上占據重要地位，更在社會文化和民眾生活中扮演著不可或缺的角色。草莓，以其鮮豔的紅色和甜美多汁的口感，成為春季的代表水果，象徵著新生和希望的到來。在中國，草莓不僅是一種食用價值極高的水果，更承載著深厚的文化意義和情感寄託。它常被用作節日和慶典的裝飾，象徵著吉祥和幸福，也是親朋好友間表現情感的禮物。

在中國，草莓種植遍布全國各地，形成了豐富多樣的種植模式。北方地區的溫室大棚種植技術，使得草莓能夠在寒冷的冬季生長，滿足市場的需求；而南方地區的露天種植則充分利用了溫暖溼潤的氣候條件，培育出了多種風味獨特的草莓品種。這種多樣化的種植模式，不僅提高了草莓的產量和品質，也為消費者提供了更多的選擇。

中國的草莓品種體系豐富，從傳統的小果型品種到現代的大果型品種，從鮮食型品種到加工型品種，應有盡有。這些品種的培育和推廣，既滿足了國內市場的需求，也提升了中國草莓在國際市場上的競爭力。草莓產業的發展，不僅帶動了相關產業的繁榮，如包裝、物流、農業旅遊等，也為農民提供了更多的就業機會和收入來源。

然而，中國草莓產業的快速發展也帶來了一些挑戰。隨著消費者對食品安全和健康飲食的日益關注，草莓產業需要不斷提高自身的生產標準和技術水準，以滿足市場的高標準要求。此外，草莓產業還需要應對氣候變化、病蟲害等自然因素帶來的影響，確保草莓的穩定供應和品質保障。目前，中國草莓產業主要面對的挑戰和問題，具體如下。

1. 保鮮與物流的高成本

草莓的易腐性要求其在採摘後迅速進入冷鏈系統，而中國部分地區的冷鏈設施尚不完善，導致草莓在運輸過程中損耗率高，增加了物流成本。

2. 農藥殘留與食品安全

消費者對食品安全的日益關注使得農藥殘留問題成為草莓產業必須面對的難題。如何在保障草莓產量和品質的同時，減少農藥使用，是產業發展的關鍵。

3. 品種單一化與市場適應性

儘管中國草莓品種資源豐富，但市場上常見品種較為集中，缺乏對不同消費者口味和需求的適應性，限制了市場的深度開發。

4. 季節性生產與供需平衡

草莓的季節性生產特點導致市場供需波動，影響農戶收益和消費者體驗。

5. 環境壓力與可持續發展

隨著環保法規的加強和消費者對綠色產品的需求提升，如何在保障草莓產業經濟效益的同時，實現環境保護和可持續發展，是產業發展的長遠課題。

6. 國際市場競爭

隨著全球化的深入發展，中國草莓產業也面臨著國際市場的競爭壓力，如何在國際舞臺上提升中國草莓的競爭力，是產業發展的另一大挑戰。

氫基灌溉技術的應用，特別是在草莓產業中的研究和實踐，為解決上述問題提供了新的視角和方法。接下來的文章，將深入探討氫基灌溉技術如何在以下幾個方面促進中國草莓產業的優化升級。

1. 提升草莓的保鮮能力

透過增強草莓細胞壁的合成，提高果實的物理強度和抗腐爛能力，延長草莓的貨架壽命。

2. 增強草莓的抗氧化和抗病害能力

氫基灌溉能夠提升草莓的自身免疫力，減少病害發生，降低農藥的使用需求。

3. 促進草莓品種多樣化

透過改善生長條件，為培育適應不同市場需求的新品種提供可能，豐富市場供給。

4. 實現草莓的跨季節生產

透過調節草莓的生長週期，緩解季節性生產帶來的市場供需矛盾。

5. 推動草莓產業的綠色發展

作為一種清潔能源，氫氣的使用有助於減少化學肥料和農藥的環境足跡，推動產業向環境友好型發展。

6. 增強草莓產業的國際競爭力

透過提升草莓的品質和產量，以及實現全年穩定供應，增強中國草莓在國際市場上的競爭力。

7. 促進草莓產業的科技創新

氫基灌溉技術的應用將推動草莓產業的科技創新，為產業的長遠發展注入新的活力。

8. 提升草莓產業的經濟效益

透過提高草莓的產量和品質，降低生產成本，增加農戶的收入，推動地方經濟發展。

9. 增強草莓產業的抗風險能力

氫基灌溉技術的應用有助於提高草莓產業對氣候變化和市場波動的適應能力，增強產業的穩定性和抗風險能力。

10. 推動草莓產業的品牌建設

透過提升草莓的品質和安全性，加強品牌宣傳和市場推廣，提升中國草莓的品牌形象和市場認可度。

透過對氫基灌溉技術在草莓產業中的應用進行深入研究，有望為全球的草莓產業提供一種全新的發展模式，實現產業的可持續發展，同時保障消費者的飲食健康和生活品質。

既然前文已經對草莓市場及其重要性進行了深入的介紹，那麼接下來，我們將從生產者的角度，探索如何透過創新的農業技術提升草莓的產量和品質。隨著消費者對食品品質和安全性要求的不斷提高，研究者們也在不斷尋找新的方法來滿足這些需求。本文將詳細闡述一系列關於草莓種植與保鮮的科學研究，這些研究不僅關注於提高草莓的生長效能和營養價值，還著眼於延長其貨架壽命，以減少損耗並提高經濟效益。

從富氫水對草莓生長發育的促進作用，到氫奈米氣泡水對草莓風味和消費者偏好的影響提升，再到分子氫灌溉技術在延長草莓保鮮期方面的應用，每一項研究都為我們提供了寶貴的見解。這些研究結果不僅對於農業生產者來說具有指導意義，也為消費者提供了更健康、更美味的食品選擇。現在，讓我們繼續深入了解這些研究成果，探索它們如何為草莓產業帶來革命性的變革。

首先是草莓的種植階段。中國學者潘妮、程雪、沈文颸、陸巍共同撰寫發表了一篇文章。這篇文章中記載了 HRW 對草莓（*Fragaria* × *ananassa* Duch.）生長和光合作用的調控作用及其潛在機制 [157]。

在這篇研究中，學者們精心設計了一系列實驗步驟，來科學地探究 HRW 對草莓生長和光合作用的影響。以下是實驗過程的詳細敘述：

首先，實驗選擇了草莓品種「紅顏」作為研究對象。實驗分為兩個主要處理組：HRW 灌溉組和地表水灌溉對照組。每個處理都設有三個重複，以確保數據的可靠性。

在 HRW 的製備方面，研究團隊採用了專門的 HRW 機，透過電解水的方式製得 HRW，並透過管道直接對草莓進行滴灌。生長引數的測定是實驗的重要組成部分。研究人員透過稱重法測量了草莓葉片的鮮重和乾重，並使用專業的測量工具記錄了葉面積。這些數據為評估 HRW 對草莓生長的影響提供了基礎。

除此之外，學者們還使用不同方法測量了草莓生長過程中其他重要的理化引數。

研究人員採用浸提法，使用 95%乙醇提取葉綠素，並利用分光光度計在特定波長下測定吸光值，從而計算出色素含量。光合氣體交換引數的測量是透過行動式光合作用分析儀完成的。在特定的時間段內，研究人員利用光合儀測定了淨光合速率、氣孔導度、胞間 CO_2 濃度和蒸騰速率等關鍵引數，還利用葉綠素螢光儀測量了包括相對電子傳遞速率、有效光化學量子產量等在內的葉綠素螢光引數，為理解 HRW 對光合作用的影響提供了重要資訊。在測定跨膜質子梯度和 ATP 含量方面，研究人員使用了電致變色位移分析技術。透過檢測特定波長訊號的變化，研究人員能夠評估質子動力勢的兩個組分，即跨膜質子梯度和跨膜電位。

---

[157] 潘妮，等 · 富氫水對草莓生長發育及光合作用的影響 [J]. 南京農業大學學報，2023, 46(2): 278-286.

最後，所有收集到的數據都透過統計軟體進行了嚴格的分析，以確保實驗結果的準確性和科學性。研究人員對數據進行了獨立 t 檢驗，以評估處理組和對照組之間的差異顯著性。

透過這些詳盡的實驗步驟，研究團隊能夠全面地評估 HRW 對草莓生長發育和光合作用的影響，為農業應用提供了有價值的實驗數據和理論依據。

學者們的實驗結論如下：

1. HRW 對草莓的生長有促進作用

實驗結果顯示，使用 HRW 灌溉的草莓植株在生長上有明顯的促進作用。具體表現在葉片的乾重和鮮重分別增加了 57.7%和 60.4%，相對生長率和淨同化率分別增加了 50.0%和 59.9%。

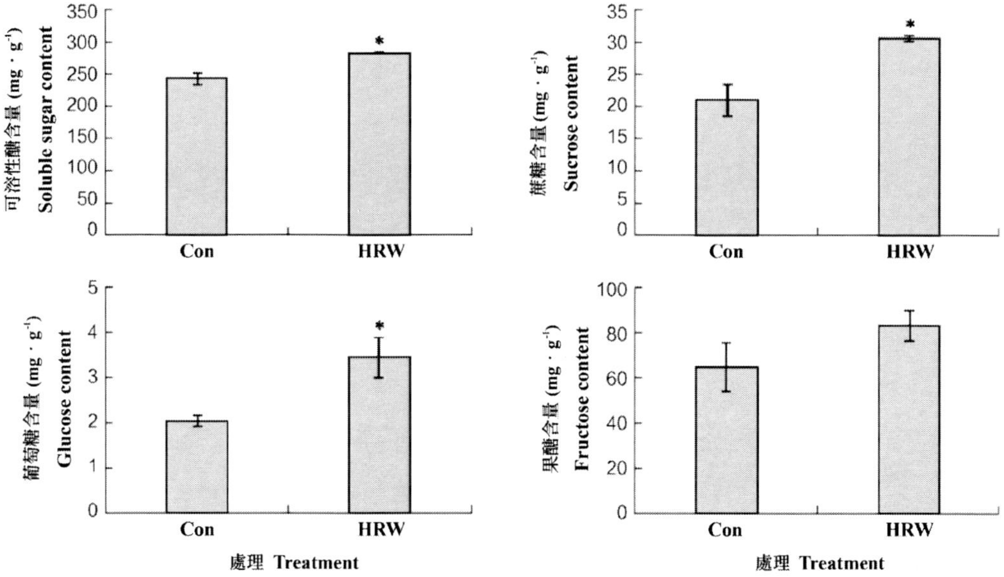

圖 6-1-1 富氫水對草莓葉片可溶性醣、蔗糖、葡萄糖和果糖含量的影響 [158]

[158] Con 代表對照組。

2. 光合作用增強

富氫水處理後的草莓葉片中，葉綠素 a 含量增加了 14.4%，淨光合速率提高了 22.3%，葉片中的可溶性醣、葡萄糖和蔗糖含量顯著增加，這表明光合作用得到了增強。

3. 光系統保護和調節能力提高

HRW 處理後，光系統Ⅱ（PS Ⅱ）的非調節效能量耗散的量子產量［Y（NO）］顯著降低，表明草莓葉片的光合機構保護和調節能力得到了提高。同時，光系統Ⅰ（PS Ⅰ）的電子傳遞速率和有效光化學量子產量［Y（Ⅰ）］顯著增加，暗示 PSI 環式電子流的提高。

4. 跨膜質子梯度和 ATP 含量增加

HRW 處理導致跨膜質子梯度（ΔpH）顯著高於對照組，占跨膜質子動力勢的主要部分，ATP 含量較對照增加 43.9%，驗證了環式電子流增加的結果。

上述實驗確實證明了 HRW 對草莓生長過程中的幫助。那麼，HRW 對草莓風味又能產生什麼影響呢？有一篇發表在 *Food Chemistry* 的文章，詳細記載了 HNW 對草莓風味和消費者偏好的影響 [159]。

首先，他們在溫室中栽培了草莓（*Fragaria* × *ananassa* 'Benihoppe'）。實驗設計了四種處理方式：使用普通水灌溉且不施用肥料（SW）、使用普通水灌溉並施用肥料（SW ＋ F）、使用 HNW 灌溉且不施用肥料（HNW）以及使用 HNW 灌溉並施用肥料（HNW ＋ F）。每種處理都在單獨的溫室中進行，以確保條件的一致性。

在實驗前，確保所有溫室的土壤營養水準相同。草莓植株在 2020 年 9 月初種植。使用的肥料包括有機肥料、複合化肥和細菌肥料，而農藥

[159] LI L, et al. Preharvest application of hydrogen nanobubble water enhances strawberry flavor and consumer preferences[J]. *Food Chemistry*, 2022, 377: 131953.

則根據需要常規施用。HNW 是透過氫奈米氣泡水發生器製備的，該設備將高純度氫氣（99.999% [v/v]）透過奈米氣泡發生器注入普通水中，形成平均直徑約 300 奈米的奈米氣泡，氫氣的濃度大約為 1.0mg/L。

HNW 在草莓植株種植後的前兩個月內透過洪水灌溉的方式施用。灌溉流量為 10 噸／小時，灌溉時間為 0.5 ～ 3 小時。HNW 的製備和施用細節均在補充材料中詳細記錄。

在實驗過程中，研究人員收集了成熟的草莓果實，並將其作為實驗樣本進行了以下分析。

- 香氣化合物的提取與分析：將草莓樣品研磨成粉末，使用固相微萃取（SPME）技術捕獲揮發性化合物，並透過氣相色譜－質譜聯用儀（GC-MS）進行分析。
- 總可溶性醣、可滴定酸、葡萄糖、果糖和蔗糖含量的測定：透過不同的化學方法和高效液相色譜（HPLC）技術，測定了草莓中這些糖類的含量。
- 揮發性生物合成相關基因的轉錄分析：提取草莓樣品的總 RNA，並透過 qPCR 分析了與揮發性物質生物合成相關的基因表現水準。
- 感官評估：邀請了一組評估員對草莓的感官屬性（包括顏色、光澤、香氣、質地、咀嚼性、甜味、酸味、風味和整體喜好）進行評分。

這些實驗步驟構成了研究的主體，使研究人員能夠全面評估 HNW 對草莓風味特性的影響，並探索其潛在的分子機制。他們的實驗結論如下：

1. 揮發性物質的增強

研究發現，與普通水灌溉相比，HNW 處理顯著提高了草莓中揮發性化合物的總量，包括酯類、酸類和醇類等關鍵香氣成分。這些化合物對於草莓的香氣、風味和整體喜好具有重要作用。

2. 糖酸比的改善

HNW 的應用改善了糖酸比，這是影響消費者對甜味感知的重要因素。HNW 處理的草莓顯示出更高的可溶性醣含量和較低的可滴定酸含量，從而提升了草莓的甜味和整體風味。

3. 消費者偏好的提升

透過感官評估，HNW 處理的草莓在色澤、光澤、香氣、質地、咀嚼性、風味和整體喜好等方面得到了改善，這些屬性的提高直接關聯到消費者的偏好。

4. 肥料應用的調節作用

HNW 能夠緩解肥料應用對草莓香氣的潛在負面影響。儘管肥料可以促進植物生長和提高產量，但過量使用可能會削弱水果的自然風味。HNW 的應用似乎能夠逆轉這一趨勢，保持草莓的香氣特性。

經過上述詳細的實驗步驟和分析，可以看出氫農業的引入在草莓種植中具有顯著的應用潛力，不僅能促進草莓的生長和光合作用，還能改善其風味和消費者偏好。這些發現為草莓等農作物的種植技術的改良、提高作物品質和市場競爭力方面提供了新的策略。

接下來，我們將轉向另一篇重要的研究，這篇文章進一步探討了 HNW 如何透過改善細胞壁成分的合成，來延長草莓的保鮮期，為草莓的採後管理、保鮮提供了新的視角和方法。透過這項研究，我們可以更深入地理解分子氫在草莓保鮮中的作用機制，以及它如何幫助草莓在保存和運輸過程中保持其新鮮度和營養價值。

實驗開始於草莓（*Fragaria* × *ananassa* Duch. 'Benihoppe'）的栽培[160]，這些草莓種植在一個商業草莓種植園的十個獨立的溫室中。研究

[160] JIN Z, et al. Molecular hydrogen-based irrigation extends strawberry shelf life by improving the synthesis of cell wall components in fruit[J]. *Postharvest Biology and Technology*, 2023, 206: 112551.

中使用了 HNW，由 Air Liquide （China） R&D Co., Ltd. 製造，這種水的溶解氫的半衰期大約為 12 小時，並被輸送到各個溫室中。HNW 在草莓植株種植後的前兩個月內進行灌溉，而表面水灌溉（SW）則作為對照組。每個處理都使用了五個獨立的溫室，所有溫室在 2023 年 3 月被拍攝記錄。

實驗中，肥料和農藥的施用都是按照常規方法進行。草莓果實在 2023 年 2 月和 3 月被收集。研究人員根據先前的方法，收集了不同發育階段的果實，包括綠色果實（G）、白色果實（W）、轉色果實（T）和成熟果實（R），用於分析細胞壁生物合成相關基因的表現。

收集的成熟果實被保存在冰箱中（4±1℃，相對溼度 70%～ 75%），保存期為 15 天。每隔三天，從每個處理中隨機選取 15 個果實進行硬度、顏色和感官分析的測量。此外，每個處理中還有 8 個果實被用液氮研磨，然後保存在 -80℃下進行進一步分析。實驗除了感官分析外，均進行了三次重複。

為了評估腐爛發生的程度和重量損失，研究人員根據草莓表面惡化的百分比建立了六個等級的評分標準。在保存期間，每三天測量每個果實的重量，重量損失（%）表示為初始重量（第 0 天）的百分比減少。

學者們還對所有實驗草莓的顏色、總可溶性醣（TSS）、可滴定酸（TA）、維他命 C、硬度和細胞壁成分進行了測量與分析。

並且還有由 9 名學生和 1 名教職員工組成的評估小組對參與實驗的草莓進行了感官分析。評估小組成員在經過關於評估標準的培訓後，對草莓的香氣、光澤、顏色和形狀進行了評分。

最後，研究人員對與木質素、纖維素和半纖維素生物合成相關的基因的轉錄分析進行了測定。

整個實驗過程涉及了多個步驟和方法，旨在全面評估 HNW 灌溉對草莓果實細胞壁成分合成及其保鮮期的影響。

這篇研究中，實驗結論揭示了分子氫基灌溉對草莓保鮮期的積極影響，並且指出了這一效果與細胞壁成分合成的改善密切相關。具體來說，實驗結果顯示：

1. 感官屬性的改善

與常規表面水灌溉相比，HNW 灌溉的草莓在保存期間展現出更好的外觀和感官屬性，包括香氣、光澤、顏色和形狀，這些屬性的維持有助於保持消費者的偏好。

2. 重量損失的減少

HNW 灌溉顯著減少了草莓在保存期間的重量損失，這表明 HNW 可能有助於維持果實的結構完整性，減少水分的流失。

3. 細胞壁成分的增加

HNW 灌溉的草莓在收穫時以及保存期間，其木質素、纖維素和半纖維素的含量均有所提高。這些成分是細胞壁的關鍵結構成分，對果實的緊實度和保鮮期具有重要作用。

4. 基因表現的調節

HNW 灌溉還影響了與細胞壁合成相關的基因的表現，特別是與木質素、纖維素和半纖維素合成相關的基因。這些基因表現水準的提高與細胞壁成分含量的增加相一致。

5. 果實緊實度的提高

HNW 灌溉顯著提高了草莓的緊實度，這是評估果實耐儲性和對機械損傷及真菌感染敏感性的一個重要指標。

綜合上述結果，HNW 灌溉透過改善細胞壁成分的合成，延長了草莓的保鮮期。這不僅有助於減少採後損失，還為消費者提供了更長時間的新鮮草莓供應。

在深入探討了分子氫基灌溉技術如何透過增強細胞壁成分的合成來延長草莓的保鮮期之後，我們現在轉向另一個創新領域，該領域涉及草莓保鮮的包裝技術。最新的研究進展揭示了一種新方法，它透過在包裝環境中引入氫氣，不僅保護了草莓的營養和質地，還維持了其感官新鮮度，進而顯著延長了這些脆弱果實的貨架壽命。這種方法的發現，為草莓等易腐食品的長期保存提供了一種綠色和健康的解決方案，有望在食品保鮮領域引起一場革命。接下來，我們將詳細闡述這一突破性技術的科學原理及其在實際應用中的顯著效果。

在這項開創性的研究中，科學家們探索了將氫氣整合到包裝氣氛中對草莓的營養價值、質地和感官新鮮感的保護作用，以及其對延長草莓保鮮期的潛在影響。實驗方法的設計旨在精確評估不同氣體環境對草莓品質的影響[161]。

實驗的第一步是從土耳其伊迪爾地區的一個當地果園收整合熟的草莓，並在 4℃的條件下保存，直至進行包裝處理。研究團隊精心準備了多種化學試劑，包括 ABTS[162]、DPPH、Folin-Ciocalteu 試劑等，這些試劑在後續的實驗中用於測定草莓中的抗氧化活性和其他生化指標。

包裝過程包括對聚乙烯層壓聚苯乙烯包裝盒進行消毒和 UV-C 處理，以確保包裝環境的衛生。然後將未經清洗的草莓放入包裝盒中，並在抽真空後注入特定的氣體組合。實驗中使用了兩種還原氣氛（RAP1 和 RAP2）和兩種改良氣氛（MAP1 和 MAP2），以及作為對照的大氣空氣包裝。

在保存期間，研究者們定期測量了包裝草莓的重量損失，以評估不

[161] ALWAZEER D, ÖZKAN N. Incorporation of hydrogen into the packaging atmosphere protects the nutritional, textural and sensorial freshness notes of strawberries and extends shelf life[J]. *Journal of Food Science and Technology*, 2022, 59(10): 3951-3964.

[162] 2,2'- 聯氮 - 雙（3- 乙基苯並噻唑啉 -6- 磺酸）［2,2'-Azino-bis（3-ethylbenzothiazoline-6-sulfonic Acid）, ABTS］

同氣氛條件下草莓的保鮮效果。此外，還測定了草莓汁液的 pH 值、總可溶性固形物（TSS）、堅實度和顏色等引數，這些指標對於評估草莓的新鮮度至關重要。

為了深入了解草莓的生化特性，研究者們還進行了樣品提取，並透過一系列生化分析方法，包括總酚類物質、總花青素、DPPH 清除活性和 ABTS 清除活性的測定。這些分析有助於評估草莓的抗氧化能力和營養價值。

最終，透過計算每種包裝條件下的品質引數損失率，研究者們確定了草莓的最佳食用期和過期日期。所有實驗均進行了三次重複，並透過 ANOVA 和 Minitab 17 軟體進行統計分析，以確保結果的準確性和可靠性。

透過這一系列精心設計的實驗步驟，研究團隊能夠全面評估氫氣在包裝氣氛中的應用對於保持草莓新鮮度和延長其保鮮期的效果，為草莓的綠色保鮮技術提供了科學依據。

以下是實驗結論的詳細介紹：

1. 保鮮效果顯著

實驗結果顯示，與對照組相比，還原氣氛包裝（RAP，還原氣氛包裝）中的草莓在保存期間表現出更高的總可溶性固形物（TSS）、堅實度、亮度（L*）和紅綠色（a*），這些都是評估草莓新鮮度的關鍵指標。

2. 營養成分保護

研究中發現，還原氣氛包裝處理的草莓在總酚類物質、花青素含量以及抗氧化活性方面，相比對照組和改良氣氛包裝（MAP，改良氣氛包裝）的草莓有顯著提高，表明氫氣在保護草莓營養成分方面具有積極作用。

3. 抗氧化活性增強

研究發現，還原氣氛包裝技術尤其是 RAP2 條件，對於維持草莓的抗氧化活性具有顯著效果，這可能與氫氣的抗氧化特性有關。

4. 延長保鮮期

透過使用還原氣氛包裝技術，草莓的保鮮期得到了顯著延長，還原氣氛包裝處理的草莓的保鮮期是對照組的 3 到 5 倍，而改良氣氛包裝處理的草莓的保鮮期是對照組的 1.5 ～ 3 倍。

5. 綠色保鮮技術

研究強調了還原氣氛包裝作為一種綠色和健康的保鮮技術，對於長期保存新鮮水果的潛力，這為減少化學防腐劑的使用提供了一種替代方案。

6. 包裝氣體組合的優化

實驗中發現，在包裝氣體組合中，10% CO_2 和 4% H_2 的還原氣氛包裝（RAP2）在保護草莓新鮮度指標方面比 5% CO_2 和 4% H_2 的還原氣氛包裝（RAP1）更為有效。

7. 感官品質維持

還原氣氛包裝處理的草莓在感官品質上更接近新鮮水果，這包括顏色、香氣和口感等方面，這對於消費者接受度至關重要。

8. 重量損失減少

與對照組相比，還原氣氛包裝和改良氣氛包裝處理的草莓在保存期間的重量損失顯著減少，這表明這些包裝方法能有效減緩草莓的水分蒸發和脫水過程。

9. 微生物生長抑制

雖然文中沒有直接提及微生物生長，但氫氣已知具有抗菌特性，可能對抑制草莓表面微生物生長、減少腐爛有積極作用。

這些發現不僅為草莓等易腐水果的保鮮技術開闢了新途徑，而且突顯了氫氣作為一種創新工具，在食品保鮮行業中的巨大應用潛力。透過這些研究成果，我們得以一窺氫氣在未來食品保鮮領域的廣泛應用，預示著它可能成為提升食品品質和延長食品保鮮期的關鍵因素。

在這個充滿創新與發現的旅程中，我們深入了解了氫基技術如何為草莓產業帶來革命性的變革。透過一系列精心設計的實驗和研究，我們不僅揭示了氫氣在草莓生長、品質提升和保鮮過程中的關鍵作用，也展示了這一技術在滿足消費者對健康、安全食品需求的同時，為農業生產者帶來了實實在在的經濟效益。

我們有理由相信，氫基技術的應用將為全球的草莓產業乃至整個食品行業帶來一場深刻的變革。它將引領我們走向一個更加可持續、環保和健康的未來，讓我們共同期待那一天的到來，享受科技帶來的甜美果實。

第二節　奇異果

在前文中，我們介紹了氫農業在草莓行業的應用前景，在接下來的文章中，我們將詳細地介紹一下「維他命C的寶庫」—— 奇異果，並看看學者們為我們指出了怎麼樣的一條康莊大道。

中國奇異果產業的快速崛起，象徵著一個農業領域的新篇章。目前，中國穩居全球奇異果產量的首位，這一成就不僅在農業產值上占據顯著地位，更在社會文化和民眾日常生活中扮演著至關重要的角色。奇異果，以其鮮明的外觀和甜美多汁的口感，成為春季的代表，象徵著新生和希望的到來。

中國奇異果的種植區域橫跨眾多省分，形成了各具特色的種植模式。北方地區利用先進的溫室大棚技術，突破了季節的限制，實現了奇異果的冬季生產，有效滿足了市場的需求。而南方地區則依靠得天獨厚的溫暖溼潤氣候，培育出了多種風味獨特的奇異果品種。這種多樣化的種植模式，不僅提升了奇異果的產量和品質，也極大地豐富了消費者的選擇。

中國的奇異果品種體系極為豐富，涵蓋了從傳統的小果型到現代選育的大果型品種，從鮮食型到加工型品種，全面滿足了國內外市場的多元化需求。奇異果產業的蓬勃發展，有效帶動了包裝、物流、農業旅遊等相關產業的繁榮發展，為農民提供了廣闊的就業機會和穩定的收入來源。

然而，隨著產業的快速發展，中國奇異果產業也面臨著一系列挑戰。消費者對食品安全和健康飲食的日益關注，對產業的生產標準和技術水準提出了更高的要求。氣候變化、病蟲害等自然因素，也對奇異果產業的穩定供應和品質保障構成了挑戰。此外，保鮮與物流成本的控制、農藥殘留問題的解決、品種單一化及市場適應性、季節性生產與供需平衡、環境壓力以及可持續發展等問題，都是中國奇異果產業需要積極應對和解決的問題。

為應對這些挑戰，中國奇異果產業正在積極探索和實踐新的解決方案。政府和企業正在透過科技創新、品牌建設和市場拓展等措施，推動產業的優化升級。科學研究機構也在進行相關研究，例如氫基灌溉技術的應用，旨在提高奇異果的保鮮能力、抗氧化和抗病害能力，促進品種多樣化，實現跨季節生產，推動綠色發展，增強國際競爭力。

中國奇異果產業的發展前景廣闊，但也充滿挑戰。隨著科技的進步和市場需求的增長，產業有望實現更高品質的發展。未來，中國奇異果產業將繼續堅持科技創新、品牌建設、市場開拓、國際合作的發展策略，不斷提升產業的核心競爭力。透過加強產業鏈上下游的協同發展，提升產品品質和品牌影響力，中國奇異果產業將在全球市場上占據更加重要的地位。

同時，中國奇異果產業將更加注重可持續發展和環境保護。推廣有機種植、實施節水灌溉、使用生物農藥等措施，既保護了生態環境，又提升了奇異果的品質。此外，產業還將積極探索循環經濟和綠色發展的道路，努力實現經濟效益和生態效益的雙贏。

在社會文化層面，奇異果產業的發展將進一步豐富中國的農業文化，成為地方文化的重要組成部分。透過舉辦奇異果文化節、採摘體驗等活動，提升消費者對奇異果文化的認知，拓寬奇異果市場的消費族群。

科技創新是推動產業發展的關鍵因素。特別是在採後保鮮技術方面，如何有效延長奇異果的貨架期，減少損耗，提高果實品質，是實現產業升級的重要途徑。近年來，一種新興的保鮮技術——氫氣處理，已經顯示出巨大的潛力。氫氣作為一種具有抗氧化特性的分子，已被證實在動植物的生理和病理過程中發揮著積極作用。那麼，如何將氫氣引入奇異果的採後管理中，以增強其保鮮效果，延長貨架期呢？接下來的內容，我們將深入探討氫氣處理在奇異果產業中的應用，以及它如何為中國奇異果產業的持續發展和國際競爭力的提升做出貢獻。

一個來自中國的研究團隊撰寫了一篇文章[163]。這篇文章的實驗部分系統地探究了富氫水對奇異果採後保鮮效果的影響及其作用機制。實驗所用的奇異果成熟度適中，無明顯損傷，確保實驗結果的準確性和可比性。

實驗開始前，首先透過氫氣發生器製備了高純度的氫氣，並將這些氫氣溶解在蒸餾水中，製備出不同濃度的 HRW 溶液。這些溶液的濃度分別為 30%（0.066mM），80%（0.176mM）和 100%（0.22mM），以覆蓋可能的效應範圍。實驗中，將奇異果浸泡在這些不同濃度的富氫水中，時間控制在 5 分鐘，以確保氫氣能夠滲透到果實內部。

浸泡後，奇異果在 20℃的環境下晾乾 1 小時，以去除表面多餘的水分，然後將其放置在特定的保存容器中。這些容器設計有微小的通風孔，以保持內部氣體成分與外界空氣相似，同時防止水分的流失。保存條件嚴格控制在 20±0.2℃和 90%～95%相對溼度，模擬了商業保存環境。

為了監測奇異果在保存期間的生理變化，研究人員定期對樣品進行了一系列的測定。包括使用電子舌系統來評估果實的感官特性，使用折光儀測定可溶性固形物含量和可滴定酸度，以及使用壓痕計測量果肉的硬度。這些測定有助於了解 HRW 處理對奇異果成熟度和口感的影響。

進一步的生化分析包括測定水溶性果膠和原果膠的含量，評估細胞壁的變化；測量細胞壁降解酶的活性，了解果實軟化的生理過程；檢測呼吸強度和脂質過氧化水準，評估果實的代謝狀態和氧化損傷程度；以及測定自由基清除活性，探究 HRW 對抗氧化系統的影響。

此外，實驗還採用了氣相色譜儀來精確測定 HRW 溶液中氫氣的濃度，確保實驗中使用的 HRW 具有準確的濃度和一致性。透過這些細緻

[163] HU H, et al. Hydrogen-rich water delays postharvest ripening and senescence of kiwifruit[J]. *Food Chemistry*, 2014, 156: 100-109.

的實驗設計和嚴格的操作流程，研究人員能夠全面評估 HRW 對奇異果採後保鮮效果的影響。

最後，為了在細胞層面上理解 HRW 的作用，研究人員利用透射電子顯微鏡觀察了奇異果果肉細胞的超微結構，特別是粒線體和細胞壁的形態變化。這些觀察有助於揭示 HRW 對細胞衰老過程的調控作用。

整個實驗設計嚴謹，操作細緻，涵蓋了從宏觀到微觀多個層面的評估，為深入理解富氫水在果蔬保鮮中的應用提供了豐富的實驗數據和理論依據。

學者們的實驗結果如下：

1. 腐爛發生率的降低

實驗結果顯示，與蒸餾水處理組相比，30% HRW（0.066mM）處理能顯著降低奇異果的腐爛發生率，特別是在保存的第 8 天和第 12 天觀察到顯著差異。而 80% HRW（0.176mM）處理在整個保存期間都能顯著減少腐爛發生率。相反，100% HRW（0.22mM）處理卻加速了腐爛症狀的出現。

2. 感官特性的保持

透過電子舌系統獲得的數據表明，80% HRW（0.176mM）處理的奇異果在保存第 4 天和第 8 天時，與其他處理相比，具有更好的感官特性，表明其較慢的成熟過程。

3. 可溶性固形物含量與可滴定酸度比值（SSC/TA）

SSC/TA 比值在所有處理的奇異果中隨保存時間的延長而增加，但 80% HRW（0.176mM）處理組的比值顯著低於其他處理組，顯示出較慢的成熟速率。

4. 果肉硬度的保持

所有處理的奇異果在保存初期硬度迅速下降，但 80%（0.176mM）HRW 處理的奇異果硬度下降速度較慢，表明該處理有助於保持奇異果的質地。

5. WSP[164] 和原果膠含量的變化

80% HRW（0.176mM）處理的奇異果在保存期間 WSP 含量顯著低於對照組，而原果膠含量則顯著高於對照組，這表明 80% HRW（0.176mM）處理能減緩不可溶原果膠向可溶性果膠的轉化，從而保持果肉的硬度。

6. 細胞壁降解酶活性的抑制

實驗觀察到 80% HRW（0.176mM）處理顯著降低了奇異果中纖維素酶、多聚半乳糖醛酸酶（PG）和果膠甲酯酶（PME）的活性，這有助於減緩細胞壁的降解，維持果肉的質地。

7. 呼吸強度和脂質過氧化水準的降低

80% HRW（0.176mM）處理的奇異果顯示出較低的呼吸強度，表明其代謝速率降低，有助於延長保存壽命。同時，該處理也降低了脂質過氧化水準，減少了氧化損傷。

8. SOD 活性的提高

80% HRW（0.176mM）處理提高了奇異果中 SOD 的活性，增強了其清除自由基的能力，從而減少了保存期間的氧化損傷。

---

[164] 水溶性果膠（Water Soluble Pectin, WSP）

9. 自由基清除活性的增強

富氫水處理顯著提高了奇異果清除 DPPH 自由基、超氧陰離子和羥基自由基的能力，尤其是在保存初期，這種效果更為明顯。

10. 細胞結構的保護

透射電子顯微鏡觀察顯示，80% HRW（0.176mM）處理能夠更好地保護奇異果細胞中粒線體的完整性，延緩細胞結構的退化。

這些結果顯示，80% HRW（0.176mM）處理透過多方面作用機制，包括抑制細胞壁降解、降低呼吸強度、提高抗氧化酶活性和增強自由基清除能力，有效地延緩了奇異果的成熟和衰老過程，從而延長了其採後的貨架期。

那麼，HRW 究竟為何可以延緩奇異果的貨架期呢？有學者推測，是氫氣透過減少了乙烯的生物合成成功延長了奇異果的保鮮期。據此，該學者團隊籌備了一個非常詳細的實驗 [165]。

該實驗所用的奇異果選自商業果園，挑選時考慮了果實的均勻性、形狀以及無機械損傷和疾病，確保實驗結果的準確性和可比性。

實驗開始前，首先透過氫氣罐製備了不同濃度的氫氣，然後將氫氣注入密封的塑膠容器中，製備出不同濃度的氫氣環境。實驗分為幾個部分，包括不同濃度氫氣處理、不同處理模式（連續處理 24 小時和分兩階段處理，每階段 12 小時）以及與 1- 甲基環丙烯（1-MCP）和外源乙烯（C_2H_4）的對照處理。

在實驗Ⅰ中，660 個奇異果被分成 11 個處理組，每組 60 個果實，分別在不同濃度的氫氣中燻蒸 24 小時。實驗Ⅱ中，基於實驗Ⅰ的結果，進

[165] HUA H, et al. Hydrogen gas prolongs the shelf life of kiwifruit by decreasing ethylene biosynthesis[J]. *Postharvest Biology and Technology*, 2018, 135: 123-130.

一步研究了氫氣對奇異果乙烯生物合成和品質的影響。實驗Ⅲ則研究了外源 C_2H_4（ACC）或 H_2 處理，以及 C_2H_4 和 H_2、ACC 和 H_2 的聯合處理對奇異果的影響。

實驗過程中，定期對奇異果的硬度進行測定，以評估果實的軟化程度。使用透射電子顯微鏡（TEM）觀察果肉組織的細胞結構變化。透過氣相色譜法測定了奇異果內源性氫氣的濃度，以及不同處理下乙烯的產生量。此外，還測定了 1- 胺基環丙烷 -1- 羧酸（ACC）的濃度和乙烯生物合成相關酶的活性，包括 ACC 合成酶（ACS）和 ACC 氧化酶（ACO）。

為了深入了解氫氣對乙烯生物合成相關基因表現的影響，進行了即時定量 RT-PCR 分析，測定了 ACS 和 ACO 基因的表現水準。最後，對實驗數據進行了統計分析，以評估不同處理之間的差異。

透過這些細緻的實驗設計和嚴格的操作流程，研究人員能夠全面評估氫氣對奇異果採後保鮮效果的影響，特別是在減少乙烯生物合成、延緩果實軟化、細胞壁解體以及降低自然腐爛和病害發生率方面的潛在作用。

學者們的實驗結果如下：

1. 內源性氫氣（H_2）水準與奇異果成熟過程相關

實驗結果顯示，在未成熟的奇異果中檢測到的內源性 H_2 水準高於成熟果實。隨著果實成熟，內源性 H_2 濃度下降，表明 H_2 水準與果實衰老過程可能存在關聯。

2. 氫氣處理對奇異果軟化的延遲作用

透過不同濃度的氫氣處理，發現 $4.5\mu L\cdot L^{-1}$ 的氫氣在兩階段處理模式下能顯著延緩奇異果的軟化過程。與乙烯受體抑制劑處理組相比，氫氣處理組的果實硬度保持得更好。

3. 氫氣對乙烯 (C_2H_4) 生物合成的抑制作用

實驗觀察到，氫氣處理顯著降低了奇異果整個保存期間的 C_2H_4 濃度。此外，氫氣處理也降低了 1- 胺基環丙烷 -1- 羧酸 (ACC) 的濃度，以及 ACC 合成酶 (ACS) 和 ACC 氧化酶 (ACO) 的活性。

4. 氫氣對乙烯生物合成相關基因表現的影響

透過對 ACS 和 ACO 基因表現水準的測定，發現氫氣處理減緩了 AdACS1 和 AdACO1 基因表現的增加，表明氫氣透過影響乙烯生物合成相關基因的表現來抑制乙烯的產生。

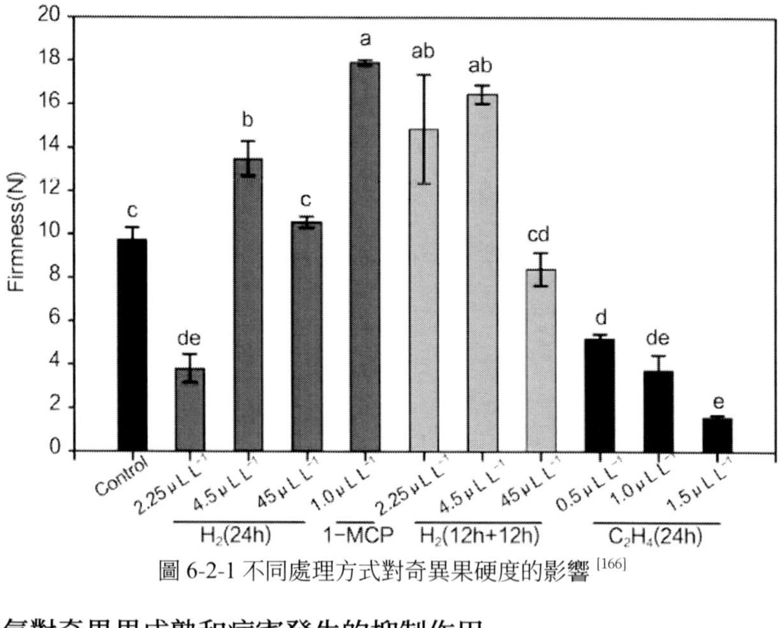

圖 6-2-1 不同處理方式對奇異果硬度的影響 [166]

5. 氫氣對奇異果成熟和病害發生的抑制作用

外源 C_2H_4 或 ACC 處理增強了奇異果內源性 C_2H_4 的產生，但這種增強效應可被氫氣處理所減弱。同時，氫氣處理也延緩了果實硬度的下降，並減少了奇異果在保存期間的自然腐爛和病害發生。

---

[166] 1-MCP 代表透過乙烯受體抑制劑對奇異果進行處理，Con 代表對照組。

6. 氫氣對奇異果採後病害的抑制作用

實驗還發現，氫氣處理減少了奇異果採後病害的發生，特別是在擬莖點黴菌引起的腐爛方面。氫氣處理的果實在接種擬莖點黴菌後，病害發展受到抑制，病斑的大小和直徑都小於對照組。

7. 氫氣對奇異果抗氧化能力的提高

透過對酚類化合物含量和自由基清除活性的測定，發現氫氣處理提高了奇異果的抗氧化能力，這可能與其減少病害發生有關。

在長久的實踐中，人們發現微酸性電解水 (SAEW) 也有延緩水果，尤其是鮮切水果衰老的能力。因此，也有學者就 SAEW 和 HRW 處理對鮮切奇異果的保鮮有何影響這一問題進行了研究。

值得指出的是，SAEW 與 HRW 是兩種具有不同特性和應用的水溶液。微酸性電解水是透過電解過程產生的，其特點是具有較低的 pH 值，通常在 5.0 ～ 6.5 之間，以及較高的氧化還原電位 (ORP)。這種水含有多種活性氧物質，例如次氯酸、臭氧和氫氧自由基，這些成分使其具有強大的消毒和殺菌特性。微酸性電解水主要用於食品加工、醫療設施和餐飲業中的清潔和消毒工作。

兩者的關鍵區別在於它們的化學組成和主要功能。SAEW 的酸性和活性氧成分使其成為有效的消毒劑，而 HRW 的中性 pH 值和富含氫氣的特性使其在促進健康和減少氧化反應方面發揮作用。

在這項研究中，學者們為了探究 HRW 和 SAEW 對鮮切奇異果儲藏保鮮效果的影響，設計了一系列實驗 [167]。實驗的第一步是準備鮮切奇異果，選取市場上購買的、大小一致、無損傷和感染的奇異果，經過清

[167] ZHAO X, et al. Effect of hydrogen-rich water and slightly acidic electrolyzed water treatments on storage and preservation of fresh-cut kiwifruit[J]. *Journal of Food Measurement and Characterization*, 2021, 15: 5203-5210.

洗、去皮和切片處理，確保每片的表面積基本一致。接著，將切片隨機分配到不同的處理組中，並在 4±1℃的條件下保存。

實驗涉及的兩種水溶液——HRW 和 SAEW，都是透過特定的電解過程製備的。HRW 是透過電解純淨水得到的，含有較高濃度的 H_2，而 SAEW 則是透過電解 1%的氯化鈉溶液得到的，具有 pH 值 5.5～6.5 和 10～30mg/L 的有效氯濃度（ACC）。這兩種水溶液的製備都是在實驗開始前進行的。

實驗設計中，將鮮切奇異果片分別浸泡在蒸餾水（對照組 CK）、HRW、SAEW 以及 HRW 與 SAEW 的混合溶液（比例 1：1）中，浸泡時間為 5 分鐘。處理後，將奇異果片取出、瀝乾，並打包保存在具有一定尺寸的保鮮盒中，然後繼續在控制的溫溼度條件下保存 8 天。

在保存期間，研究人員對奇異果片的重量損失、可溶性固形物含量（SSC）、可滴定酸度（TA）、AsA 含量、葉綠素含量、顏色、硬度、總酚含量、總黃酮含量、菌落總數、MDA 含量和電解質洩漏等指標進行了分析。這些指標有助於評估奇異果片在保存期間的生理和生化變化，從而判斷 HRW 和 SAEW 處理對奇異果保鮮效果的影響。

透過這些細緻的實驗步驟，學者們能夠全面評估不同處理對奇異果採後保鮮效果的影響，為鮮切水果的綠色保鮮技術提供科學依據。

實驗結果顯示，HRW、SAEW 以及兩者的聯合處理都能在不同程度上抑制鮮切奇異果的重量損失。特別是 HRW 與 SAEW 的聯合處理在減少重量損失方面效果最顯著。在硬度方面，所有處理組的奇異果片在保存期間硬度都有所下降，但 HRW 和 SAEW 處理的奇異果片保持了較高的硬度，其中 HRW 的效果更為顯著。

以下是我們對學者們實驗結果的詳細介紹：

1. 可溶性固形物含量（SSC）和可滴定酸度（TA）

HRW 和 SAEW 處理能夠降低 SSC 的增加，尤其是 HRW 與 SAEW 的聯合處理在抑制 SSC 增加方面效果最好。TA 的測定結果顯示，HRW 處理能夠顯著提高 TA 含量，並且聯合處理在延緩 TA 含量下降方面效果最顯著。

2. 顏色和葉綠素含量

HRW 和 SAEW 處理延緩了奇異果片在保存期間的綠色減退，其中 HRW 的效果更為明顯。葉綠素含量的測定也顯示，HRW 和 SAEW 處理的奇異果片在保存期間葉綠素含量下降較慢，尤其是 HRW 與 SAEW 的聯合處理在保持葉綠素含量方面效果最佳。

3. AsA 含量和菌落總數

AsA 含量在所有處理組中隨保存時間延長而下降，但 HRW 和 SAEW 處理能夠更好地保持 AsA 含量，特別是聯合處理在抑制 AsA 含量下降方面效果最顯著。菌落總數的測定結果顯示，SAEW 處理顯著抑制了菌落總數的增加，HRW 處理也有一定的效果，但聯合處理在減少菌落總數方面效果最為顯著。

4. 總酚和總黃酮含量

HRW 和 SAEW 處理提高了奇異果片在保存期間的總酚和總黃酮含量，這表明這些處理有助於提高奇異果的抗氧化能力。特別是 HRW 與 SAEW 的聯合處理在提高總酚和總黃酮含量方面效果最為顯著。

5. 電解質洩漏和 MDA 含量

電解質洩漏和 MDA 含量是衡量細胞膜完整性的指標。實驗結果顯示，HRW 和 SAEW 處理能夠顯著降低電解質洩漏和 MDA 含量，表明這些處理有助於保持細胞膜的完整性，減少氧化損傷。

綜合實驗結果，我們不難得出結論，HRW 與 SAEW 的聯合處理能夠延緩鮮切奇異果的成熟，提高其儲藏品質，是一種有前景的保鮮方法。這種聯合處理在減少電解質洩漏和 MDA、抑制 SSC、重量損失和菌落總數的增加、保持葉綠素、顏色、TA 和硬度、提高抗氧化劑含量等方面比單獨使用 HRW 或 SAEW 更有效。

這些結果為鮮切奇異果的保鮮提供了新的策略，並為進一步的研究和實際應用奠定了基礎。

那麼 HRW 和 SAEW 的保險作用背後究竟是什麼機制呢？也有學者團隊對此進行了研究。該實驗的過程和上一篇文章有些相似，但學者們將實驗測量與分析的重點集中到了奇異果的細胞壁上 [168]。

綜合兩方的實驗結果，我們可以得到如下結論：

1. HRW ＋ SAEW 聯合處理可提升抗氧化能力

與這篇文章的對照組相比，H+S（富氫水和微酸性電解水的組合處理）顯著降低了鮮切奇異果在保存期間的自由基（$O_2^{\cdot-}$ 和 H_2O_2）含量，並提高了活性氧清除酶（SOD、CAT、POD 和 APX）的活性，從而增強了果實的抗氧化能力。

2. 細胞壁穩定性維持

在保存過程中，鮮切奇異果的硬度和嚼勁持續下降，原果膠和纖維素發生降解。H ＋ S 處理顯著提高了鮮切奇異果中原果膠、纖維素和半纖維素的含量，抑制了可溶性果膠的增加速率，延緩了細胞壁物質的分解，維持了果實細胞壁的完整性。

---

[168] SUN Y, et al. Hydrogen-rich water treatment of fresh-cut kiwifruit with slightly acidic electrolytic water: Influence on antioxidant metabolism and cell wall stability[J]. *Foods*, 2023, 12(2): 426.

3. 細胞壁降解酶活性降低

果實硬度下降與細胞壁降解酶（PG、PME、PL、Cx 和 β-Gal）的活性有關。H ＋ S 處理降低了這些酶的活性，抑制了細胞壁主要成分的降解，從而延緩了鮮切奇異果組織的軟化。

以下是我們對本節探討的全部內容的總結：

隨著中國奇異果產業的蓬勃發展，其在國內外市場的影響力不斷增強。本產業不僅在農業產值上占據顯著地位，更在社會文化和民眾日常生活中扮演著至關重要的角色。從北方的溫室大棚內的室內種植到南方的溫暖溼潤氣候下的露地種植，中國奇異果的種植模式多樣化，品種豐富，滿足了全球市場的多元化需求。然而，產業的快速成長也帶來了諸多挑戰，包括食品安全、氣候變化、病蟲害等問題，對生產標準和技術水準提出了更高要求。

面對這些挑戰，中國奇異果產業正積極探索新的發展路徑。科技創新、品牌建設、市場拓展成為推動產業優化升級的關鍵措施。其中，氫氣處理作為一種新興的保鮮技術，已顯示出在延長奇異果貨架期、提高果實品質方面的潛力。本節所介紹的研究足以表明，HRW 能夠顯著提高奇異果的抗氧化能力，減少自由基含量，維持細胞壁的完整性，從而延緩果實軟化和衰老。

本系列研究深入探討了 HRW 對奇異果保鮮效果的影響及其作用機制。實驗結果顯示，80% HRW（0.176mM）處理透過降低呼吸強度、抑制細胞壁降解酶活性、提高抗氧化酶活性等多重作用，有效延長了奇異果的採後貨架期。此外，HRW 與 SAEW 的聯合使用在保持果實硬度、色澤和營養品質方面表現出更佳效果，為鮮切奇異果的綠色保鮮提供了新的策略。

同時，產業也將更加注重可持續發展和環境保護，推廣有機種植、實施節水灌溉、使用生物農藥等措施，保護生態環境，提升奇異果品質。

第三節　荔枝

中國的荔枝產業具有悠久的歷史和豐富的文化內涵，荔枝作為中國南方地區重要的熱帶水果之一，不僅在國內享有盛譽，也在國際市場上具有較高的知名度。中國荔枝的主要產區集中在廣東、廣西、福建、海南等省分，這些地區氣候溫暖溼潤，非常適合荔枝的生長。

荔枝產業在中國不僅帶動了地方經濟的發展，還促進了農業科技的進步和農業結構的優化。荔枝的品種繁多，包括糯米糍、妃子笑、桂味等，各具特色，滿足了不同消費者的需求。隨著種植技術的提升和冷鏈物流的發展，荔枝的銷售半徑不斷擴大，市場影響力日益增強。

然而，荔枝在採後保鮮方面面臨一個突出問題 —— 表皮褐變現象。褐變是荔枝果皮在採收、儲運過程中容易發生的一種自然生理現象，主要是由於果皮細胞中 PPO 的活性增強，導致多酚類物質氧化形成棕褐色物質。這種褐變不僅影響荔枝的外觀品質，降低消費者的購買欲望，還可能加速果實的腐爛過程，縮短荔枝的貨架壽命。

褐變現象對荔枝產業的影響是多方面的。首先，它直接影響到荔枝的市場競爭力，褐變的荔枝難以在市場上獲得高價。其次，褐變現象加劇了荔枝採後的損耗，增加了產業的經濟損失。此外，褐變還可能掩蓋荔枝果實內部的品質問題，如病蟲害或腐敗，給消費者帶來潛在的食品安全隱患。

為了應對荔枝褐變問題，產業界和科學研究機構進行了大量的研究和探索。透過改良品種、優化栽培管理、改進採後處理技術等措施，如使用抗氧化劑、調節儲藏環境的溫溼度、採用新型包裝材料等，有效地延緩了荔枝褐變的發生，提升了荔枝的保鮮效果。在接下來，我們將介紹一個年輕學者團隊的研究。在他們的研究中，科學家們探索了 HRW 對荔枝果皮褐變過程中抗氧化系統的影響。實驗的目的是評估外源性 HRW 處理對採後荔枝果品質的影響，並確定 HRW 對荔枝果抗氧化系統的作用 [169]。

實驗使用了懷枝荔枝，在商業成熟期採摘後 1 小時內運送到實驗室。挑選出無疤痕和疾病的荔枝，確保形狀、顏色和大小一致，然後分為兩組，每組 75 kg。一組浸泡在超純水中作為對照組，另一組浸泡在 0.35mM 的 HRW 中，處理 3 分鐘。

處理後，荔枝在 25±1℃和 85％～ 90％相對溼度的條件下保存。在保存的第 0、1、4、7 天，隨機取樣，對果皮進行分析。實驗測定了荔枝果皮的褐變程度、呼吸速率、總可溶性固形物（TSS）、可滴定酸度（TA）和果皮顏色。此外，還評估了 H_2O_2 含量、$O_2^{\cdot-}$ 產生率、·OH 清除能力、SOD、CAT 和 POD 酶活性等與 ROS 相關的指標。

為了深入分析 HRW 對荔枝果抗氧化系統的影響，研究者們測定了 GSH 相關指標、AsA 相關指標以及次級代謝產物相關指標。這包括 GSH、GSSG 的含量和 GR、GPX 的活性，AsA、DHA 的含量和 APX、AAO、DHAR、MDHAR 的活性，以及總酚、總花青素和總黃酮的含量。

實驗數據透過單因素方差分析（ANOVA）和 Duncan 多重範圍測試進行統計分析，以確定差異的顯著性。此外，使用 SIMCA 軟體進行投影到潛在結構判別分析（PLSDA）和正交投影到潛在結構判別分析（OPLS-DA），以辨識 HRW 處理後荔枝果皮中關鍵的抗氧化系統相關指標。

整個實驗過程設計嚴謹，旨在透過綜合分析 HRW 對荔枝果皮抗氧化系統的影響，為延長荔枝的貨架期和保持果品質提供新的策略。

以下是根據學者們發表在 *Food Chemistry* 的文獻，對實驗結果做出的詳細介紹。

---

[169] YUN Z, et al. Effects of hydrogen water treatment on antioxidant system of litchi fruit during the pericarp browning[J]. *Food Chemistry*, 2021, 336: 127618.

實驗結果顯示，與對照組相比，HRW 處理顯著降低了荔枝果皮的褐變指數，並且在整個保存期間保持了較高的果皮紅色素含量。此外，HRW 處理還顯著抑制了荔枝的呼吸速率，延緩了總可溶性固形物（TSS）含量的下降，維持了 TSS/TA 比率，從而保持了荔枝的果實品質。

HRW 處理在保存的第 1 ～ 4 天顯著降低了荔枝果皮中超氧陰離子（$O_2^{\cdot-}$）的產生率，並且在第 1 天顯著提高了 H_2O_2 含量，但在第 4 天和第 7 天則顯著降低。此外，HRW 處理在第 1 天提高了 CAT、POD 和 SOD 的活性，但隨後在第 4 天和第 7 天則降低了這些酶的活性。

HRW 處理在整個保存期間顯著提高了荔枝果皮中 GSH 含量，並且在保存的第 1 天和第 7 天顯著提高了 GPX 和 GR 的活性，而 GST 活性則在保存的第 4 天和第 7 天顯著降低。

HRW 處理在保存的第 1 天降低了 AsA 含量，但在保存的第 4 天和第 7 天則提高了 AsA 含量。同時，HRW 處理在保存的第 1 天降低了 APX 活性，但在保存的第 4 天和第 7 天則提高了 APX 活性，而 AAO 活性則呈現相反的趨勢。

HRW 處理在保存的第 1 天提高了總酚和總黃酮的含量，並且在保存的第 4 天提高了總黃酮和總花青素的含量。然而，HRW 處理在整個保存期間顯著降低了 PAL 的活性，並在保存的第 1 天降低了總抗氧化能力（TAC）。

透過 PLS-DA 和 OPLSDA 分析，研究者們確定了 16 個關鍵的抗氧化系統相關指標，包括 AAO、ANR、APX、CAT、GPX、GST、PAL、PPO 和 SOD 的活性，以及 DHA、GSH、GSSG、H_2O_2 和總黃酮的含量，$O_2^{\cdot-}$ 產生率和 ·OH 清除能力。

透過相關性分析，研究者們發現 HRW 處理降低了與褐變相關的生理指標，如呼吸速率，並保持了與抗褐變相關的指標，如 TSS、色度 L*、a 和 b、TSS/TA 和 TA。

並且據此，學者們提出了 HRW 影響荔枝果皮褐變過程的可能性機制。

具體來說，HRW 處理顯著提升了多種抗氧化酶的活性，包括 SOD、CAT、POD、APX、GR 和麩胱甘肽過氧化物酶 (GPX)。這些酶對於中和 ROS 具有不可或缺的作用，它們共同構成了荔枝果皮抵禦氧化壓力的第一道防線。

此外，HRW 處理還增加了 GSH、AsA、總酚和總黃酮等關鍵非酶促抗氧化劑的含量。這些物質在維持細胞抗氧化平衡中扮演著至關重要的角色，它們的存在顯著提升了荔枝果皮對氧化損傷的抵抗能力。同時，HRW 處理透過抑制細胞壁降解酶的活性，有助於保持細胞壁的結構完整性，從而有效延緩了果皮的軟化和褐變現象。

更為重要的是，HRW 處理透過調節荔枝果皮中的抗氧化系統，有效減少了 ROS 的累積，這對於延緩果皮的褐變和衰老過程具有重要意義。這一發現不僅為我們提供了一種新的視角來理解 HRW 在延長荔枝果皮貨架壽命方面的潛在應用，而且為熱帶水果的採後保鮮技術開闢了新的道路。透過這種機制的闡釋，研究者們為荔枝等熱帶水果的保鮮提供了科學的策略，有望顯著提升其市場價值和消費者體驗。

第四節　藍莓

在中國廣袤的土地上，藍莓產業如同一顆璀璨的寶石，在健康食品的王冠上熠熠生輝。近年來，隨著人們健康意識的提升和對高品質生活追求的不斷增強，中國的藍莓產業迎來了蓬勃發展的春天。從東北的黑土地到山東半島的丘陵地帶，藍莓園如雨後春筍般湧現，成為推動地方經濟發展和農民增收的新引擎。

科學研究人員深入研究藍莓種植技術，不斷優化品種，提高藍莓的產量和品質。消費者對這種小漿果的熱愛，不僅因為它酸甜可口、營養豐富，更因為它所蘊含的健康密碼——豐富的抗氧化劑和多種維他命，為人們帶來了健康和活力。

藍莓，這個小小的超級水果，已經成為連線健康與美味的橋梁。它不僅滿足了人們對健康食品的需求，更以其獨特的營養價值，在國內外市場上贏得了極高的聲譽。在山東、遼寧、黑龍江等藍莓主產區，得天獨厚的氣候條件和肥沃的土壤，為藍莓的生長提供了理想的溫床。每當藍莓成熟的季節，一串串藍紫色的果實掛滿枝頭，散發出誘人的香氣，成為田野間一道亮麗的風景線。

科學研究人員也在不斷探索提高藍莓品質和延長貨架壽命的方法。其中，分子氫灌溉技術作為一種新興的農業技術，已經顯示出在提高藍莓等水果品質方面的潛力。氫氣因其獨特的抗氧化特性和對生物體的積極作用而備受關注。研究顯示，氫氣可以透過調節植物的代謝重程序設計和抗氧化機制來延緩採後藍莓的衰老過程。

接下來，筆者將介紹一篇關於分子氫灌溉對藍莓採後衰老影響的研究文章。這篇文章發表在 *Food Chemistry* 期刊上，題為〈氫基灌溉技術延緩採後藍莓的衰老過程與代謝重程序設計和抗氧化機制有關〉。文章透過綜合廣泛的標靶代謝組學分析（UPLC-MS/MS）和生化證據，揭示了分子氫灌溉如何直接或間接地調控藍莓在收穫期間的一系列生理響應，特別是延緩採後階段的衰老過程 [170]。研究發現，分子氫灌溉能夠引起廣泛的代謝重程序設計和抗氧化機制的變化，這些變化與藍莓中酚酸和黃酮類化合物的累積密切相關。研究結果為發展基於分子氫的農業技術提供了新的視角，這種技術可以在智慧和可持續的方式下增加水果的貨架壽命。

在生命科學學院，學者們開展了一系列精心設計的實驗，以探究基於分子氫的灌溉技術對藍莓採後衰老的影響。實驗的每一個環節都被嚴格把控，以確保數據的準確性和可靠性。

實驗的第一步是預處理階段。研究者們選擇了一個商業藍莓種植園作為實驗地點。在這裡，他們種植了名為「綠寶石」的藍莓品種，並且製備了氫奈米氣泡水 HNW。

接下來是灌溉處理。從 2023 年 2 月中旬開始，藍莓植株按照每三天一次的頻率進行灌溉。每次灌溉被分為四次，每株植物 400mL，每次間隔 2 小時。這種灌溉方式一直持續到所有藍莓成熟（大約是 2023 年 7 月中旬）。在藍莓的開花期和結果期，灌溉頻率增加到五次，每次灌溉的水量增至 700mL。

在收穫後的處理階段，研究者們從 2023 年 5 月到 7 月手工收穫成熟的藍莓果實。他們選取了成熟度和大小相似的不同樣本進行實驗。藍莓被保存在 4±1℃的冰箱中，相對溼度保持在 75%～ 80%，持續 12 天。在保存期間，每隔三天，例如在第 0 天、第 3 天、第 6 天、第 9 天和第 12 天，研究者們會隨機選擇 90 個和 30 個果實分別進行硬度和感官分析。同時，每天還會冷凍 25 個果實，在液氮中研磨成粉末，然後保存

[170] JIN Z, et al. The delayed senescence in harvested blueberry by hydrogenbased irrigation is functionally linked to metabolic reprogramming and antioxidant machinery[J]. *Food Chemistry,* 2024, 453: 139563.

在 -80°C下，以備生理測定和代謝組學分析。

此外，研究者們還收集了不同生長階段的藍莓果實（G1：初綠果；G2：深綠果；T：轉色果；R：成熟果），以觀察與苯丙烷途徑相關的轉錄表現。

在實驗的代謝組學分析部分，研究者們基於 Guo 等人（2022）的描述準備了樣本，並使用超高效液相色譜－串聯質譜（UPLC-MS/MS）進行了廣泛的標靶分析。他們採用了特定的色譜柱和流動相條件，以及電噴霧電離源（ESI）和質譜儀進行分析。為了確保數據的準確性，他們還進行了主成分分析（PCA）和層次聚類分析（HCA），並使用 R 套裝軟體進行數據處理和圖形展示。

實驗還包括了藍莓果實硬度和重量損失的測量、總可溶性固形物（TSS）和可滴定酸度（TA）含量的測定、總酚、黃酮和花青素含量的測量，以及總抗氧化活性的評估。這些測量不僅涉及物理性質的測定，還包括了化學成分的分析。

最後，為了評估消費者對藍莓果實的偏好，研究者們還進行了定量感官評價。他們邀請了 10 位經過訓練的品嘗師，根據視覺感知（顏色、萎縮和腐爛）對藍莓果實的品質進行評價，並為每個屬性建立了特定的評分系統。

整個實驗過程是複雜而精密的，每一步都展現了科學研究的嚴謹性和對細節的關注。透過這些實驗，研究者們希望能夠深入理解分子氫灌溉對藍莓採後品質的影響，為未來的農業實踐提供科學依據。

隨著實驗的深入，一系列令人振奮的結果逐漸浮出水面。首先，HNW 灌溉顯著提升了藍莓的儲藏品質，延長了它們的貨架壽命。在冷藏條件下，HNW 處理的藍莓在後期展現出更加鮮活的外觀，重量和硬度的減少也得到了有效緩解。這一發現，無疑為藍莓的採後保鮮提供了新的思路。

進一步的代謝組學分析揭示了藍莓果實中 1,208 種代謝物的豐富多樣性。其中，酚酸和黃酮類物質的顯著累積尤為引人注目。這些天然化合物不僅賦予藍莓深邃的色澤，更是其卓越抗氧化能力的關鍵所在。實驗中，HNW 處理的藍莓在總酚含量（TPC）和總黃酮含量（TFC）上均有顯著提升，這一發現與對照組形成了鮮明對比。

在分子層面，HNW 灌溉對藍莓苯丙烷途徑相關基因的表現產生了深遠影響。關鍵酶編碼基因表現的上調，推動了酚類和黃酮類物質的生物合成。這一過程中，抗氧化機制的啟用尤為關鍵，HNW 處理顯著提高了藍莓清除自由基的能力，增強了其抗氧化活性，有效抑制了超氧陰離子的產生。

此外，HNW 灌溉還對藍莓的風味品質產生了積極作用。在儲藏期間，HNW 處理的藍莓總可溶性固形物（TSS）下降趨勢減緩，可滴定酸度（TA）得到調整，從而優化了糖酸比，提升了果實的風味。感官評價結果進一步證實了 HNW 灌溉對藍莓採後品質的改善，消費者對這些藍莓的顏色、口感和整體品質給予了更高的評價。

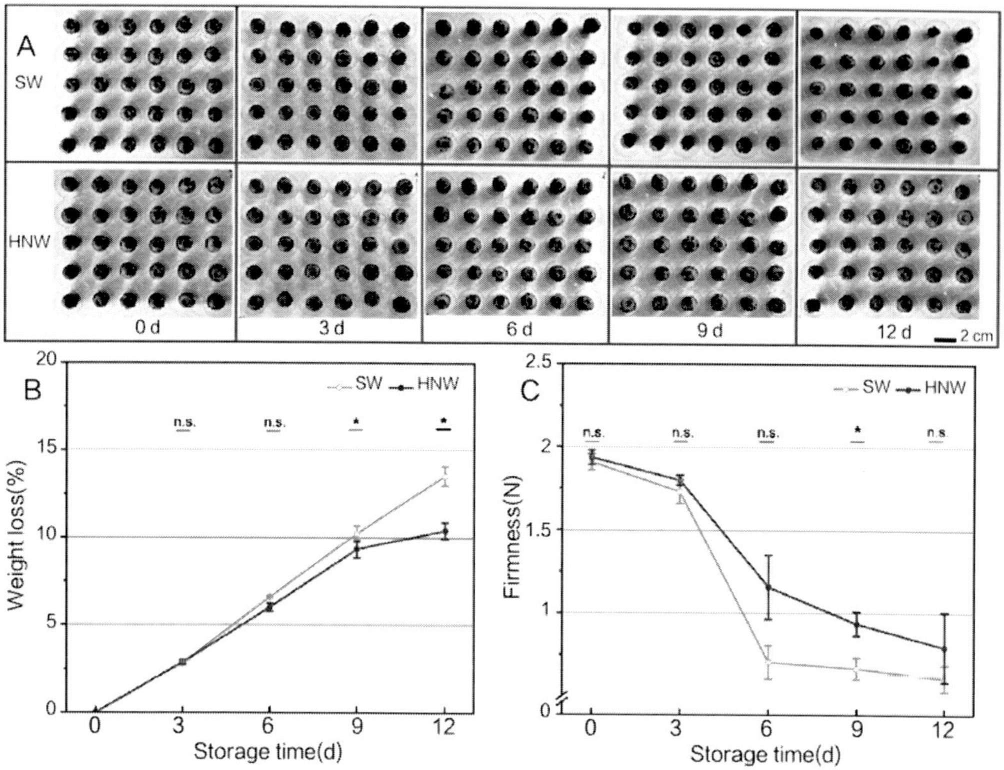

圖 6-4-1 氫灌溉顯著改善了藍莓在儲藏期間的外觀 (A)、重量損失 (B) 和硬度 (C) (d 表示天) [171]

透過這張圖片，我們可以發現，氫基灌溉技術為藍莓的採後保鮮帶來了顯著的益處。藍莓的外觀得到了顯著改善 (A)，這不僅展現在更加鮮豔和吸引人的顏色上，還包括了果實的完整性和整體的視覺吸引力，使得藍莓在貨架上更加引人注目。

在重量損失方面 (B)，氫灌溉的藍莓在儲藏期間相比對照組顯示出了更少的重量損失。這一結果揭示了氫灌溉在維持果實水分、減少因水分蒸發導致的品質損失方面的積極作用，為藍莓的長距離運輸和長時間保存提供了有力保障。

[171] SW 代表對照組。

此外，果實硬度的保持 (C) 也是氫灌溉效果的一個重要展現。氫灌溉的藍莓在儲藏過程中保持了較佳的硬度，這表明其對擠壓和碰撞的抵抗能力更強，有助於減少物理損傷，從而延長了藍莓的貨架壽命。這一發現對於藍莓的商業化生產和銷售具有重要的實際意義，為消費者提供了更高品質的產品選擇。

這項研究不僅為藍莓採後保鮮提供了新的策略，更為基於氫的農業技術在提升果實品質方面的應用開闢了新的視野。透過智慧和可持續的方式，分子氫灌溉技術有望在未來的農業生產中發揮重要作用，為人們帶來更多健康、美味的藍莓。

第五節　蘋果

蘋果，作為中國重要的經濟作物之一，種植區域橫跨大江南北，從山東、陝西的肥沃平原到四川、雲南的秀美山川，蘋果樹在這些地區扎根生長，結出纍纍碩果。

山東和陝西，作為中國蘋果的兩大主產區，以其適宜的氣候、肥沃的土壤和先進的栽培技術，生產出的蘋果色澤豔麗、口感鮮美、營養豐富，贏得了全球消費者的青睞。這些地區的蘋果，不僅味道甘甜、汁液豐富，而且耐儲運，深受國內外市場歡迎。

隨著科技的不斷進步和農業現代化的推進，中國蘋果產業在品種改良、栽培管理、病蟲害防治等方面取得了顯著成就。科學研究人員和果農們不懈努力，引進和培育了一批批新品種，提高了蘋果的品質和產量。這些新品種蘋果不僅滿足了國內市場的多樣化需求，更在國際市場上展現出了中國蘋果的競爭力。

在採後處理和儲藏保鮮方面，中國蘋果產業也取得了長足的進步。先進的冷藏技術和氣調儲藏方法的應用，顯著延長了蘋果的保鮮期，減少了採後損耗。此外，自動化的分選、清洗、打蠟、包裝等採後商品化處理設備，提高了蘋果的加工品質和效率，確保了蘋果從田間到餐桌的新鮮度和安全性。

蘋果的精深加工也是中國蘋果產業鏈的重要組成部分。蘋果汁、蘋果醋、蘋果脆片、蘋果醬等多樣化的加工產品，不僅豐富了消費者的選擇，更提升了蘋果的附加值。這些加工產品透過科學的配方和工藝，保留了蘋果的營養成分，滿足了現代人追求健康、便捷的生活方式。然而，蘋果採後氧化褐變一直是影響蘋果品質和貨架期的重要問題。為了解決這一問題，科學研究人員進行了大量的研究探索。其中，研究團隊採用 HRW，對蘋果採後保鮮進行了創新性研究。這項研究不僅為蘋果採後保鮮提供了新的技術手段，也為其他果蔬的保鮮提供了新的思路[172]。

下文中我們將詳細介紹這篇文章。

首先，學者們選取新鮮蘋果並將其切成均勻的薄片，確保實驗結果的可比性。這些蘋果切片隨後被分為三組，每組接受不同的處理：第一組暴露於空氣中作為自然對照，第二組浸泡在去離子水中作為水的對照，第三組則是浸泡在 HRW 中，以探究其抗氧化效果。

實驗過程中，研究人員在處理後 0、10、30、60、90 和 120 分鐘的時間節點對蘋果切片進行了細緻的顏色變化觀察。這一觀察不僅依賴於直觀的視覺評估，還透過拍照記錄和固體漫反射測試來捕捉蘋果切片在氧化過程中顏色的細微變化。該過程利用光譜分析技術，能夠精確地測量蘋果切片反射光的變化，從而評估氧化程度。

為了進一步評估蘋果切片的抗氧化效能，研究人員將處理過的蘋果切片粉碎、過濾並離心，提取出蘋果汁原液，並製備了不同濃度的蘋果汁溶液。這些不同濃度的蘋果汁隨後被用於自由基清除實驗，包括對 DPPH 自由基、羥基自由基和超氧自由基的清除能力測試。透過測定這些溶液在特定波長下的吸光度變化，研究人員能夠量化每種處理對自由基清除的貢獻。

此外，實驗還包括了對 HRW 的氧化還原電位 (ORP) 的測定，這一引數反映了水溶液的宏觀氧化還原性，對於理解 HRW 的還原能力和抗氧化潛力至關重要。同時，研究人員還關注了 HRW 的溶存時間，即 HRW 在製備後能夠保持其抗氧化特性的時間長度。

范麗麗碩士及其團隊透過一系列實驗，得出了以下關鍵結果。

[172] 范麗麗，氫氣微納米氣泡富氫水的製備及其抗氧化效能研究 [D]. 中國計量大學，2021.

1. HRW 的抗氧化效果

實驗結果顯示，HRW 對 DPPH 自由基、羥基自由基（·OH）和超氧自由基（$O_2^{\cdot-}$）均具有一定的清除效果。特別是對超氧自由基的清除能力，HRW 的清除率顯著高於傳統的維他命 C 抗氧化劑。

2. HRW 對蘋果切片顏色變化的影響

透過肉眼觀察和固體漫反射測試，研究發現 HRW 處理的蘋果切片在 30 分鐘內具有較好的保鮮效果，如圖 6-5-1，顏色變化較對照組更為緩慢，表明 HRW 能有效減緩蘋果切片的氧化變色。

3. HRW 的穩定性

實驗還考察了 HRW 在室溫下的穩定性，結果顯示在最佳條件下製備的 HRW 可以在 5 小時內保持較高濃度和穩定性，這對於 HRW 的實際應用具有重要意義。

4. HRW 對蘋果抗氧化效能的影響

HRW 處理後的蘋果切片在抗氧化效能上有所提升，特別是在清除 DPPH 自由基方面表現更佳。這表明 HRW 不僅自身具有抗氧化性，還能增強蘋果切片的抗氧化能力。

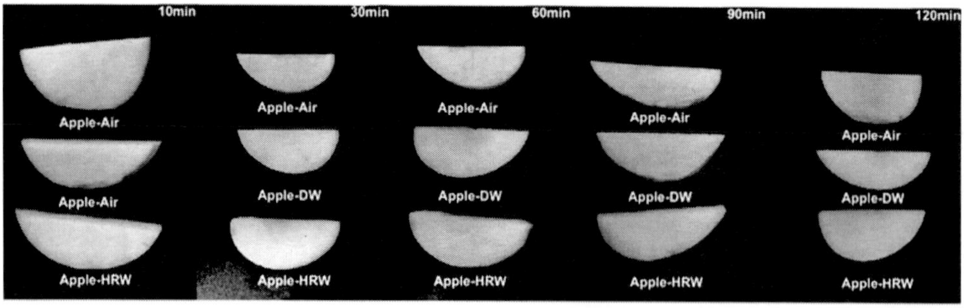

圖 6-5-1 不同處理時間蘋果切片顏色變化的比較圖 [173]

[173] Air 代表未經任何處理就將蘋果切片暴露於空氣中的對照組，DW 代表蘋果切片經雙蒸水浸泡

5. 自由基清除率的定量分析

透過分光光度計測定，研究人員計算了 HRW 和維他命 C 對不同自由基的清除率，量化了 HRW 的抗氧化能力，並與維他命 C 進行了對比。

6. 蘋果切片的物理變化

在不同處理條件下，蘋果切片的物理變化（如顏色和亮度）被詳細記錄和分析，為理解 HRW 在實際保鮮應用中的效果提供了直觀的證據。

透過細緻的實驗設計和科學的資料分析，研究團隊發現 HRW 在抗氧化效能上展現出巨大潛力。它不僅能顯著提高蘋果切片的抗氧化能力，還能有效減緩顏色變化，延長保鮮期。這些發現不僅為蘋果產業的可持續發展提供了新的思路，也為果蔬保鮮技術的進步貢獻了寶貴的知識財富。

隨著研究的深入，我們有理由相信，HRW 技術將在全球的蘋果產業中發揮越來越重要的作用。它不僅能夠提升蘋果的保鮮效果，更能夠滿足消費者對健康、新鮮食品的需求。未來，HRW 的研究與應用將繼續擴展，為人類帶來更多的福祉和驚喜。

後暴露於空氣中的實驗組，HRW 代表蘋果切片經富氫水浸泡後暴露於空氣中的實驗組。

第六節　香蕉

中國，作為全球香蕉產業的重要一員，以其在熱帶和副熱帶地區的廣泛種植而聞名。這片豐饒的土地，尤其是廣東、廣西、海南、福建和雲南等省分，以其溫暖溼潤的氣候，成為香蕉生長的天堂。在這裡，香蕉不僅是農作物中的瑰寶，更是當地經濟的支柱和農民的希望。

隨著國民健康意識的日益增強，香蕉這一富含維他命和礦物質的水果，受到了前所未有的青睞。消費者對健康食品的渴望推動了香蕉產業的迅速成長，產量連年攀升，品種不斷豐富，從傳統的大蕉到新興的蘋果蕉，滿足了市場的多樣化需求。

在種植技術方面，中國香蕉產業不斷探索和創新，採用現代化的栽培管理方法，如精準施肥、病蟲害綜合防治和水肥一體化等，以提升香蕉的產量和品質。採後處理技術的不斷革新，如清洗、分級、打蠟和包裝等，有效提高了香蕉的市場競爭力和消費者滿意度。

在儲藏保鮮領域，中國香蕉產業同樣取得了顯著成就。科學研究人員和農業工作者透過研究香蕉的生理特性和儲藏條件，開發出一系列延長香蕉貨架壽命的方法。這些方法不僅減少了採後損失，還為香蕉的遠距離運輸和全年供應提供了可能，極大地提升了香蕉產業的經濟效益。

在探索香蕉採後保鮮技術的程序中，中國科學家們發現 HRW 在延遲香蕉成熟方面具有潛在的應用價值。HRW 作為一種安全、無毒且成本低廉的處理方式，已被證實可以顯著延長香蕉的保鮮期。這一發現為香蕉產業帶來了新的保鮮策略，有助於提升香蕉產業的整體競爭力。

接下來，筆者將介紹一篇發表在*Food Chemistry*期刊上的研究文章，題為〈氫水在香蕉採後儲藏期間延緩成熟的作用〉[174]。這篇文章詳細闡述了氫水處理在延遲香蕉採後成熟過程中的作用機制，包括對乙烯產生和訊號傳導的抑制，以及對香蕉皮色澤、果肉風味和澱粉降解的影響。這項研究不僅為香蕉採後保鮮提供了新的科學依據，也為其他熱帶水果的保鮮技術研究提供了參考。

實驗從選擇健康、成熟的香蕉開始，這些香蕉在收穫後立即被運輸至實驗室，以確保實驗的及時性和準確性。研究團隊精心設計了實驗方案，將香蕉分為兩組，一組作為對照組浸泡在超純水中，另一組則浸泡在含有 0.4mM 氫氣的 HRW 中。這一特定的 HRW 濃度是基於先前實驗確定的最佳濃度。

香蕉在 HRW 中浸泡 10 分鐘後，被放置在室溫下晾乾 2 小時，隨後每組香蕉被裝入聚乙烯袋中，並在控制的環境中保存，環境溫度維持在 25℃，相對溼度保持在 85%～ 90%。在長達 26 天的保存期內，研究人員定期對香蕉進行取樣，以監測和記錄香蕉成熟過程中的各種生理和生化變化。

實驗中，研究人員使用了先進的儀器和技術來測定香蕉皮的顏色變化，包括採用色度計來測量香蕉皮的色度值，如 L*、a*、b* 和 C，這些值根據 CIE 系統記錄，以反映香蕉成熟過程中顏色的變化。此外，透過測定呼吸速率和乙烯產生速率來監測香蕉的成熟狀態，這些指標的變化是香蕉成熟過程中的關鍵生理反應。

為了更深入地了解 HRW 對香蕉成熟的影響，研究人員還對香蕉的果肉進行了總可溶性固形物（TSS）和硬度的測定，這些指標直接關聯到

[174] YUN Z, et al. The role of hydrogen water in delaying ripening of banana fruit during postharvest storage[J]. *Food Chemistry*, 2022, 373: 131590.

香蕉的口感和風味。透過顯微鏡觀察，研究人員進一步分析了香蕉果肉中的澱粉粒和細胞壁的微觀結構變化，這些結構的變化是香蕉成熟過程中質地變化的直接展現。

在分子層面，研究人員透過提取香蕉的 RNA 並進行即時逆轉錄聚合酶鏈反應（qRT-PCR）分析，定量研究了與香蕉成熟相關的基因表現變化。這些基因包括與乙烯合成、訊號傳導、細胞壁降解、澱粉降解和色素降解相關的基因。透過這些分析，研究人員能夠揭示 HRW 處理是如何在分子水準上影響香蕉成熟過程的。如圖 6-6-1 所示，學者們的主要實驗結果如下：

1. 成熟延遲

實驗顯示，經 0.4mM HRW 處理的香蕉在保存期間成熟速度顯著減緩。與對照組相比，這些香蕉在第 26 天時仍保持較輕的綠色，而對照組則完全變黃。

2. 乙烯產生和呼吸速率

HRW 處理顯著降低了香蕉的乙烯產生量和呼吸速率，這些是水果成熟過程中的關鍵生理指標。與對照組相比，處理組的乙烯產生率保持在較低水準，表明 HRW 抑制了香蕉成熟過程中乙烯的合成和訊號傳導。

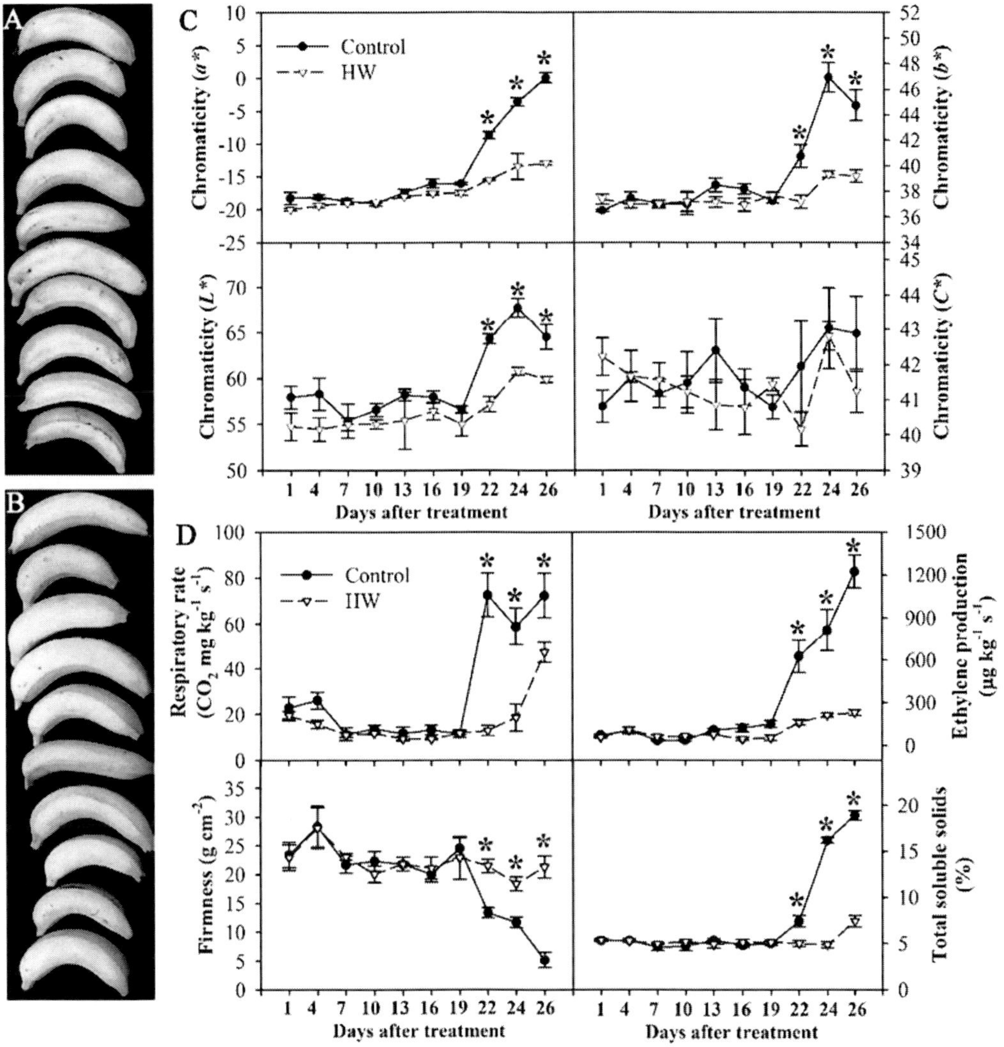

圖 6-6-1 HRW 處理在採後保存期間對香蕉果實的影響[175]

3. 色澤變化

HRW 處理的香蕉皮在保存期間色澤變化較小，色度值（a*, b*, L*）的增加被有效抑制，這與香蕉皮中葉綠素結合蛋白的表現下調有關。

[175] A：第 26 天的對照果實。B：第 26 天的 HW 處理果實。C：根據 CIE 系統，色度值 a*、b*、L 和 C。D：呼吸速率、乙烯產生速率、硬度和總可溶性固形物（TSS）。

4. 澱粉和風味物質

HRW 處理的香蕉果肉在保存期間澱粉含量下降速度減慢，保持了較高的澱粉、直鏈澱粉和支鏈澱粉含量。此外，與風味形成相關的基因表現受到抑制，導致可溶性固體含量（TSS）較低。

5. 細胞壁成分

香蕉皮的細胞壁成分，包括 WSP、CDTA[176] 溶性果膠、碳酸鈉溶性果膠、半纖維素和木質素，在 HRW 處理下在保存期間降解速度減慢。

6. 微觀結構

透過掃描電子顯微鏡（SEM）和透射電子顯微鏡（TEM）觀察，HRW 處理的香蕉果肉澱粉粒和細胞壁的降解速度明顯減緩。

7. 基因表現

與乙烯合成、訊號傳導、細胞壁降解和澱粉降解相關的基因在 HRW 處理下表現受到抑制，這在分子水準上解釋了香蕉成熟延遲的機制。

這些實驗結果顯示，HRW 處理透過多方面作用機制延緩了香蕉的成熟過程，包括降低乙烯產生、抑制乙烯訊號傳導、減緩細胞壁和澱粉的降解，以及降低風味物質的形成。這些發現為香蕉採後保鮮提供了新的策略，有助於延長香蕉的貨架壽命並保持其營養價值和食用品質。

[176] 1,2- 環己二胺四乙酸（Trans-1,2-Cyclohexanediaminetetraacetic Acid, CDTA）

第七節　無籽刺梨

中國無籽刺梨產業，以其獨特的地理標誌和豐富的營養價值，在國內外市場上展現出了巨大的潛力和魅力。這一產業主要扎根於貴州省安順市的豐饒土地，得益於當地得天獨厚的氣候條件和生態環境，為無籽刺梨的生長提供了理想的棲息地。

無籽刺梨 (Rosa sterilis) 不僅是一種口感獨特、營養豐富的水果，更是一種集多種健康益處於一體的超級食品。它含有的蛋白質、糖類、有機酸、多種維他命、胺基酸以及多種生物活性成分，賦予了無籽刺梨卓越的營養價值。特別是其維他命 C 的含量遠高於一般水果，為無籽刺梨贏得了「天然維他命寶庫」的美譽。

隨著健康意識的提高和消費者對高品質食品的追求，無籽刺梨逐漸在市場上脫穎而出，成為健康食品市場上的新寵。它不僅在中國國內受到追捧，更以其獨特的風味和營養價值，贏得了國際市場的認可和青睞。

然而，無籽刺梨在採後保鮮方面面臨著一系列挑戰。由於其較短的貨架壽命和易腐爛的特性，無籽刺梨的流通和銷售受到了一定程度的限制。這一問題不僅影響了消費者對無籽刺梨的可及性，也制約了無籽刺梨產業的進一步發展和擴張。

為了克服這些障礙，中國的研究人員和農業專家致力探索和開發有效的採後保鮮技術。這些技術旨在延長無籽刺梨的貨架壽命，減少在運輸和保存過程中的損耗，同時盡可能地保持其原有的營養價值和風味特性。

近期，一項創新性的研究為無籽刺梨的採後保鮮提供了新的解決方案。發表在 *LWT - Food Science and Technology* 期刊上的文章，詳細探討了 HRW 處理對無籽刺梨果實品質的積極影響[177]。研究顯示，HRW 處理不僅能夠有效延緩無籽刺梨的成熟和衰老過程，還能夠顯著提高其抗氧化能力，從而為無籽刺梨的長期保鮮提供了可能。

下文將進一步詳細介紹這項研究的實驗設計、主要發現以及其對無籽刺梨產業發展的潛在意義。透過深入了解 HRW 處理對無籽刺梨抗氧化能力和能量代謝的調節作用，我們將為這一新興產業的可持續發展提供有力的科學支撐和實踐指導。

實驗從精選無損傷的成熟無籽刺梨開始，這些果實來自安順市的楚桂健康科技有限公司。利用高純度 (99.99%) 的氫氣透過特定的裝置溶解於蒸餾水中製備出 HRW，並透過行動式溶解氫測量儀確保了氫濃度的精確測定為 0.6mM 。

實驗中，無籽刺梨被短暫浸泡於不同濃度的 HRW 溶液中，之後在室溫下晾乾並保存於聚乙烯托盤中，保持適宜的相對溼度。每種處理都進行了三次重複，確保了實驗結果的可靠性和重複性。在保存過程中，定期從每組取出樣本，用於後續的一系列分析。

研究人員採用了多種方法和儀器來評估 HRW 對無籽刺梨品質的影響。他們測量了腐爛率、失重率、呼吸速率和硬度，同時也測定了果實中的 MDA 含量、可滴定酸 (TA)、總可溶性固體 (TSS) 以及超氧陰離子 (O_2^-) 和過氧化氫 (H_2O_2) 的產生率。此外，利用商業化的試劑盒測定了抗氧化相關酶的活性，包括 SOD、CAT、DHAR、GR、APX 和 MDHAR。

進一步地，研究者們探究了 HRW 處理對無籽刺梨中抗氧化物質含量的影響，包括 AsA 和 GSH，以及它們的氧化形式 —— DHA 和 GSSG。透過測定這些物質的含量，研究人員能夠評估 HRW 對無籽刺梨抗氧化系統的影響。

[177] DONG B, et al. Hydrogen-rich water treatment maintains the quality of Rosa sterilis fruit by regulating antioxidant capacity and energy metabolism[J]. *LWT*, 2022, 161: 113361.

為了深入了解 HRW 對能量代謝的影響，研究人員還測定了與能量代謝相關的酶活性，如 H^+-ATPase、琥珀酸脫氫酶（SDH）、Ca^{2+}-ATPase 和細胞色素 C 氧化酶（CCO），同時測量了 ATP、ADP、AMP 的含量及能量電荷比。這些指標有助於揭示 HRW 處理如何透過調節能量狀態來影響無籽刺梨的保鮮效果。

最後，研究人員透過提取 RNA 並進行 qPCR 分析，探究了 HRW 處理對無籽刺梨中關鍵抗氧化酶和能量代謝相關酶基因表現的影響。這一系列實驗不僅為無籽刺梨的採後保鮮提供了新的視角，也為 HRW 在農產品保鮮領域的應用提供了科學依據。

他們的實驗結論如下：

1. 保鮮效果顯著

實驗結果顯示，經過 HRW 處理的無籽刺梨在保存期間的腐爛率、重量損失、呼吸速率和 MDA 含量的增加明顯低於對照組，這表明 HRW 處理能有效延緩果實的腐爛和水分流失，保持果實的新鮮度。如圖 6-7-1。

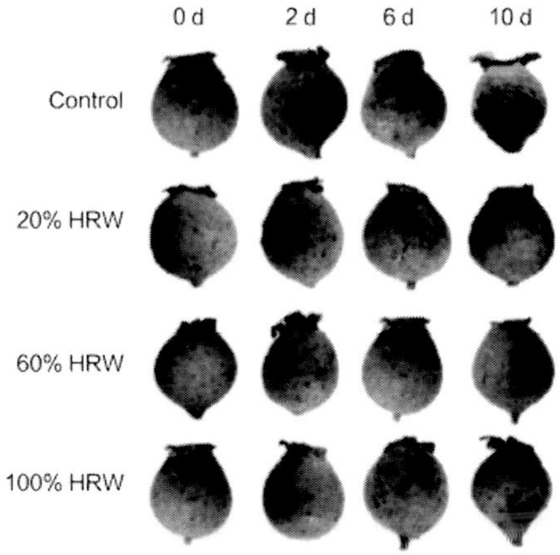

圖 6-7-1 室溫下保存期間，經過 0、20%、60%和 100% HRW 處理的無籽刺梨果實的視覺外觀（d 表示天）[178]

[178] Control 代表對照組。

2. 抗氧化能力提升

HRW 處理顯著降低了過氧化氫（H_2O_2）和超氧陰離子（$O_2^{\cdot -}$）的產生，同時提高了抗氧化相關酶的活性，包括 SOD、CAT、DHAR、GR、APX 和 MDHAR。

3. 抗氧化物質含量變化

HRW 處理增加了無籽刺梨中的 AsA 和 GSH 含量，同時降低了它們的氧化形式 —— DHA 和 GSSG 含量，這有助於消除過量的 ROS，維持 ROS 平衡。

4. 能量代謝調節

HRW 處理提高了與能量代謝相關的酶活性，包括 H^+-ATPase、琥珀酸脫氫酶（SDH）、Ca^{2+}-ATPase 和細胞色素 C 氧化酶（CCO），同時促進了 ADP 和 ATP 的水準，降低了 AMP 含量，這有助於維持細胞的能量狀態，延遲果實的衰老。

5. 基因表現調控

HRW 處理顯著提高了抗氧化酶和能量代謝相關酶的基因表現水準，包括 SOD、CAT、APX、GR、MDHAR、DHAR、H^+-ATPase、Ca^{2+}-ATPase、SDH 和 CCO，這表明 HRW 透過上調這些關鍵酶的基因表現來增強無籽刺梨的抗氧化能力和能量代謝。

綜上所述，這項研究不僅為無籽刺梨的採後保鮮提供了新的科學依據，也為富氫水在其他水果保鮮中的應用提供了參考。透過 HRW 處理，不僅可以顯著提高無籽刺梨的抗氧化能力，還能有效調節其能量代謝，從而在保持果實品質的同時延長其貨架壽命。

第八節　氫農業與水果產業的未來

在本章中，筆者深入探討了中國水果產業的現狀與挑戰，特別是針對草莓、奇異果、香蕉和無籽刺梨這幾種代表性水果。透過對這些水果的種植、採後保鮮技術以及氫農業技術的介紹，筆者揭示了中國水果產業在保障食品安全、提升產品品質和應對市場挑戰方面的努力與創新。

深受人們的喜愛的草莓，因其易腐爛特性給採後保鮮帶來了挑戰。以「維他命 C 的寶庫」而聞名的奇異果，其採後保鮮面臨著品種單一化和農藥殘留問題。香蕉和無籽刺梨也有著各自的保鮮難題和市場需求。

面對這些問題，氫農業技術的應用展現出了巨大潛力。筆者詳細介紹了氫水 (HRW) 處理在延緩水果成熟、提高抗氧化能力和調節能量代謝方面的顯著效果。透過一系列實驗數據和分析，筆者證明了 HRW 處理能夠顯著延長草莓、奇異果、香蕉和無籽刺梨的貨架壽命，同時保持甚至提升其營養價值和食用品質。

在草莓產業中，HRW 處理不僅延緩了果實的成熟過程，還增強了草莓的抗氧化系統，為草莓的採後保鮮提供了新的策略。對於奇異果，HRW 處理透過降低呼吸強度、抑制細胞壁降解酶活性、提高抗氧化酶活性等多重作用，有效延長了奇異果的採後貨架期。在香蕉產業，HRW 處理透過抑制乙烯的合成和訊號傳導，延緩了香蕉的成熟和衰老過程，為香蕉的長期保鮮提供了可能。對於無籽刺梨，HRW 處理透過調節抗氧化能力和能量代謝，顯著提高了無籽刺梨的抗氧化能力，延長了其貨架壽命。

隨著科技的不斷進步與農業永續需求的提升，氫農業技術有望為水果產業帶來顯著變革。此類技術不僅能提高作物的產量與品質，減少生產過程中的資源消耗與成本，亦有助於提升整體農業效率與農戶經濟效益。

展望未來，氫農業技術的應用潛力值得高度關注。其在水果保鮮、品質控制及生理調控方面的表現，將為消費者提供更健康、美味的選擇，同時也有助於促進農業系統的永續發展。隨著研究與應用的深入推進，氫農業預期將成為果蔬產業創新升級的重要方向之一，為全球農業帶來更多機會與價值。

第七章
花卉作物

第一節　小蒼蘭

小蒼蘭（*Freesia refracta*），又名香鳶尾、小菖蘭，屬於鳶尾科香雪蘭屬的多年生草本植物。原產於南非，因其芬芳的香氣和優雅的花朵而受到園藝愛好者的喜愛。小蒼蘭的葉子呈劍形或條形，質地堅硬，通常呈綠色或有深淺不一的條紋。花朵呈漏斗狀，色彩豐富，包括白色、黃色、粉色、紅色和紫色等多種顏色，常在春季和夏季盛開。

小蒼蘭喜歡溫暖溼潤的環境，對光照的需求不是特別高，能適應半蔭的生長條件。它們在排水良好、肥沃的土壤中生長得更好。小蒼蘭的繁殖方式多樣，可以透過分球、種子或組織培養進行繁殖。由於其花朵具有濃郁的香氣，小蒼蘭常被用於製作香水和芳香劑。

在園藝上，小蒼蘭不僅作為盆栽植物受到歡迎，也常被用於切花和花壇布置，為園林景觀增添色彩和香氣。此外，小蒼蘭還有著一定的藥用價值，其提取物在傳統醫學中被用來治療皮膚病和其他疾病。

隨著科學研究的深入，人們發現小蒼蘭在面對各種非生物脅迫時具有一定的適應性，例如透過調節內源激素水準和抗氧化系統來應對乾旱、鹽分脅迫等環境壓力。這些研究不僅有助於了解小蒼蘭的生物學特性，也為園藝實踐中的品種改良和栽培管理提供了科學依據。

在前文中，我們已經領略了氫作為一種肥料，在小麥、大麥、稻米等植物的種植過程中產生的作用。那麼像小蒼蘭這樣的作物是否也能響應氫肥呢？有學者展開了研究 [179]。

在這項研究中，學者們詳細探究了 HRW 在不同施用時期和方法對小蒼蘭開花影響的實驗過程。實驗開始時，選取了小蒼蘭作為實驗材

[179] 宋韻瓊，等．富氫水施用時期和施用方法對小蒼蘭開花的影響及其生理機制 [J]. 上海交通大學學報（農業科學版），2017, 35(3): 10-17.

料，並將其分為幾個不同的處理組，包括去離子水浸泡種球和澆灌植株作為對照組（CK），50% HRW（0.0375mM）浸泡種球和去離子水澆灌植株（S），去離子水浸泡種球以及花莖伸出後用 50% HRW（0.0375mM）澆灌植株（I），以及 50% HRW（0.0375mM）浸泡種球加上花莖伸出後用 50% HRW（0.0375mM）澆灌植株（S + I）。

實驗中，種球首先被浸泡在不同濃度的 HRW 或去離子水中，隨後植株在生長過程中接受相應的澆灌處理。在花莖伸長期間，對小蒼蘭的花莖基部進行了激素含量的測定，包括 IAA、ZR[180]、GA_3 和 ABA 的濃度分析。採用酶聯免疫法對這些激素含量進行了精確的測量。

為了進一步分析 HRW 對小蒼蘭開花過程的影響，學者們還測定了盛花期小蒼蘭花瓣中的可溶性醣含量，這有助於了解 HRW 是否透過影響可溶性醣的累積進而影響小蒼蘭的花期。

實驗過程中，學者們對小蒼蘭的生長數據進行了收集，包括開花時間、花莖長度、花莖粗度、花朵直徑和小花數。所有的數據收集和分析都嚴格遵循了科學的方法，以確保實驗結果的準確性和可靠性。透過這些詳細的實驗步驟，研究團隊能夠深入理解 HRW 在農業應用中的潛力以及其對小蒼蘭開花過程的生理機制。

學者們的實驗結果揭示了 HRW 對小蒼蘭開花過程的顯著影響。實驗中發現，與對照組相比，使用 HRW 處理的小蒼蘭在開花用時上顯著縮短，特別是同時採用種球浸泡和花莖伸出後澆灌的組合處理（S + I），顯示出最佳的開花效果和最長的瓶插壽命。此外，HRW 處理顯著增加了小蒼蘭的花莖長度、花莖粗度、花朵直徑和小花數，表明 HRW 對小蒼蘭花形態建成具有積極作用。

[180] 玉米素核苷（Zeatin Riboside, ZR）

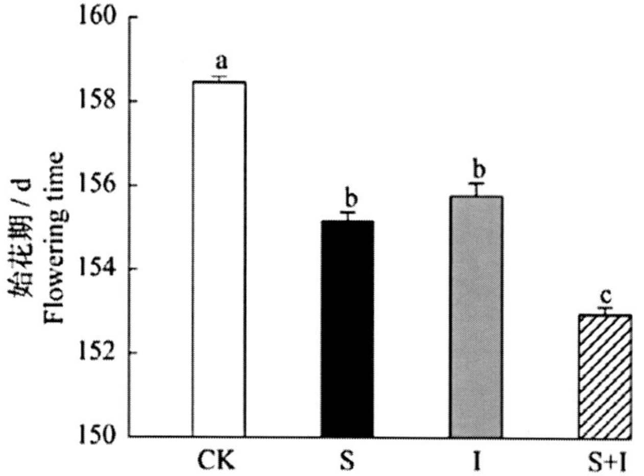

圖 7-1-1 HRW 種球浸泡／或花莖伸出後澆灌對小蒼蘭開花時間的影響[181]

在生理層面，HRW 處理顯著提高了小蒼蘭花莖伸長期花莖基部的 IAA、ZR 和 GA3 含量，這些激素在植物生長和開花過程中發揮著關鍵作用。同時，HRW 處理也顯著降低了 ABA 含量，這可能有助於減少植物的衰老過程。此外，HRW 處理顯著提高了花朵內的可溶性醣含量，這可能是 HRW 促進小蒼蘭開花的另一個重要因素。

綜合來看，HRW 透過調節植物激素水準和提升花朵內可溶性醣含量，顯著促進了小蒼蘭的生長和開花，為小蒼蘭的採後保鮮提供了新的策略。這些發現不僅豐富了對 HRW 在農業上應用的認知，也為進一步研究 HRW 作用機制提供了重要資訊。

[181] CK：去離子水浸泡種球和澆灌植株；處理 S：50% HRW 浸泡種球和去離子水澆灌植株；處理 I：去離子水浸泡和花莖伸出後，50% HRW 澆灌植株；處理 S ＋ I：50% HRW 浸泡種球加上花莖伸出以後 50%的 HRW 澆灌植株。

第二節　月季

月季 (*Rosa hybrida* L.) 作為全球交易市場上最受歡迎的切花之一，以其美麗的外觀和浪漫的寓意深受人們喜愛。然而，切花的採後品質和壽命受到多種因素的影響，包括不同品種的遺傳背景、空氣品質、溼度、光照和保存溫度、水和營養供應等。導致切花衰老的內部生理變化包括莖端堵塞、ROS 的增加以及乙烯的過度釋放等。為了延長切花的觀賞品質，研究者們一直在探索低成本且效果良好的保鮮劑。

乙烯是一種多效性的植物激素，在果蔬成熟和衰老過程中發揮著關鍵作用。植物體內的乙烯主要由 1- 胺基環丙烷 -1- 羧酸 (ACC) 合成酶 (ACS) 和 ACC 氧化酶 (ACO) 這兩種關鍵酶合成。研究顯示，乙烯的合成在花瓣中被觸發，會誘發異常的花卉品質下降和縮短瓶插壽命，同時伴隨著 ACS 和 ACO 在高乙烯敏感性切花中的過度表現。與此相反，在乙烯不敏感的品種中，花朵衰老和脫落的主要原因是水分脅迫。在擬南芥中，乙烯訊號途徑的過程已經被較好地研究，包括乙烯如何被內質網 (ER) 膜上的乙烯受體 (ETR) 蛋白捕獲，隨後使乙烯訊號負調控因子 CTR1 失活，導致乙烯訊號正調控因子 EIN2 發生磷酸化調節的蛋白降解，並從 ER 轉移到細胞核，進而啟用其下游轉錄因子 EIN3/EIL1，最終啟動乙烯響應基因的表現。

在一項研究中 [182]，學者們探究了 H_2 對月季切花「電影明星」品種採後衰老的影響，特別是其對乙烯產生和訊號傳導的拮抗作用。實驗開始時，從蘭州的商業種植者那裡採集了切花月季，並迅速將其轉移到實驗室。在實驗室中，將花枝在蒸餾水中重新剪下至 35cm 長，以避免空氣栓

[182] WANG C, et al. Hydrogen gas alleviates postharvest senescence of cut rose “Movie star” by antagonizing ethylene[J]. *Plant Molecular Biology*, 2020, 102: 271-285.

塞。確保每個莖上保留三片葉子，並在蒸餾水中重新水合 2 小時。選擇大小、顏色一致且無機械損傷或感染的花朵進行後續處理。實驗環境保持在 20℃、相對溼度 60% ±5%以及光週期 12 小時的條件下。

實驗中使用了不同濃度的 HRW 作為氫氣處理。透過將純氫氣(99.99%)通入蒸餾水中製備 HRW，氫氣濃度為 0.47mg/L（0.235mM）。將不同濃度的 HRW（1%，10%，50%和 100%）用於處理花枝，對照組使用蒸餾水。所有處理液每日更新。

同時，使用不同濃度的乙烯釋放化合物——乙基磷(Ethephon)作為乙烯處理，以探究外源乙烯對切花衰老的影響。將乙基磷溶液調整至 pH 值 6.8～7.0，並每日更換。

為了評估富氫水對採後保鮮的影響，測定了花枝的瓶插壽命、最大花朵直徑和相對新鮮重量的變化。在處理期間，每隔一天測量一次花頭的乙烯釋放量，使用氣相色譜法進行分析。同時，測定了花枝中 1- 胺基環丙烷 -1- 羧酸(ACC)含量以及 ACS 和 ACO 的酶活性，以了解 HRW 如何影響乙烯的生物合成。

此外，透過 RT-qPCR 測定了與乙烯生物合成和訊號傳導途徑相關的基因表現水準，包括 Rh-ACS3、Rh-ACO1、Rh-ETR1、Rh-ETR3、Rh-CTR1 和 Rh-EIN3。為了進一步研究 HRW 對乙烯受體蛋白的調控作用，進行了菸草中的瞬時表現和檢測 Rh-ETR3 蛋白的實驗。

整個實驗過程中，學者們詳細記錄了各種處理對月季切花衰老的影響，並在分子水準上探討了氫氣如何透過影響乙烯的產生和訊號傳導來延長切花的保鮮期。透過這些方法，研究旨在揭示氫氣在採後花卉保鮮中的潛在應用機制。

學者們的實驗結果揭示了 H_2 對月季切花「電影明星」品種採後衰老過程中的積極作用。實驗顯示，外源性氫氣透過 HRW 的形式應用，能夠有效延長切花的瓶插壽命並改善其觀賞品質。具體來說，1% HRW（0.00235mM）處理的切花展現出最佳的觀賞品質和最長的瓶插壽命，這與其降低乙烯產生、減少 1- 胺基環丙烷 -1- 羧酸（ACC）累積、降低 ACC 合成酶（ACS）和 ACC 氧化酶（ACO）活性有關。此外，0.00235mM HRW 處理還降低了乙烯生物合成相關基因 Rh-ACS3 和 Rh-ACO1 的表現。

在乙烯訊號傳導方面，HRW 處理增加了乙烯受體基因 Rh-ETR1 在開花期的表現，並在衰老階段抑制了 Rh-ETR3 的表現。即使在透過外源性乙烯處理來抑制內源乙烯產生的情況下，HRW 對 Rh-ETR1 和 Rh-ETR3 表現的影響仍然存在。此外，HRW 在瞬時表現實驗中直接抑制了 Rh-ETR3 蛋白水準。

這些結果顯示，H_2 透過影響乙烯的產生和訊號傳導來減輕月季切花的採後衰老。具體而言，H_2 減少了乙烯的產生，這與其減少 ACC 累積和降低 ACS 及 ACO 活性有關。同時，H_2 透過調節乙烯受體基因的表現來影響乙烯訊號傳導，這些調節作用可能以依賴於乙烯產生和獨立於乙烯產生的方式進行。這些發現為利用 H_2 作為採後花卉保鮮劑提供了新的視角，並為進一步研究 H_2 在植物採後保鮮中的作用機制奠定了基礎。

在這個實驗之後，學者們無意間發現，H_2 似乎可以調節插花莖端的細菌菌落。那麼，這種調節可否延長插花的壽命呢？儘管先前的研究已經表明 H_2 或 HRW 能夠透過抗氧化作用延長農產品的保鮮期，但關於 H_2 如何透過調節切花莖端的細菌群落來影響其保鮮的研究還不多見。

在切花採後保鮮過程中，莖端的細菌群落對花的衰老和品質有重要影響。細菌在莖端的累積可能導致莖端堵塞，影響水分和養分的吸收，從而縮短切花的瓶插壽命。因此，了解和調節莖端細菌群落對於延長切花的保鮮期具有重要意義。此外，有益細菌的存在可以減緩葉片黃化、延長衰老、降低乙烯活性，並提高優質花朵的形成和品質。

因此，學者們開展了一項旨在探討 HRW 是否能夠透過調節切花月季莖端的細菌群落來提高其採後保鮮能力的研究 [183]。研究透過生理學方法和 16S rRNA 基因序列的高通量定序分析，來評估 HRW 對切花月季莖端切面和木質部細菌群落的影響，以及這些影響如何與切花的水分關係和瓶插壽命相關聯。透過這些研究，作者希望為利用 H_2 作為一種新的保鮮劑提供理論依據，並為切花的採後保鮮技術提供新的策略。

在這項研究中，學者們進行了一系列的實驗來探究氫氣透過調節切花月季莖端細菌群落來延長其瓶插壽命的效果。實驗開始時，從蘭州的批發市場購買切花月季，並迅速轉移到實驗室。在實驗室中，花枝被重新剪下至約 35 公分長，上部保留三片葉子，莖基部插入蒸餾水中浸泡 2 小時，並用酒精進行表面消毒。選擇大小、顏色一致且無機械損傷的花朵進行不同處理。

實驗中使用了不同濃度的 HRW 作為氫氣處理。透過將純氫氣通入蒸餾水中製備 HRW，氫氣濃度為 0.47mM。將 HRW 稀釋至所需的濃度（0.00235mM，0.0047mM，0.1175mM 和 0.235mM），對照組使用蒸餾水。每種處理都使用 6 枝花，將它們放置在通風處，避免直射陽光，每天更換新鮮的測試溶液。

為了評估 HRW 對切花壽命、花朵直徑和新鮮重量變化率的影響，記錄了從花朵放入測試溶液到失去裝飾價值的天數。花朵直徑透過游標卡尺測量，新鮮重量的變化率透過固定時間點秤量花朵重量來計算。

此外，學者們還測量了水分吸收、水分損失和水分平衡，以了解 HRW 如何影響切花的水分狀況。透過光學顯微鏡、掃描電子顯微鏡（SEM）和共聚焦雷射掃描顯微鏡（CLSM）觀察了莖端的細胞結構、細菌堵塞和生物膜形成。

[183] FANG H, et al. Hydrogen gas increases the vase life of cut rose "Movie star" by regulating bacterial community in the stem ends[J]. *Postharvest Biology and Technology*, 2021, 181: 111685.

為了了解 HRW 對莖端切面細菌群落的影響，進行了細菌分離、DNA 提取和 16S rRNA 基因序列的高通量定序。透過培養基培養、革蘭氏染色和形態學鑑定，挑選出不同的細菌菌落，並對純化後的菌落進行基因組 DNA 提取和定序。

最後，為了驗證高通量定序的結果，進行了優勢細菌的單獨接種實驗。選用的菌株是從 HRW 處理中鑑定出來的，包括螢光假單胞菌（*Pseudomonas fluorescens*）和短小布雷文菌（*Brevundimonas diminuta*）。將這些細菌菌株在營養瓊脂上培養，然後調整至不同的濃度用於切花的保存溶液。所有溶液在實驗開始時新鮮製備，並且在測試期間不更新。

實驗過程中，學者們詳細記錄了各種處理對切花衰老的影響，並在分子水準上探討了氫氣如何透過影響莖端細菌群落來延長切花的保鮮期。

學者們的實驗結果顯示，HRW 作為 H_2 的供體，顯著提高了切花月季「電影明星」品種的瓶插壽命。具體來說，0.00235mM 的 HRW 處理顯著延長了切花的壽命，減少了莖端木質部導管中的細菌堵塞和腐爛，從而促進了切花的水分吸收。此外，透過 16S rRNA 基因序列的高通量定序發現，HRW 顯著增加了莖端切面細菌群落的豐富度指數，表明 HRW 增加了莖端切面益生菌的豐度。單獨的益生菌接種實驗也驗證了這一結果。因此，HRW 透過減少木質部導管中的細菌堵塞和增加莖端切面益生菌的豐度，增加了切花的瓶插壽命和觀賞品質。這些發現為利用氫氣作為一種新的保鮮劑提供了理論依據，並為切花的採後保鮮技術提供了新的策略。

鎂氫化物（MgH_2），是一種在氫能產業和醫學研究中使用的高容量儲氫材料，因其低成本和豐富的資源而具有巨大的儲氫潛力。MgH_2 可以透過水解反應在室溫下產生氫氣，其副產品氫氧化鎂［$Mg(OH)_2$］對環境友好。有一個研究旨在評估 MgH_2 與電解法製備的 HRW 相比[184]，在切花

[184] LI Y, et al. Magnesium hydride acts as a convenient hydrogen supply to prolong the vase life of cut roses by modulating nitric oxide synthesis[J]. *Postharvest Biology and Technology*, 2021, 177: 111526.

月季保鮮中的效果，並探討一氧化氮在 MgH_2 延長切花保鮮期中的作用。研究結果可能為 MgH_2 在園藝領域的應用提供新的機遇，並為其他新型氫釋放材料的實際應用開闢新途徑。

實驗使用的月季花切花（卡羅拉）採自花卉市場，並在一小時內運送到實驗室。月季花的莖被剪至 25cm 長，保留頂部兩片葉子，然後將它們放入含有不同濃度 MgH_2 的處理溶液中。具體濃度包括 0（對照組）、0.0001 $g \cdot L^{-1}$、0.001 $g \cdot L^{-1}$ 和 0.01 $g \cdot L^{-1}$ 的 MgH_2，以及 10%的透過電解水得到的 HRW（氫氣濃度：0.011mM）。此外，還使用了商業花卉保鮮劑 Chrysal Clear Universal Flower Food 作為陽性對照。所有處理溶液每日更換，切花在 20 ～ 25℃、60%～ 70%相對溼度以及 12 小時／ 12 小時（晝／夜）的光週期下培養。

為了評估 MgH_2 對切花月季保鮮期的影響，學者們監測了花的瓶插壽命、相對新鮮重量和花朵直徑。瓶插壽命是從切花放入溶液的第一天開始計算，直到花朵枯萎或出現彎頸現象的最後一天。花朵直徑透過游標卡尺測量得到。此外，還透過特定的方法測量了花瓣的相對含水量。

為了測定溶液中溶解的氫氣濃度，學者們使用了行動式溶解氫測量儀（ENH-1000, TRUSTLEX, Osaka, Japan），並利用氣相色譜法對月季花瓣內源性氫氣濃度進行了測量。實驗中，0.001 $g \cdot L^{-1}$ 的 MgH_2 處理在 4 天的處理期內能夠觸發並維持切花內源性氫氣濃度的增加，隨後逐漸降低至基礎水準。這一處理濃度的選定是基於預實驗結果，旨在模擬透過電解得到的 HRW 的效果，以探究 MgH_2 對月季花切花保鮮期的潛在影響。

實驗結果顯示，使用 MgH_2 處理的月季花切花在瓶插壽命、花朵直徑和花瓣相對含水量方面均有顯著提升。與對照組相比，0.001 $g \cdot L^{-1}$ MgH_2 處理的切花月季瓶插壽命延長了約 2 天，這一效果與透過電解水得到的 10% HRW 處理相似。此外，MgH_2 處理顯著減少了花瓣中 ROS 的累積，降低了 TBARS 的含量，表明減少了脂質過氧化。同時，MgH_2 處理還提高了花瓣中 SOD、POD、CAT 和 APX 等抗氧化酶的活性，這有助於重新建立氧化還原平衡，減少氧化損傷。此外，實驗還發現 MgH_2 透過促進一氧化氮（NO）的產生來延長切花月季的瓶插壽命，這一點透過使用 NO 清除劑和一氧化氮合酶抑制劑的實驗得到了證實。這些結果顯示，MgH_2 作為一種方便的氫氣供應源，能夠有效地延長切花月季的保鮮期，並且其作用機制可能與調節 NO 的合成有關。

第三節　康乃馨

康乃馨，學名 *Dianthus caryophyllus* L.，是一種廣受歡迎的花卉，以其多樣的顏色、持久的瓶插壽命和獨特的香氣而聞名。在全球花卉市場中，康乃馨占據了重要的地位，不僅作為日常裝飾和禮物，還在特殊場合如母親節、教師節和各種慶典中扮演著重要角色。

康乃馨的市場需求穩定，尤其在節日和紀念日期間，需求量會顯著增加。花卉產業透過不斷的品種改良和創新，培育出了多種顏色和花型的康乃馨，以滿足不同消費者的審美需求。此外，康乃馨的保鮮技術也是花卉市場關注的重點，因為延長其瓶插壽命能夠減少浪費、降低成本，並提高消費者的滿意度。

隨著全球貿易的發展，康乃馨的國際貿易也十分活躍。多個國家擁有成熟的康乃馨生產和出口產業鏈，而進口國則透過高效的冷鏈物流系統確保花卉的新鮮度和品質。此外，隨著消費者對健康和環保意識的提高，有機種植和可持續生產的康乃馨也越來越受到市場的歡迎。

花卉市場的競爭也促使生產商和銷售商不斷創新行銷策略，比如透過線上平臺銷售、提供定製化服務和加值服務來吸引消費者。同時，花卉市場也面臨著一些挑戰，如價格波動、供應鏈的不確定性和消費者需求的快速變化。

總體而言，康乃馨作為一種經典的花卉，在全球花卉市場中占有一席之地，並且隨著市場的不斷發展和消費者需求的多樣化，康乃馨的種植、銷售和相關服務也在不斷地演進和創新。

然而康乃馨面臨著和月季等一樣的問題，即切花的保鮮期非常短暫。因此，有一個中國學者團隊就此開展了研究[185]。這項研究旨在評估

[185] LI L, et al. Hydrogen nanobubble water delays petal senescence and prolongs the vase life of cut car-

HNW 在延緩切花康乃馨衰老和延長其瓶插壽命方面的潛力，以及其對 ROS 累積和衰老相關酶活性的影響，從而為發展環保、低成本的切花保鮮技術提供科學依據。

在這項研究中，學者們探究了 HNW 對切花康乃馨保鮮效果的影響。實驗開始時，首先使用氫奈米氣泡水生成器製備 HNW，透過電解水產生的氫氣被注入蒸餾水中形成氫濃度約為 1.0 $\mu g \cdot mL^{-1}$ 的 HNW。同時，作為對照，也準備了常規的 HRW，透過氫氣發生器將氫氣以 150mL/min 的速率注入蒸餾水中，持續 30 分鐘。製備完成後，立即將 100%飽和的 HNW 或 HRW 稀釋至所需的濃度（1%、5%、10%、50%，或者 10% v/v），相當於大約 0.01 $\mu g\ H_2 \cdot mL^{-1}$，0.05 $\mu g\ H_2 \cdot mL^{-1}$，0.1 $\mu g\ H_2 \cdot mL^{-1}$，0.5 $\mu g\ H_2 \cdot mL^{-1}$ 或者 0.08 $\mu g\ H_2 \cdot mL^{-1}$ 的濃度。

實驗所用的康乃馨切花購自當地花卉市場，選擇無機械損傷、開放程度一致的切花，並將其置於蒸餾水中恢復 4 小時。之後，將花莖在水下剪下至 25cm 長，並保留上部兩片葉子。接著，將這些康乃馨分別放入不同濃度的 HNW 或 HRW 中預處理 3 天，每天更換一次溶液，之後轉移到蒸餾水中繼續瓶插，直至實驗結束。在瓶插期間，康乃馨被放置在 25℃、80%～ 85%相對溼度以及 12 小時光照／ 12 小時黑暗的條件下。

在實驗過程中，學者們監測了多種與花卉衰老相關的生理指標，包括花瓣的相對含水量、電解質洩漏、活性氧種類（如過氧化氫 H_2O_2 和超氧陰離子 $O_2^{\cdot-}$）的累積，以及細胞死亡情況。此外，還評估了與衰老相關的酶活性，包括核酸酶（包括 DNA 酶和 RNA 酶）和蛋白酶。透過這些實驗步驟，學者們旨在揭示 HNW 處理對切花康乃馨保鮮效果的影響，以及氫氣在這一過程中的作用機制。

在這項研究中，實驗結果顯示，HNW 處理顯著延長了切花康乃馨

---

nation (*Dianthus caryophyllus* L.) flowers[J]. *Plants*, 2021, 10(8): 1662.

的瓶插壽命。具體來說，與蒸餾水處理的對照組相比，5% HNW 處理顯著延緩了花瓣的衰老，減少了水分和新鮮重量的損失，降低了電解質洩漏，減少了氧化損傷，並減少了細胞死亡。此外，HNW 處理還抑制了核酸酶（包括 DNA 酶和 RNA 酶）和蛋白酶活性的增加，這些酶活性的增加與花瓣衰老過程中核酸和蛋白質的降解有關。在氫氣濃度方面，新鮮製備的 HNW 中氫氣的初始濃度約為 1.0 $\mu g \cdot mL^{-1}$，相當於大約 0.5mM，而常規氫氣富集水（HRW）的氫氣濃度約為 0.8 $\mu g \cdot mL^{-1}$，相當於大約 0.4mM。HNW 的高濃度和較長的駐留時間使其成為一種有效的氫氣傳遞方式，有助於提高切花康乃馨的保鮮效果。這些發現為 HNW 在採後農產品保鮮中的應用提供了基本框架，並展示了 HNW 作為一種環保、低成本的保鮮技術在花卉保鮮中的潛力。

除了 HRW 和 HNW 之外，該學者領導的團隊還用 MgH_2 作為氫氣載體開展了實驗 [186]。

在這項研究中，學者們首次將鎂氫化物（MgH_2）作為氫氣生成源，用於採後花卉保鮮的實驗。他們將純度為 98%、粒徑在 0.5 ～ 25μm 的 MgH_2 與檸檬酸緩衝溶液（CBS，pH 值 3.4）結合使用，以提高 MgH_2 水解產生氫氣的效率。實驗中，將 0.1 克每升的 MgH_2 溶解在 0.1 M 的 CBS 中，與不同濃度的 MgH_2、CBS 或 10%的氫氣富集水（透過水電解獲得）單獨處理進行比較。實驗使用的康乃馨切花「粉鑽」在典型的商業成熟階段購自市場，運輸至實驗室後，將花莖在蒸餾水中水下剪下至 25cm 長，並保留頂部兩片葉子。然後將花莖放入含有 150mL 不同處理溶液的玻璃瓶中，這些處理包括蒸餾水（對照組）、0.1 g/L 每升 MgH_2-CBS、不同濃度的 MgH_2、CBS 以及 10% HRW。為了排除氫氣的影響，對 MgH_2-CBS 溶液進行了煮沸處理以去除生成的氫氣，並在室溫下保存一天直到檢測

[186] LI L, et al. Magnesium hydride-mediated sustainable hydrogen supply prolongs the vase life of cut carnation flowers via hydrogen sulfide[J]. *Frontiers in Plant Science*, 2020, 11: 595376.

不到氫氣為止。實驗中還使用了 600 μM 的 NaHS（作為 H_2S 釋放化合物）和 10mM 的 HT（作為 H_2S 清除劑）作為對照。所有處理的溶液在整個瓶插期間每天更換，以保持氫氣濃度的穩定。

實驗結果顯示，使用 MgH_2 與檸檬酸緩衝溶液（CBS）結合的處理顯著延長了切花康乃馨的瓶插壽命。具體來說，與對照組相比，0.1 $g·L^{-1}$ MgH_2-CBS 處理顯著增加了溶液中溶解氫的濃度，並維持了較長時間，其峰值濃度達到了 0.80ppm，並在 6 小時內保持較高水準。而 10% 的 HRW 處理的氫濃度則從初始的 0.16ppm 在 6 小時後降至基本水準。在 MgH_2-CBS 處理下，康乃馨的瓶插壽命延長了 3.9 天，達到了 11.4 天，同時相對新鮮重量（RFW）和花朵直徑也得到了更好的保持。此外，透過使用特定的 H_2S 螢光探針 WSP-5 監測發現，MgH_2-CBS 處理顯著增加了康乃馨花瓣內源性 H_2S 的產生，而 H_2S 清除劑 HT 則抑制了這一效應。進一步的實驗證實，MgH_2-CBS 處理透過 H_2S 訊號通路維持了康乃馨的氧化還原平衡，降低了花瓣中 ROS 的累積，並減少了衰老相關基因 Dc-bGal 和 DcGST1 的表現。這些發現揭示了 MgH_2-CBS 透過 H_2S 訊號通路延長切花康乃馨瓶插壽命的潛在機制，為農業實踐中 MgH_2 的應用提供了新的可能性。

第四節　洋桔梗

洋桔梗（學名：*Eustoma grandiflorum* Raf. Shinners），又名草原龍膽，是龍膽科多年生草本植物，原產於北美南部至墨西哥一帶。其花朵形態優雅，花瓣層疊如蓮，花色豐富，常見紫色、粉色、白色及複色等，花語象徵「感動」與「真誠不變的愛」，因此在花藝設計、婚禮裝飾和禮品花束中備受青睞。洋桔梗的自然花期集中在春夏季（5～7月），但透過溫室調控可實現週年開花，這使得其在鮮切花市場中占據重要地位。

從生長習性來看，洋桔梗喜溫暖、光照充足的環境，適宜生長溫度為15～28℃，耐寒性較差，冬季溫度低於5℃易受凍害，夏季高溫超過30℃則可能導致花期縮短或花量減少。它對光照需求較高，需每日至少4～6小時直射光，長日照條件能促進花芽分化，而光照不足易引發徒長或不開花。土壤方面，洋桔梗偏好疏鬆透氣、排水良好的微酸性土壤，常用腐葉土、園土與河沙混合基質，並需新增有機底肥以保障養分。水分管理需遵循「見乾見溼」原則，避免積水導致根腐病，生長期需保持土壤微溼，冬季則需減少澆水頻率。

在市場前景方面，洋桔梗憑藉其優雅的花型和較長的瓶插壽命（鮮切花可維持10～15天），已成為全球花卉市場的重要品種之一。隨著消費者對高階花材需求的增長，尤其是婚禮、慶典等場景的應用擴大，洋桔梗的種植面積和品種培育逐年增加。此外，其耐儲運特性也使其在國際貿易中具備優勢，中國雲南、山東等地已形成規模化種植基地，市場潛力可觀。

然而，洋桔梗的種植與保存亦存在難點。種植環節中，幼苗期對溫度極為敏感，需經歷春化作用（低溫處理）以打破休眠，否則易出現蓮座化現象（葉片簇生、不開花）。病蟲害防治亦為挑戰，常見病害如根腐病、灰黴病多因溼度過高或施肥不當引發，蟲害則以蚜蟲、薊馬為主，需定期噴施殺菌劑與殺蟲劑。保存方面，鮮切花採收後需及時進行保鮮處理，如使用含蔗糖和殺菌劑的溶液預處液，並控制保存溫度在 2～4℃，以延長觀賞期。總體而言，洋桔梗的種植需精細化管理，但其高附加值與市場需求仍使其成為極具發展潛力的花卉品種。

針對這種備受市場歡迎的花朵在保存方面的難點，研究人員以洋桔梗切花為研究對象，系統開展了氫氣調控切花衰老的實驗探索[187]。實驗首先透過向蒸餾水中持續通入高純度（99.99%）氫氣 30 分鐘製備富氫水（HRW），經氣相色譜檢測確認飽和溶液中氫氣濃度達 0.78mM 後，梯度稀釋獲得 0.078mM、0.39mM 及 0.78mM 三個處理濃度。透過預實驗篩選發現，0.078mM HRW 對延緩切花衰老效果最為顯著，故後續實驗聚焦該濃度展開。為探究內源氫氣的作用機制，實驗同步引入 500μM 的 2,6- 二氯酚靛酚（DCPIP）作為氫氣合成抑制劑，並設定 HRW 與 DCPIP 協同處理組進行對比驗證。

實驗採用標準化操作流程：將莖部統一修剪至 25cm 的切花置於含不同處理液的玻璃容器中，每日更換新鮮處理液，並在恆溫培養箱（25±1℃）中維持 14 小時光照／10 小時黑暗的晝夜節律。實驗設計採用完全隨機區組法，每組包含 3 個重複，每重複 15 支花莖，共 45 支樣本用於瓶插壽命、鮮重及花徑動態監測。其中瓶插壽命判定以 50% 花瓣出現萎蔫或失去觀賞價值為標準，鮮重採用定時秤量法記錄，花徑變化透過游標卡尺測量最大展開直徑。

針對生理生化指標的檢測，研究人員建立了多元度分析體系，以確保實驗結果的可靠。

經過多次重複實驗之後，學者們得出了如下結論：

---

[187] SU J C, et al. Endogenous hydrogen gas delays petal senescence and extends the vase life of lisianthus cut flowers[J]. *Postharvest Biology and Technology*, 2019, 147: 148-155.

實驗結果顯示，使用 0.078mM 富氫水（HRW）處理的洋桔梗切花瓶插壽命顯著延長至約 11 天，較未處理組的 7 天提升了 57%。透過氣相色譜分析發現，切花衰老過程中內源氫氣濃度呈現先小幅上升後急遽下降的趨勢，而 HRW 處理有效延緩了內源氫氣的耗竭速度，維持了較高水準的氫氣代謝。當引入 500μM 的 DCPIP 抑制內源氫氣合成時，瓶插壽命縮短至 5 天，且花瓣萎蔫程序加速，但這一負面效應可透過 HRW 的同步處理得到逆轉，驗證了內源氫氣在延緩衰老中的核心作用。

氧化反應相關指標顯示，對照組切花在瓶插過程中過氧化氫（H_2O_2）含量和脂質過氧化產物（TBARS）持續累積，DAB 染色顯示花瓣組織內活性氧顯著聚集。HRW 處理組則表現出 H_2O_2 含量降低 42%、TBARS 水準下降 35%，且染色強度明顯減弱，表明氫氣透過減輕氧化損傷維持細胞穩態。進一步檢測抗氧化酶系統發現，HRW 顯著提升了超氧化物歧化酶（SOD）、抗壞血酸過氧化物酶（APX）、愈創木酚過氧化物酶（POD）及過氧化氫酶（CAT）的活性峰值，其中 SOD 活性在瓶插第 5 天較對照組提高 1.8 倍，而 DCPIP 處理則抑制了這些酶的活性表現。

生理代謝指標分析揭示，HRW 處理有效延緩了葉綠素降解，瓶插第 7 天時總葉綠素含量較對照組保留率達 68%，同時可溶性蛋白含量下降幅度減少 40%。脯胺酸作為重要的滲透調節物質，在 HRW 處理組中累積量較對照組提高 2.3 倍，且在 DCPIP 抑制內源氫氣時出現顯著降低。值得注意的是，當 HRW 與 DCPIP 共同作用時，葉綠素、蛋白及脯胺酸水準的衰減均得到部分恢復，進一步證實氫氣透過多途徑協同調控延緩衰老程序。

除了 HRW 外，也有學者利用二氫化鎂作為供氫載體，開展了相關研究 [188]。該實驗的鮮花材料採購自南京市漢中門鮮花市場，學者特意選取了無病害、形態一致的洋桔梗鮮切花，運輸至實驗室後立即進行預處理：去

[188] 李瑩．二氫化鎂在鮮切花保鮮中的應用及其作用機理 [D]. 南京農業大學，2020.

除莖部老葉，保留頂端 2 ～ 3 片健康葉片，將莖基部斜切 45°以增大吸水面積，隨後插入蒸餾水中覆水 4 小時備用。二氧化鎂（純度 99.895%）溶解於蒸餾水中，配製成 0.0001 g/L、0.001 g/L 及 0.01 g/L 三種濃度處理液，同時設定蒸餾水為空白對照，富氫水（HRW，0.078mM H_2）作為陽性對照。

實驗採用完全隨機區組設計，每種處理包含 3 個生物學重複，每重複 15 枝花莖，分別插入含 300mL 處理液的玻璃容器中，每日更換新鮮溶液以維持處理濃度穩定。所有處理組置於恆溫培養箱（20 ～ 25℃）中，模擬 12 小時光照／ 12 小時黑暗的晝夜節律。瓶插壽命以 50%花瓣出現萎蔫、褪色或失去觀賞價值為判定終點，每日定時觀察記錄；花徑動態監測採用十字交叉法測量最大展開直徑，每枝花重複測量 4 次取均值。

在生理生化指標檢測方面，學者的分析體系同樣嚴謹。

他的實驗結果如下：

實驗結果顯示，二氧化鎂（MgH_2）處理顯著改善了洋桔梗鮮切花的保鮮效果。與蒸餾水對照組相比，0.001 g/L MgH_2 處理的洋桔梗瓶插壽命從 7±0.9 天延長至 8.6±0.9 天，增幅達 22.9% ±2.5%，且與陽性對照富氫水（0.078mM H_2）處理效果相當。花徑動態監測顯示，0.001 g/L MgH_2 處理組的花徑在第 4 天達到峰值 5.49±0.10cm，較對照組（5.31±0.11cm）增加 3.39% ±0.32%，表明其能有效促進花朵開放。此外，DAB 染色與脂質過氧化分析顯示，MgH_2 處理顯著降低了花瓣中 H_2O_2 累積及 TBARS 含量，同時提升了超氧化物歧化酶（SOD）、抗壞血酸過氧化物酶（APX）等關鍵抗氧化酶的活性。內源氫氣濃度檢測進一步揭示，0.001 g/L MgH_2 處理使花瓣內源 H_2 水準在瓶插第 4 天達到峰值，較對照組提高 39.96% ±4.18%，暗示其可能透過調控氫氣代謝維持氧化還原穩態。所有數據均透過三次獨立重複驗證，統計差異顯著性達 $P<0.05$ 水準，證實 MgH_2 透過多重生理調控途徑延緩洋桔梗鮮切花衰老程序。

第五節　萬壽菊

萬壽菊（*Tagetes erecta* L.），又名非洲菊或瑪格麗特菊，屬於菊科萬壽菊屬的一年生草本植物。原產於墨西哥，現在全球溫帶和副熱帶地區廣泛栽培。這種植物以其多樣鮮豔的色彩、易於照料和強大的適應性而受到園藝愛好者的青睞。萬壽菊的花朵大而色彩豐富，包括黃色、橙色、紅色和白色等，有時單朵花就能展現出多種色彩。它的葉片羽狀深裂，綠色且略帶粗糙質感。莖幹直立且粗壯，能夠生長至 1m 高或更高。

萬壽菊對光照的需求較高，喜愛充足的陽光，同時也能適應半陰的環境。它對溫度的適應性較強，既耐熱也耐寒，儘管極端低溫可能會對其生長造成一定影響。在土壤方面，萬壽菊不挑剔，能在多種土壤類型中生長，但更偏愛肥沃且排水性好的土壤。在栽培上，萬壽菊通常在春季播種，發芽的適宜溫度為 20 ～ 25℃。由於不耐水溼，澆水需適量，避免根部積水。在生長期間，適量施肥可以促進花朵的盛開。

除了作為觀賞植物，萬壽菊在園林綠化中也有廣泛應用，能夠為環境增添色彩和活力。此外，某些地區的傳統醫學中也會利用萬壽菊的花和葉，認為它們具有清熱解毒等功效。總而言之，萬壽菊不僅觀賞價值高，還因其易於栽培和適應性強的特點，成為園藝中不可或缺的植物。

在一項研究中，學者們探究了氫氣對萬壽菊不定根發育過程中生理變化的影響[189]。實驗使用了不同濃度的 HRW，以 0.8mM 的氫氣濃度對萬壽菊的插條進行處理。首先，將萬壽菊種子在控制條件下發芽，然後在無菌的條件下移除幼苗的主根，並將這些插條置於含有不同濃度 HRW 的培養基中。這些培養基包括 1%（0.008mM），10%（0.08mM），50%

[189] ZHU Y, LIAO W. The metabolic constituent and rooting-related enzymes responses of marigold explants to hydrogen gas during adventitious root development[J]. *Theoretical and Experimental Plant Physiology*, 2017, 29(3): 123-133.

(0.04mM)，和 100% (0.8mM) 的 HRW，每種處理都旨在評估不同氫氣濃度對生根的影響。實驗過程中，定期監測插條的根數和根長，並記錄相應的照片。

為了進一步分析氫氣對萬壽菊生理變化的影響，學者們還測量了插條的 RWC、氣孔開度和電解質洩漏。透過將新鮮葉片在蒸餾水中浸泡並測定其鮮重 (Wf)、吸水後的重量 (Wt) 以及烘乾後的重量 (Wd)，計算出 RWC。同時，透過測量插條在不同時間點的氣孔開度和電解質洩漏，評估了細胞膜的完整性和植物的水分保持能力。

此外，學者們還對萬壽菊插條中的代謝成分含量進行了測定，包括水溶性碳水化合物 (Water-soluble Carbohydrate, WSC)、澱粉和可溶性蛋白。透過特定的生化方法，如濃硫酸 - 苯酚法測定 WSC，澱粉經澱粉葡萄糖苷酶消化，測定釋放的葡萄糖得出澱粉含量，考馬斯亮藍法測定可溶性蛋白，以評估氫氣處理對這些代謝成分的影響。

為了探究氫氣對與生根相關的酶活性的影響，學者們測定了 POD、PPO 和 IAAO 的活性。這些酶活性的測定是透過比色法進行，透過測量在特定波長下的吸光度變化來計算酶活性。

整個實驗過程中，學者們對氫氣處理的萬壽菊插條進行了詳細的生理和生化分析，以揭示氫氣在植物不定根發育中的作用機制。透過這些實驗步驟，研究旨在為農業生產中利用氫氣提供潛在的應用策略，並為理解氫氣在植物生長發育中的作用提供新的視角。

在這項研究中，學者們發現不同濃度的 HRW 對萬壽菊不定根的發育具有顯著影響。實驗結果顯示，與對照組相比，50% (0.4mM) HRW 處理顯著增加了萬壽菊插條的根數和根長。此外，氫水處理還顯著降低了氣孔開度，這可能與相對含水量的增加有關。氫水處理還減少了不定根發育過程中的電解質洩漏，表明氫水有助於保持細胞膜的完整性。在代謝成分方面，氫水處理的插條中水溶性碳水化合物、澱粉和可溶性蛋白的含量較對照組為高。與對照組相比，氫水處理顯著提高了 POD、PPO 和 IAAO 的活性。這些結果顯示，氫氣透過增加相對含水量、代謝成分、生根相關酶活性，並同時保持細胞膜完整性，促進了萬壽菊不定根的發育。這些發現為氫氣在植物不定根發育中的潛在應用提供了新的視角，並為農業生產中利用氫氣提供了可能的應用策略。

第八章
草地作物

第一節　苜蓿

紫花苜蓿，學名 *Medicago sativa*，屬於豆科苜蓿屬的多年生草本植物。它是一種重要的飼料作物，廣泛用於農業和畜牧業，因其豐富的營養價值和高蛋白含量而被譽為「牧草之王」。紫花苜蓿的葉片由三片小葉組成，呈羽狀複葉，花朵呈紫色或淡紫色，具有較高的觀賞價值，常被用於草地和園林景觀的美化。

這種植物具有很強的適應性，能夠生長在多種土壤類型中，但更偏好排水良好、肥沃的土壤。紫花苜蓿對環境條件的適應範圍較廣，能夠耐受一定的乾旱和寒冷，但在溫暖溼潤的氣候下生長更為旺盛。它透過根部的共生固氮菌能夠提高土壤的肥力，因此在農業輪作中扮演著重要角色。

紫花苜蓿不僅在農業上具有重要價值，還在生態保護和水土保持方面發揮著作用。它的根系發達，能夠有效地固定土壤，減少水土流失。此外，紫花苜蓿在植物科學研究中也是一個重要的模型植物，常被用於研究植物對非生物脅迫的響應機制，包括耐旱性、耐鹽性等。

一、HRW 透過減少一氧化氮的產生減輕滲透脅迫對苜蓿的影響

隨著科學研究的深入，有中國學者發現[190]紫花苜蓿在面對滲透脅迫和鹽脅迫等逆境時，能夠透過調節內源性訊號分子，如一氧化氮和脯胺酸等，來增強自身的耐逆性。這位作者的研究成果不僅有助於提高紫花苜蓿的栽培和利用效率，也為其他植物的逆境生理研究提供了重要的參考。

這篇論文的研究背景主要聚焦於植物在面對非生物脅迫，特別是滲

[190] 蘇久廠，等 · 氫氣緩解滲透和鹽脅迫及延長切花保鮮期的分子機制 [D]. 南京農業大學，2020.

透脅迫和鹽脅迫時的生理響應和分子機制。在自然環境中，植物經常遭受各種非生物脅迫，這些脅迫嚴重影響植物的生長和發育，甚至導致植物死亡。其中，滲透脅迫和鹽脅迫是農業生產中常見的限制因素，它們透過干擾植物的水分吸收和體內離子平衡，影響植物的正常生理功能。

一氧化氮（NO）和脯胺酸作為植物體內的訊號分子和滲透調節劑，它們在植物響應非生物脅迫和調控生長發育中產生關鍵作用。外源 H_2 的應用不僅可以提高植物的抗氧化能力，緩解氧化反應，還可能透過影響 NO 和脯胺酸的代謝來增強植物的滲透脅迫耐性。

此外，褪黑素作為一種重要的植物激素，也在植物應對各種非生物脅迫中顯示出其獨特的功能。研究顯示，褪黑素能夠透過調節植物體內的多種生理生化過程，增強植物對鹽分脅迫等非生物脅迫的抵抗能力。然而，褪黑素和內源 H_2 如何協同作用，以及它們在植物耐鹽性中的具體分子機制尚不完全清楚。

基於此，論文旨在深入探討 H_2 和褪黑素在植物響應滲透脅迫和鹽脅迫中的作用機制，以及它們如何透過影響 NO 和脯胺酸等關鍵分子的代謝來提高植物的耐逆性。透過這些研究，不僅能夠為農業生產中提高作物的抗逆性提供理論依據，也為氫農業和氫農學的發展提供新的視角和技術支援。

在這項研究中，學者們設計了一系列實驗來探究氫氣（H_2）如何透過一氧化氮（NO）增強紫花苜蓿幼苗對滲透脅迫的耐受性。實驗的起點是製備 HRW，這是透過將純氫氣以 150mL/min 的速率通入 1,000mL 培養液中，持續約 30 分鐘來實現的。透過氣相色譜分析，確認了 HRW 中氫氣的濃度，並將其稀釋至所需的實驗濃度（0.078mM、0.390mM 和 0.585mM）。

紫花苜蓿的種子首先經過表面消毒處理，然後在控制條件下發芽。發芽後的幼苗被轉移到含有 1/4 Hoagland 溶液的育苗盒中，並在特定的光照和溫度條件下生長。實驗過程中，幼苗被暴露於不同濃度的 HRW 以及模擬低氧環境的富氮水，以此來模擬植物在自然環境中可能遇到的脅迫條件。

為了模擬滲透脅迫，使用了聚乙二醇 (PEG) 作為滲透劑。在預處理階段，幼苗被分別用 HRW、富氮水、NO 供體 (SNP)、NO 清除劑 (PTIO 和 cPTIO) 以及脯胺酸等不同處理液進行預處理，然後轉移到含有 PEG 的溶液中，以誘導滲透脅迫。預處理的時間和處理液的濃度都是透過預實驗確定的。

在實驗過程中，學者們使用了多種儀器和技術來監測植物的生理反應，包括雷射共聚焦掃描顯微鏡 (CLSM) 來檢測細胞內 NO 的螢光訊號，分光光度法來定量測定 NO 含量以及高效液相色譜法 (HPLC) 來測定脯胺酸含量。此外，還進行了組織化學染色來評估脂質過氧化和質膜完整性，以及硫代巴比妥酸反應產物 (TBARS) 測定來評估脂質過氧化程度。

為了進一步探究分子機制，實驗還包括了抗氧化酶活性的測定，總 RNA 提取和 cDNA 合成，以及螢光定量 PCR 來分析基因表現量。這些步驟涉及植物材料的收集、冷凍保存、研磨、離心以及與各種試劑的反應等。

最後，為了評估 H_2 和 NO 對蛋白質 S- 亞硝基化的影響，使用了生物素轉化法來檢測滲透脅迫下苜蓿幼苗總蛋白的 S- 亞硝基化修飾。這包括了蛋白質的提取、SDS-PAGE 電泳、轉膜、抗生物素抗體檢測等步驟。

整個實驗過程設計嚴謹，涵蓋了從宏觀的植物生長狀況觀察到微觀的分子層面分析，旨在全面理解 H_2 和 NO 在植物響應滲透脅迫中的作用機制。

作者透過一系列實驗最終認為，在 HRW 濃度為 0.58mM 的條件下，外源施用的氫氣最能夠緩解紫花苜蓿幼苗因滲透脅迫而產生的生長抑制，顯著提高了幼苗在地上部位的鮮重與乾重。在其他 HRW 濃度下，氫分子對紫花苜蓿幼苗響應滲透脅迫和鹽脅迫亦有幫助。根據學者們透過實驗得到的結果，他們認為，這種幫助很可能是因為氫氣透過啟用一氧化氮訊號通路，觸發了一系列協同的生理與分子響應機制。具體而言，氫氣誘導的一氧化氮生成（部分依賴硝酸還原酶途徑）作為關鍵下游訊號，透過以下途徑發揮作用：

1. 促進滲透調節物質累積

一氧化氮透過上調脯胺酸合成相關基因的表現，顯著增加脯胺酸的累積，從而維持細胞滲透平衡並穩定生物大分子結構；

2. 調控蛋白質翻譯後修飾

一氧化氮依賴的蛋白質 S- 亞硝基化修飾可調節脅迫響應蛋白的功能活性（如抗氧化酶或訊號轉導蛋白），增強細胞對滲透逆境的適應能力；

3. 強化抗氧化防禦系統

氫氣透過啟用超氧化物歧化酶（SOD）、抗壞血酸過氧化物酶（APX）等抗氧化酶活性，有效清除活性氧（ROS），並協同 NO 訊號重建氧化還原穩態，減少氧化損傷；

4. 整合氧化還原訊號網路

氫氣介導的氧化還原平衡重塑透過一氧化氮訊號與其他代謝通路（如脯胺酸代謝、抗氧化系統）形成正向調控環路，最終系統性提升紫花苜蓿幼苗對滲透及鹽脅迫的耐受性。

二、HRW 透過減少一氧化氮的產生減輕鋁對苜蓿根伸長抑制的影響

還有一篇文章的實驗背景集中在探討 HRW 對苜蓿根部伸長抑制的緩解作用，特別是在鋁毒性條件下。鋁是植物生長中常見的限制因素，尤其是在酸性土壤中，鋁的毒性可以顯著抑制根部的伸長，這是植物鋁毒性最早期和最明顯的症狀之一。鋁透過與細胞壁和質膜相互作用，干擾根部的正常生長，導致植物生長受阻。因此，本研究旨在評估 HRW 對苜蓿根部在鋁脅迫下的生理作用及其可能的分子機制，以期為提高植物對鋁毒性的耐受性提供新的策略。研究背景強調了鋁毒性對農業生產的潛在影響，以及探索氫氣作為一種新型生物調節劑在植物耐鋁機制中的潛在應用價值 [191]。

首先，他們從商業管道獲取苜蓿種子，並進行了表面消毒處理，然後在 25℃的黑暗條件下進行發芽。發芽後的種子被轉移到含有營養介質的塑膠容器中，在控制環境條件下培養，以確保一致的生長條件。

在實驗中，研究人員使用了不同濃度的 $AlCl_3$ 溶液來處理苜蓿幼苗，以模擬鋁脅迫的環境。同時，他們準備了不同飽和度的 HRW，這些 HRW 是透過將純度為 99.99%的氫氣（H_2）通入 0.5mM $CaCl_2$ 溶液中製備的，製備過程中氫氣的流速為 150mL/min，持續時間為 30 分鐘。實驗中使用的 HRW 的氫氣濃度分別為 1%，10%，50%和 100%的飽和度，其中新鮮製備的 HRW 中氫氣的濃度透過氣相色譜分析確定為 0.22mM，並在 25℃下至少保持 12 小時的相對恆定水準。

研究人員將苜蓿幼苗分別置於含有不同濃度 $AlCl_3$ 和不同飽和度 HRW 的溶液中進行處理，以評估 HRW 對鋁脅迫下苜蓿幼苗根伸長的

[191] CHEN M, et al. Hydrogen-rich water alleviates aluminum-induced inhibition of root elongation in alfalfa via decreasing nitric oxide production[J]. *Journal of Hazardous Materials*, 2014, 267: 40-47.

影響。在處理過程中，他們定期監測幼苗的生長狀況，包括根和芽的鮮重和乾重，以及根尖的鋁累積情況。此外，為了深入了解 HRW 對苜蓿幼苗根部一氧化氮（NO）產生的影響，研究人員還利用了電子順磁共振（Electron paramagnetic resonance, EPR）技術來測定根部的 NO 含量。

整個實驗過程中，研究人員對不同處理組的苜蓿幼苗進行了詳細的觀察和記錄，以確保能夠準確評估 HRW 在鋁脅迫下對苜蓿生長的影響。透過這些實驗步驟，研究人員旨在揭示 HRW 在植物耐鋁機制中的潛在作用及其可能的分子機制。

在這篇文章中，實驗結果顯示 HRW 對苜蓿在 Al 脅迫下的根部伸長具有顯著的積極影響。具體來說，與對照組相比，經過 HRW 處理的苜蓿幼苗在鋁脅迫下顯示出較低的根部伸長抑制率。特別是 50%飽和度的 HRW 處理，對緩解鋁誘導的根部伸長抑制效果最為顯著。

此外，HRW 處理還降低了苜蓿根部的鋁累積，減少了鋁在根尖的累積，這一點透過組織化學染色得到了證實。在分子水準上，HRW 透過減少一氧化氮（NO）的產生來發揮作用，這表明 NO 在鋁脅迫下的根部伸長抑制中產生了關鍵作用。實驗中使用了一氧化氮清除劑（如 PTIO 和 cP-TIO）來驗證 NO 在這一過程中的作用，結果顯示，NO 清除劑能夠減輕鋁或 SNP 誘導的根部伸長抑制，這與 HRW 處理的效果相似。

進一步的分析顯示，HRW 處理能夠降低苜蓿根部在鋁脅迫下的 NO 產生，這與根部伸長的恢復密切相關。而且，HRW 處理還影響了與 NO 合成相關的酶活性，特別是硝酸還原酶（NR）活性，這表明 NR 介導的 NO 產生可能至少部分參與了鋁誘導的根部伸長抑制。

綜上所述，實驗結果揭示了 HRW 透過減少 NO 的產生，增強了苜蓿對鋁脅迫的耐受性，這為利用 HRW 作為一種潛在的農業應用手段提供了科學依據。

三、HRW 減少鎘脅迫對苜蓿的影響

還有一篇文章研究了 HRW 對苜蓿在鎘 (Cadmium, Cd) 脅迫下的生理作用及其可能的分子機制 [192]。鎘是一種有毒重金屬，主要透過自然和人為活動汙染環境，它能夠被植物迅速吸收，從而對植物的光合作用、呼吸作用和氮代謝產生嚴重影響。鎘的累積不僅會抑制植物生長，還可能導致葉綠素減少、壞死或程序性細胞死亡，甚至細胞死亡。由於鎘能夠透過食物鏈對人類健康構成威脅，因此減少作物中的鎘含量對於食品安全至關重要。文章中提到，鎘毒性與氧化反應之間存在密切連繫，鎘能夠刺啟用性氧種 (ROS) 的產生，進而影響抗氧化防禦系統，引發氧化反應。抗氧化網路由酶促系統和非酶促組分構成，其中 SOD、CAT、麩胱甘肽過氧化物酶 (GPX) 等在維持植物細胞內氧化還原穩態中產生重要作用。此外，GSH 的穩態對於植物對重金屬的耐受性至關重要。因此，本研究旨在探究 HRW 在緩解苜蓿植物鎘毒性中的作用，以及其潛在的分子機制，以期為農業生產系統中的鎘解毒提供有效的策略。

首先，他們將苜蓿種子在 5%次氯酸鈉溶液中消毒 10 分鐘，然後在蒸餾水中徹底清洗後在 25℃的黑暗條件下發芽 1 天。接著，選取均勻的幼苗轉移到含有四分之一強度 Hoagland 營養液的塑膠容器中，在光照培養箱中培養 5 天，每天光照 14 小時，光強度為 $200\mu mol \cdot m^{-2} \cdot s^{-1}$，溫度為 25±1℃。

實驗中，學者們使用了不同濃度的 HRW 對苜蓿幼苗進行預處理，這些 HRW 是透過將純度為 99.99%的 H_2 通入四分之一強度 Hoagland 營養液中製備的，通氣速率為 150mL/min，持續 60 分鐘。製備好的 HRW 被迅速稀釋到所需的濃度（1%，10%，50%），其中新鮮製備的 HRW 中

[192] CUI W, et al. Alleviation of cadmium toxicity in *Medicago sativa* by hydrogen-rich water[J]. *Journal of Hazardous Materials*, 2013, 260: 715-724.

氫氣的濃度透過氣相色譜分析確定為 0.22mM，並在 25℃下至少保持 12 小時的相對恆定水準。

在預處理階段，苜蓿幼苗被置於不同濃度的 HRW 中 12 小時，隨後轉移到含有 75μM $CdCl_2$ 的溶液中繼續培養 72 小時，以模擬鎘脅迫條件。實驗過程中，學者們定期觀察並記錄幼苗的生長狀況，包括根長、鮮重和乾重等指標。此外，他們還對幼苗的根尖進行了染色，以評估鎘的累積情況。在實驗的最後階段，學者們收集了根組織樣本，用於後續的生理和分子水準分析，包括抗氧化酶活性測定、基因表現分析以及 GSH 含量的測定等。

透過這些實驗步驟，學者們旨在揭示 HRW 對苜蓿幼苗在鎘脅迫下生長抑制、氧化損傷和鎘累積的影響，以及 HRW 如何透過調節抗氧化系統和麩胱甘肽穩態來提高植物對鎘脅迫的耐受性。

在這項研究中，實驗結果揭示了 HRW 對苜蓿在鎘脅迫下的積極影響。具體來說，與對照組相比，經過 10% HRW 預處理的苜蓿幼苗在鎘脅迫下顯示出顯著的生長促進效果，包括根長、鮮重和乾重的增加。此外，HRW 處理顯著降低了鎘誘導的氧化反應，這透過減少 TBARS 含量和提高抗氧化酶系統活性來實現，包括 SOD、CAT、麩胱甘肽過氧化物酶 (GPX) 和 APX。

實驗還發現，HRW 預處理顯著抑制了鎘脅迫下苜蓿根尖的 ROS 產生，減少了脂質過氧化和細胞膜損傷，這透過 3,3'- 二胺基聯苯胺 (DAB) 染色和席夫試劑 (Schiff's reagent) 檢測得以證實。此外，HRW 處理的苜蓿幼苗在鎘脅迫下表現出較低的鎘累積量，這與鎘吸收和轉運相關基因表現的下調有關。

在分子水準上，HRW 預處理顯著提高了抗氧化相關基因的表現，包括 Cu/Zn-SOD、Mn-SOD、APX1/2、GPX 以及如 γ- 麩胺醯半胱胺酸合成酶（ECS）、麩胱甘肽合成酶（GS）、同型麩胱甘肽合成酶（hGS）和麩胱甘肽還原酶（GR1/2）這些與麩胱甘肽代謝相關的酶基因。這些結果顯示，HRW 透過調節抗氧化防禦系統和麩胱甘肽穩態，增強了苜蓿對鎘脅迫的耐受性。

總之，這些發現表明 HRW 是一種有效的策略，可以減輕鎘對苜蓿的毒性影響，並透過提高抗氧化能力來保護植物免受氧化損傷。這些結果為利用 HRW 作為一種潛在的農業應用手段，以減少作物中的鎘殘留和提高食品安全提供了科學依據。

四、HRW 減少汞脅迫對苜蓿的影響

在 2014 年，由同一位學者領導的研究團隊還探究了 HRW 能否減少汞脅迫對苜蓿的影響 [193]。

在這項研究中，學者們首先製備了 HRW，透過將純度為 99.99% 的 H_2 從氫氣發生器中產生的氣泡通入 1L 四分之一強度的 Hoagland 溶液中，通氣速率為每分鐘 150 毫升，持續 40 分鐘。製備出的 HRW 隨後迅速稀釋至所需濃度（1%，10%，和 50% [v/v]）。在實驗條件下，使用氣相色譜法分析顯示，新製備的 HRW 中氫氣的濃度為 0.22mM，並在 25℃下至少保持 12 小時相對恆定。

實驗所用的植物材料是苜蓿的種子，經過表面消毒後在黑暗中 25℃下發芽一天。發芽後的幼苗被轉移到塑膠培養箱中，並在營養培養基（四分之一強度的 Hoagland 溶液，pH 值 6.0）中繼續培養四天，培養條件為光照培養箱中 25±1℃，光強度 200μmol $m^{-2}s^{-1}$，每天 14 小時光照週期。

隨後，5 天齡的幼苗被用於實驗，分別用含有不同濃度 HRW 的四

[193] CUI W, et al. Hydrogen-rich water confers plant tolerance to mercury toxicity in alfalfa seedlings[J]. *Ecotoxicology and Environmental Safety*, 2014, 105: 103-111.

分之一強度 Hoagland 溶液處理，或單獨用不同濃度的氯化汞 ($HgCl_2$) 處理，然後繼續在 10mM 氯化汞溶液中培養 24 小時或指定時間點。未經化學處理的樣本作為對照組 (Con)。實驗結束後，收穫 30 株幼苗的根部組織，測定其鮮重 (FW) 和乾重 (DW)，並拍攝幼苗照片。同時，收穫的根部組織被用於立即使用或在液氮中快速冷凍，然後保存在 -80℃條件下，以備後續測定。

此外，學者們還進行了一系列的測定，包括 TBARS 含量的測定以評估脂質過氧化水準，根部離子滲漏的測定以反映汞毒性，以及汞含量的測定。為了進一步分析，還進行了組織化學分析，檢測 ROS 的產生，以及透過各種染色方法評估脂質過氧化和質膜完整性的損失。透過這些實驗步驟，學者們旨在探究 HRW 對苜蓿幼苗在面對汞脅迫時的生理效應。

實驗結果顯示，0.022mM 的 HRW 對苜蓿幼苗面對氯化汞 ($HgCl_2$) 時的保護作用最好。當苜蓿幼苗暴露於 $HgCl_2$ 時，觀察到 ROS 的產生增加，導致生長受到抑制和脂質過氧化水準上升。然而，透過 HRW 的處理，這些負面效應得到了明顯的緩解。具體來說，與單獨 $HgCl_2$ 處理的幼苗相比，經 HRW 預處理的幼苗表現出較低的 TBARS 含量，這表明脂質過氧化受到抑制。同時，HRW 顯著降低了相對離子滲漏，這是細胞膜損傷的一個指標，意味著 HRW 有助於保持細胞膜的完整性。此外，HRW 還減少了 Hg 在幼苗根系中的累積，這表明 HRW 能夠減輕汞的毒性效應。

在抗氧化防禦系統方面，HRW 顯著提高了過氧化物酶 (POD) 和 APX 的活性，這兩種酶均參與清除過氧化氫。同時，HRW 還逆轉了 Hg 誘導的 SOD 活性的增加。在轉錄水準上，HRW 預處理也增加了與抗氧化防禦相關的基因表現，包括 POD、APX、γ- 麩胺醯半胱胺酸合成酶 (ECS)、麩胱甘肽合成酶 (GS)、MDHAR 和 GR。這些基因的上調有助於增強幼苗的抗氧化能力，從而減輕氧化損傷。

此外，HRW 還有助於恢復苜蓿幼苗根系中的還原型 GSH 和還原型 AsA 水準，這兩者在維持細胞內氧化還原平衡中產生關鍵作用。透過這些機制，HRW 不僅減輕了 $HgCl_2$ 誘導的氧化反應，還重新建立了氧化還原平衡，從而提高了苜蓿幼苗對汞毒性的耐受性。這些結果顯示，HRW 作為一種潛在的農業應用手段，可能有助於提高作物在重金屬汙染環境中的生長效能。

五、HRW 減少巴拉刈脅迫對苜蓿的影響

還有篇文章透過在巴拉刈脅迫下對紫花苜蓿幼苗進行實驗 [194]，首次提供了證據，表明在受到氧化脅迫的高等植物中，內源性 H_2 的產生增加，並透過 HRW 的預處理來模擬由巴拉刈脅迫引發的生理反應，從而探討了 H_2 如何調節由巴拉刈觸發的氧化損傷和幼苗生長的抑制。

實驗中，紫花苜蓿幼苗被暴露於不同濃度的巴拉刈溶液中，以評估其對根伸長的影響。研究發現，隨著巴拉刈濃度的增加，幼苗根的伸長受到抑制，呈現出劑量依賴性。同時，透過氣相色譜法測定了內源性 H_2 含量，結果顯示巴拉刈脅迫可以誘導紫花苜蓿幼苗內源性 H_2 的產生，且這種產生與巴拉刈濃度和處理時間有關。

為了進一步研究氫氣的生理作用，學者們製備了不同濃度的 HRW，透過將高純度的氫氣（99.99%）以 150mL/min 的速率通入 1,000mL 的蒸餾水中，持續 30 分鐘來製備。製備出的 HRW 隨後被稀釋至所需的濃度，其中氫氣濃度透過氣相色譜分析確定，新鮮製備的 HRW 中氫氣濃度為 0.22mM，並在 25℃下至少 12 小時內保持相對恆定。

[194] JIN Q, et al. Hydrogen gas acts as a novel bioactive molecule in enhancing plant tolerance to paraquat-induced oxidative stress via the modulation of heme oxygenase-1 signaling system[J]. *Plant, Cell & Environment*, 2013, 36(5): 956-969.

紫花苜蓿種子在表面消毒後，在黑暗中於25℃下發芽一天，然後轉移到含有營養介質的塑膠室中生長。在5天的生長後，將幼苗轉移到含有不同濃度HRW或巴拉刈的水溶液中進行處理，或轉移到含有巴拉刈的瓊脂板上進行進一步的脅迫處理。此外，為了模擬不同的環境脅迫，如乾旱、高鹽分或低溫，1週齡的植株被暴露於相應的脅迫條件下。

在完成上述處理後，學者們對幼苗進行了取樣，用於後續的生理和分子生物學分析。這些分析包括RWC和根伸長率的測定，以及對脂質過氧化產物（如TBARS）含量的測定。此外，還進行了抗氧化酶活性的測定，包括SOD、POD和APX的活性測定。透過這些實驗步驟，學者們旨在揭示氫氣對植物在氧化脅迫下抗氧化系統的影響，以及其在提高植物耐受性方面的潛在作用。

進一步的實驗中，透過HRW預處理（50%，0.11mM）的幼苗表現出了對巴拉刈誘導的氧化脅迫的增強耐受性，這透過根生長的抑制減輕、脂質過氧化的減少以及ROS水準的降低得到了證實。具體來說，與未經過HRW預處理的幼苗相比，經過HRW預處理的幼苗在巴拉刈脅迫後，其根的生長受到了較小的抑制，並且葉片中MDA的含量顯著降低，表明脂質過氧化程度減輕。此外，透過組織化學染色和螢光顯微鏡觀察，發現HRW預處理顯著減少了巴拉刈誘導的超氧陰離子（$O_2^{\cdot-}$）和過氧化氫（H_2O_2）的累積。抗氧化酶活性測定結果顯示，HRW預處理顯著提高了SOD、過氧化物酶（POD）和APX的活性，並且這些抗氧化酶的基因表現水準也相應上調。這些結果顯示，氫氣透過增強抗氧化系統的活性，提高了植物對氧化脅迫的防禦能力。此外，HRW預處理還提高了植物在面對乾旱、高鹽和低溫等其他非生物脅迫時的耐受性，這進一步證實了氫氣在提高植物抗逆性中的潛在應用價值。

第二節　草地早熟禾

有學者深入探討了 HRW 對草地早熟禾（*Poa pratensis*）耐鹽性的影響，以及其與抗氧化酶活性之間的關係 [195]。

實驗中使用的 HRW 是透過將純度為 99.99% 的氫氣（H_2）通入 1/4 Hoagland 營養溶液中製備的，其中氫氣濃度為 0.22mM。這一濃度的 HRW 在 25℃下至少 12 小時內保持相對恆定，為研究提供了穩定的氫氣環境。研究採用 50%（0.11mM）的 HRW 對草地早熟禾進行葉片噴施和灌根處理，分析了在 200mM NaCl 脅迫條件下，HRW 處理對草地早熟禾葉片乾物質含量、相對含水量、葉綠素含量、電解質外滲（Electrolyte leakage, EL）及抗氧化酶活性的影響。

實驗結果顯示，與白光對照組相比，HRW 處理顯著增加了鹽脅迫條件下細胞的持水能力，提高了葉片的葉綠素含量，並降低了 EL 值。在 0mM、5mM 和 20mM 鹽脅迫條件下，透過分析活性氧（Reactive oxygen species, ROS）和丙二醛含量，發現 HRW 處理顯著降低了 ROS 含量，增加了細胞膜穩定性，同時提高了長時間鹽脅迫條件下部分抗氧化酶的活性，並誘導了抗氧化酶基因 CAT2、APX1、MR 的下調表現。

在抗氧化酶活性方面，與對照組相比，200mM NaCl 脅迫顯著增加了草地早熟禾葉片中 SOD、POD、CAT、APX、GR、DHAR 和單氫抗壞血酸還原酶（Mono dehydroascorbate reductase, MDHAR）的活性。而 HRW 處理則顯著降低了長時間鹽脅迫條件下的 SOD 活性，同時提高了 CAT、APX、DHAR 和 MDHAR 的活性。

此外，研究還發現，在鹽脅迫條件下，草地早熟禾抗氧化酶基因

---

[195] 張韋鈺，王春勇，杜紅梅．富氫水對草地早熟禾耐鹽性的影響以及與抗氧化酶活性的關係 [J]. 草地學報，2021, 29(7): 1436-1446.

CAT2、APX1 和 MR 的表現量上調，而 HRW 處理則降低了這些基因的表現量。這表明，HRW 可能透過調節抗氧化酶基因的表現，降低 ROS 含量，從而提高草地早熟禾的耐鹽性。

綜上所述，本研究結果顯示，HRW 透過調節草地早熟禾體內的 ROS 含量和抗氧化酶活性，顯著提高了其耐鹽性，為草坪草耐鹽生理和氫氣生物學研究提供了新的視角和理論依據。

第九章
菌菇作物

第一節　斑玉蕈

斑玉蕈又名真姬菇、蟹味菇，學名 *Hypsizygus marmoreus*，是一種在亞洲尤其是中國和日本廣受歡迎的食用菌。它以其獨特的口感和營養價值而聞名，其肉質細嫩、風味獨特，含有豐富的蛋白質、維他命和礦物質，是一種高蛋白、低脂肪的健康食品。斑玉蕈不僅味道鮮美，而且具有增強免疫力、抗疲勞和抗衰老等健康益處，因此在市場上備受消費者青睞。隨著人們對健康飲食意識的提高，斑玉蕈的市場需求逐年增長。它不僅在新鮮農產品市場上有穩定的需求，還被廣泛應用於加工食品，如罐頭、乾製品和冷凍食品。此外，隨著食用菌深加工技術的發展，斑玉蕈也被用於提取功能性成分，如多醣和生物活性肽，進一步拓寬了其市場應用範圍。

但是，就目前的斑玉蕈工廠化養殖層面而言，其資金門檻十分高昂。這種現象主要由多元度投入需求共同構成。工廠化生產需配備精密的環境控制系統，包括恆溫恆溼設備、光照調節裝置和二氧化碳監測系統等基礎設施，僅塑膠瓶裝培養料（單瓶 720 ～ 750g）的規模化容器採購和自動化生產線建設即需數百萬元（人民幣）起步。其次，長達 105 天的生產週期遠超金針菇（40 天）等食用菌品種，導致企業需持續承擔菌種維護、能源消耗和人工成本等營運壓力，以日產 5 噸的工廠為例，若提升 10%產能需額外投入數月的資金鏈支撐。此外，斑玉蕈對溫度（13 ～ 16℃）、溼度（85%～ 95%）等引數極度敏感，技術研發涉及菌種改良、病蟲害防控及環境引數優化，頭部企業如雪榕生物每年需投入數千萬元用於技術疊代。最終，行業規模效應顯著，2022 年中國斑玉蕈產量達 54.62 萬噸，但龍頭企業憑藉 12.82%的毛利率優勢占據市場主導地位[196]，小型企業因無法承擔初始設備投入和持續研發成本而難以參與競爭，形成典型的資本密集型產業格局。

面對著這種投入高、低毛利率，但是市場前景好、需求大的工廠化養殖產品，富氫水是否能提供幫助呢？這裡我們介紹一下來自兩個不同學者團隊的三篇文章。

郝海波圍繞富氫水對斑玉蕈在工廠化生產中的產量、品質和作用機制的調控展開了詳細的實驗，他的實驗分為三個部分[197]：

1. 產量影響實驗

評估不同濃度的富氫水對斑玉蕈的高產和低產菌株的增產效果；

2. 品質與保鮮實驗

分析富氫水對子實體營養成分的影響以及採後儲藏期間的生理變化；

3. 作用機制探究

透過對抗氧化酶系統、訊號通路基因表現及木質素降解酶的活性研究，揭示富氫水的作用機理。

下文中，我們將介紹富氫水對斑玉蕈的產量、品質與保鮮方面的影響，並簡單地介紹其作用機制。

實驗一：產量影響實驗

該文透過工廠化生產實驗系統評估了富氫水對斑玉蕈產量的影響，實驗選用工廠化栽培菌株 SIEF3154（高產）和 SIEF3153（低產）為研究對象，處理方式為播菌後分別新增 0.225mM、0.450mM、0.900mM 濃度的

[196] 華經產業研究院 ·2024 年中國真姬菇行業深度研究報告 [R]. 北京：華經產業研究院，2024.
[197] 郝海波 · 富氫水對斑玉蕈工廠化生產中產量與品質的作用研究 [D]. 南京：南京農業大學，2017.

HRW 溶液，對照組使用標準生產用水，生產過程中嚴格控制環境引數（溫度 13 ～ 16℃、溼度 85%～ 95%），採收週期約 105 天，每處理設定 32 瓶樣本並重複試驗 2 次，數據經 SPSS 軟體進行顯著性差異分析。結果顯示，HRW 對兩種菌株均表現出顯著增產效應：高產菌株 SIEF3154 在 0.225mM、0.450mM、0.900mM HRW 處理下分別增產 7.61%、7.63% 和 10.22%，其中高濃度處理效果更為突出；低產退化菌株 SIEF3153 的增產幅度更為顯著，對應濃度處理組產量增幅分別達 11.75%、12.93% 和 22.23%，且 0.900mM HRW 處理組與對照組差異達到極顯著水準（$P<0.05$）。該實驗證實富氫水不僅能夠有效提升斑玉蕈工廠化生產的產量穩定性，還對低產退化菌株表現出顯著的修復增效作用，為優化食用菌生產工藝提供了重要依據。

富氫水在斑玉蕈的工廠化生產層面能提供的幫助不僅這些，也有學者透過一系列實驗探究了富氫水對斑玉蕈在在鎘（$CdCl_2$）、鹽（NaCl）和氧化（H_2O_2）脅迫下的保護作用 [198]。學者們首先將斑玉蕈菌絲預暴露於鎘（50μM $CdCl_2$）、鹽（1% NaCl）和氧化（2mM H_2O_2）三種脅迫環境 24 小時，隨後轉移至含 0.8mM H_2 的 HRW 或普通水（對照）中連續處理 5 天。透過固體培養基（PDA）測量菌絲生長直徑、液體培養基（PDB）測定生物量變化，並結合原子吸收光譜（$CdCl_2$）、電感耦合等離子體發射光譜（ICP-OES，NaCl）及化學試劑盒（H_2O_2）分析菌絲內汙染物累積量。結果顯示，HRW 處理顯著促進脅迫後菌絲的生長恢復：在 $CdCl_2$ 脅迫下，HRW 處理組菌絲生物量恢復至對照組的 80%，而普通水處理組僅恢復 50%。同時，HRW 有效降低菌絲內汙染物富集，其中 Cd^{2+}、Na^+ 和 H_2O_2 的累積量分別減少 20.08%、9.89% 和 30.39%，表明 HRW 不僅緩解脅迫對菌絲生長的抑制作用，還透過減少毒性物質吸收增強其耐受能力。

[198] ZHANG J, et al. Hydrogen-rich water alleviates the toxicities of different stresses to mycelial growth in *Hypsizygus marmoreus*[J]. *AMB Express*, 2017, 7: 107.

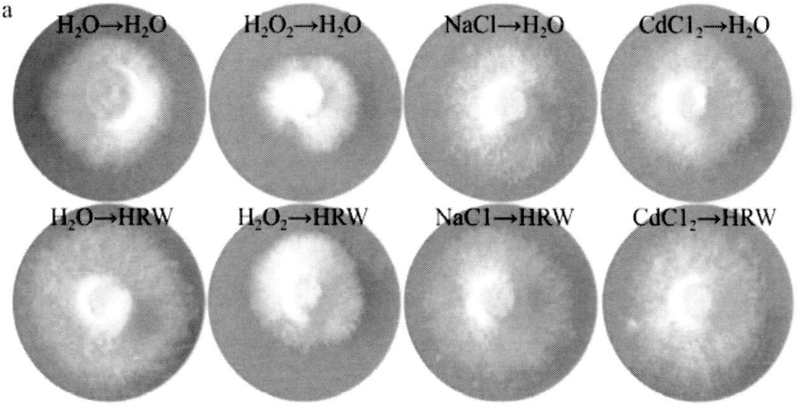

圖 9-1-1 HRW 處理對受到不同脅迫條件的斑玉蕈菌絲生長的影響

實驗二：富氫水對子實體品質及保鮮的作用

文章以斑玉蕈高產菌株 SIEF3154 為研究對象，系統探究了 HRW 處理對子實體營養品質與採後保鮮效能的影響[199]。研究採用 0.225mM 和 0.450mM 兩種 HRW 濃度（透過電解法製備，H_2 濃度經氣相色譜驗證），以未處理組為對照。子實體採收後隨機分為三組，分別浸泡於不同濃度 HRW 溶液 30 分鐘，瀝乾後分裝於聚丙烯（PP）保鮮盒（每盒 50 g），於 4℃冷庫中儲藏 12 天，每隔 3 天取樣檢測。

透過檢測，研究發現 0.450mM HRW 顯著提升營養成分含量，其中多醣、總醣及總胺基酸分別增加 34.5%、15.5%和 12.2%。在採後儲藏實驗中，4℃條件下 PP 保鮮盒儲藏 12 天的監測數據顯示，HRW 處理有效延緩品質劣變：質構儀測定顯示 0.225mM HRW 處理組在儲藏第 6 天後硬度下降速率較對照組減緩 27%，失重率與相對電導率升幅分別降低 18%和 22%，表明其透過維持細胞膜完整性減少水分流失。生化分析顯

[199] 郝海波．富氫水對斑玉蕈工廠化生產中產量與品質的作用研究 [D]. 南京：南京農業大學，2017.

示，HRW 處理顯著啟用抗氧化防禦系統，儲藏後期（6 ～ 12 天）SOD、CAT、GR 和 APX 活性較對照組提高 1.3 ～ 2.1 倍，同時硫代巴比妥酸法檢測的 MDA 含量降低 30％～ 40％，qRT ～ PCR 結果進一步證實 SOD、CAT 等關鍵抗氧化酶基因表現量上調 1.5 ～ 3.8 倍。感官評價表明，經 HRW 處理的子實體在儲藏第 9 天仍保持 90％以上的色澤完整度與形態評分，貨架期較對照組延長 2 ～ 3 天，這為食用菌採後綠色保鮮技術開發提供了重要理論依據。

該學者團隊後面又再度細化了這個實驗[200]。學者們將成熟的斑玉蕈菌絲體經刮刀機處理後分為四組：對照組（普通水浸泡）及 25％（0.1mM）、50 ％（0.2mM）、100 ％（0.4mM） HRW 處理組。HRW 初始氫氣濃度為 1.0mM，打開後 30 分鐘內降至 0.8mM，最終穩定於 0.4mM（25℃下維持至少 12 小時）。處理後的子實體置於 4℃、80％相對溼度的黑暗環境中保存 12 天，定期取樣分析理化指標、營養成分及抗氧化能力。

學者們將每 10 個子實體分為一組，秤量保存前後的重量變化、硬度變化、相對電導率變化，並委託食用菌品質監督檢驗檢測中心依照標準檢驗其水分、多醣、粗纖維、蛋白質、總醣以及 17 種胺基酸的含量。

最終學者們發現，0.1mM HRW 處理顯著抑制菌蓋開傘及氣生菌絲生長，延緩腐爛程序，同時維持較低的重量損失和較高的菌蓋硬度。細胞膜完整性分析表明，0.1mM HRW 組的 RELR 和 MDA 含量最低，顯示其有效減輕膜脂過氧化。營養成分分析中，0.2mM HRW 對多醣和總醣的提升效果最佳，而 0.1mM HRW 在維持蛋白質和胺基酸含量方面表現突出。

---

[200] CHEN H, et al. Hydrogen-rich water increases postharvest quality by enhancing antioxidant capacity in *Hypsizygus marmoreus*[J]. *AMB Express*, 2017, 7: 221.

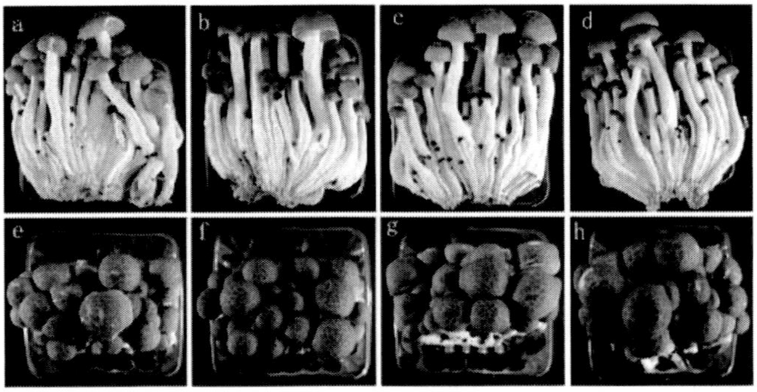

圖 9-1-2 HRW 處理對真姬菇採後保存 12 天中感官品質的影響[201]

實驗三：作用機制探究

富氫水在促進斑玉蕈產量提升、緩解鎘／鹽／氧化脅迫損傷以及增強採後保鮮效果中產生了很好的作用。為了探究其作用機制，學者在斑玉蕈的種植和保鮮兩個階段設計了三個實驗，分別探究了：富氫水如何影響訊號通路，調控基因表現；透過菌絲損傷實驗，探究富氫水與蕈菌抗氧化系統的關係；透過木質素降解酶系與菌絲代謝實驗，探究富氫水如何影響子實體的代謝。

研究發現[202]，富氫水可以透過快速啟用菌絲損傷後的關鍵訊號通路，促進菌絲修復與再生；透過增強麩胱甘肽系統和過氧化氫酶活性，緩解損傷誘導的氧化反應；透過上調木質素降解酶活性，加速木質素降解，為菌絲提供更多碳源，促進生物量累積，最終提高子實體產量。

斑玉蕈工廠化生產的資本與技術壁壘曾令許多企業望而卻步，但富氫水的應用為這一領域注入了革新力量。科學數據已清晰揭示：富氫水

[201] 圖 9-1-2 中，字母 a、e 代表對照組；字母 b、f 代表 25% HRW 處理組；字母 c、g 代表 50% HRW 處理組；字母 d、h 代表 100% HRW 處理組。

[202] 郝海波．富氫水對斑玉蕈工廠化生產中產量與品質的作用研究 [D]. 南京：南京農業大學，2017.

不僅是提升產量的「催化劑」—— 透過啟用抗氧化系統和訊號通路，修復退化菌株、抵禦逆境脅迫；更是品質的「守護者」—— 維持細胞膜完整性、延緩營養流失，將貨架期延長至新的高度。這些發現不僅破解了斑玉蕈高成本生產的困局，更將食用菌產業推向綠色、高效的新維度。

未來，隨著富氫水技術的深度優化與規模化應用，斑玉蕈的工廠化生產有望突破「高投入、低毛利」的桎梏，惠及更多中小型企業。而這一技術的潛力遠不止於此 —— 從鎘汙染修復到功能性成分提取，從精準環境調控到跨物種推廣，富氫水或將成為食用菌乃至現代農業的「萬能鑰匙」。站在科學與產業的交會點，我們看到的不僅是斑玉蕈的黃金時代，更是一個以創新驅動、以可持續為核心的農業未來。

讓富氫水之光照亮每一株菌絲，讓科技之力滋養每一口健康！

第十章
水產行業

中國，作為世界上重要的海洋與陸地大國之一，擁有綿延的海岸線、廣闊的海洋領土和豐富的河流資源，這為其帶來了豐富多樣的水域資源。從東海的富饒漁場到南海的珊瑚礁，再到渤海和黃海的廣闊海域，中國的每一片海域都孕育著種類繁多的水生生物；從長江的浩瀚流域到黃河的滔滔水流，再到珠江和淮河的豐饒水域，中國的每一條淡水流域都滋養著豐富多樣的水產資源。

中國的水產品種類繁多，包括各種魚類、貝類、甲殼類、海藻等，它們不僅味道鮮美、營養豐富，還具有很高的經濟價值。水產業的發展，對於推動農業現代化具有重要意義。透過引入先進的養殖技術、捕撈方法和加工工藝，水產業不斷優化產業結構，提高產品品質和附加值，從而促進了整個農業領域的現代化進程。

同時，水產業在促進農民增收方面發揮著重要作用。在許多沿海地區，水產業已成為當地農民的主要收入來源。透過發展特色水產養殖、深加工和品牌建設，農民能夠獲得更高的經濟效益，有效提高了生活水準和生活品質。

此外，水產品在保障糧食安全方面也扮演著不可替代的角色。隨著人口的成長和資源的日益緊張，水產品作為蛋白質的重要來源，對於平衡膳食結構、滿足人民營養需求具有重要意義。

消費者對高品質、多樣化水產品的需求日益增長，這不僅推動了水產品加工業的快速發展，也催生了冷鏈物流、電子商務等新型業態的興起。水產品市場的繁榮，不僅滿足了人們對健康飲食的追求，也為漁業經濟的轉型升級提供了強大動力。

然而，水產品在保存和運輸過程中的保鮮問題，一直是制約行業發展的關鍵瓶頸。水產品的易腐特點，使得其在沒有適當保鮮措施的情況下，很快就會發生品質下降甚至腐敗變質。傳統的化學保鮮方法雖然能在一定程度上延長水產品的保鮮期，但伴隨的食品安全和環境問題也引起了消費者的廣泛關注和擔憂。

我們要承認，這些傳統的水產品保鮮方法確實在一定程度上滿足了市場對延長食品保鮮期的需求，時至今日，它們仍舊是必不可少的。然而這些方法是有著相當明顯的局限性。首先，化學防腐劑的使用雖然能有效抑制微生物生長，但長期攝取可能對人體健康產生潛在風險，同時也可能影響水產品原有的風味和營養價值。其次，冷藏和冷凍方法雖然能夠暫時減緩微生物活動和酶反應，但它們需要昂貴的設備和持續的能源消耗，這不僅增加了保鮮成本，還對環境造成了負擔。此外，冷藏和冷凍不能從根本上解決水產品的腐敗問題，一旦恢復常溫，微生物會迅速繁殖，導致食品迅速變質。再者，傳統的真空包裝雖然可以減少氧氣接觸，降低氧化反應，但它無法完全阻止微生物生長，且在包裝破損後容易導致食品更快地變質。此外，一些水產品在經過長時間的冷藏或冷凍後，可能會出現脫水、口感變差等問題，影響消費者的食用體驗。最後，隨著消費者對食品安全和健康意識的提高，對天然、無新增的保鮮方法的需求日益增長，傳統保鮮方法已難以滿足市場的新需求。

在此背景下，氫氣作為一種創新的保鮮技術，以其獨特的生物學特性和環境友好性，為水產品的保鮮提供了全新的解決方案。氫氣在醫學和健康領域的應用已經顯示出廣泛的潛力，而在食品保鮮領域，氫氣的引入則為延長水產品的保鮮期、保持其新鮮度和營養價值提供了新的可能性。

本章節將透過對一篇研究文章的詳細分析，展示氫氣在水產品保鮮域的應用成果和研究進展。該研究主要涵蓋了氫氣在改良氣氛中的應用，顯著延長了虹鱒魚的保鮮期。透過這一研究，我們可以更深入地了解氫氣在水產品的潛力以及它如何為中國水產品市場的發展帶來新的機遇和挑戰。

第一節　虹鱒魚和馬鮫魚

生物胺（Biogenic Amines, BAs）在魚類產品保存期間的形成是一個複雜且具有挑戰性的問題。這些化合物，包括組胺、酪胺、屍胺、腐胺等，主要是透過微生物活動產生的脫羧作用從游離胺基酸轉化而來。在魚類產品中，生物胺的累積不僅會顯著影響食品的感官品質，如口味和氣味，還可能對消費者的健康構成威脅。

在保存過程中，魚類中的微生物，尤其是那些能夠產生脫羧酶的微生物，會利用胺基酸作為底物，透過脫羧反應生成生物胺。這一過程不僅會導致食品風味的劣變，還可能產生一些具有潛在毒性的化合物。例如：組胺是一種常見的生物胺，其過量攝取可能會引發組胺不耐受，導致消費者出現過敏反應，甚至食物中毒。此外，某些生物胺如酪胺和屍胺，還可能與心血管疾病的發生有關。

由於生物胺的形成與微生物的生長密切相關，因此控制生物胺的累積需要從抑制微生物活動入手。傳統的冷藏方法雖然可以在一定程度上延緩微生物的生長，但效果有限，尤其是在保存時間較長的情況下。此外，生物胺的形成還受到多種因素的影響，包括原料的新鮮度、加工技術、保存條件、微生物的種類以及酶的活性等。

因此，研究者們一直在尋找更有效的保鮮技術，以控制生物胺的形成並延長魚類產品的貨架壽命。而氣調包裝（MAP）和加入分子氫的改良氣調包裝（RAP）是近年來研究的熱點[203]。

自從 MAP 技術作為一種先進的食品保鮮技術出現後，食品工業的工程人員得以透過精心調整包裝內氣體的組成來延長食品的保鮮期並維持

[203] ÇELEBI SEZER Y, et al. The effects of hydrogen incorporation in modified atmosphere packaging on the formation of biogenic amines in cold stored rainbow trout and horse mackerel[J]. *Journal of Food Composition and Analysis*, 2022, 112: 104688.

其新鮮度。這種方法的核心在於減少包裝內的氧氣濃度，同時增加二氧化碳、氮氣或其他氣體的比例。透過這種方式，MAP 能夠有效減緩食品的氧化過程以及微生物的生長，從而延緩食品變質。

MAP 技術的關鍵優勢在於其對食品原有品質的保護。降低氧氣濃度可以減少食品中的氧化反應，這些反應往往會導致食品顏色變化、風味變差以及營養價值下降。同時，增加二氧化碳有助於抑制某些有害微生物的生長，尤其是在肉類和魚類產品中，適量的二氧化碳可以顯著提升保鮮效果。氮氣作為一種惰性氣體，其填充作用有助於排除包裝內的空氣，進一步減少氧化機會。

此外，MAP 技術還可以控制包裝內的溼度，這對於保持某些食品如水果和蔬菜的新鮮度至關重要。透過維持適宜的溼度水準，MAP 能夠減少食品在保存和運輸過程中的水分損失，保持其自然的口感和質地。這種技術的應用減少了對化學防腐劑的依賴，為消費者提供了更安全、更健康的食品選擇。

鑑於 MAP 透過降低氧氣濃度和增加二氧化碳濃度，有助於抑制微生物的生長和酶的活性，從而可能延緩生物胺的形成。那麼利用氫氣改良 MAP 的 RAP 是不是可以透過引入分子氫，利用其還原性質，創造出一個低氧化還原電位（ORP）的環境呢？是否有可能對抑制微生物的生長和生物胺的形成具有額外的潛在效果呢？

一個來自土耳其的學者團隊，就上述問題開展了研究，而他們的研究結果，也可以為我們提供回答。

在這篇研究中，學者們為了探索 MAP 和加入分子氫的 RAP 對生物胺形成的影響，設計了一系列精心的實驗步驟。首先，他們從幼發拉底河和黑海分別捕獲了虹鱒和馬鮫魚作為實驗材料。捕獲後，所有魚樣立即被運送至實驗室，並在冰水中清洗，隨後去頭、去內臟。接著，將大約 500 g 的魚樣包裝在聚乙烯層壓聚苯乙烯板中，並使用聚乙烯膜（100μm 厚度）覆蓋，透過包裝機（Lipovak, KV-600, Turkey）進行封裝。每個包裝包含 2 條虹鱒或 10 條馬鮫魚（去頭、去內臟、保留皮膚）。

實驗中使用了不同的氣體配方進行包裝，包括兩種 MAP（MAP1 為 50% CO_2 ／ 50% N_2，MAP2 為 60% CO_2 ／ 40% N_2）和兩種 RAP（RAP1 為 50% CO_2 ／ 46% N_2 ／ 4% H_2，RAP2 為 60% CO_2 ／ 36% N_2 ／ 4% H_2），以及作為對照的空氣包裝。然後學者們將封裝好的魚樣置於 4℃的冷藏環境中保存 15 天。包裝中氣體與產品的比例大約為 1：1（體積比）。

在保存期間，研究人員在第 0 天、第 5 天、第 10 天和第 15 天對每組樣品進行了生物胺形成的評價。為確保實驗的準確性，每個時間點的取樣和每組的分析都使用了兩個不同的包裝。此外，為了分析樣品中的生物胺含量，研究人員採用了高效液相色譜法（HPLC），並根據 Bulut 等人的方法進行了樣品準備和分析。樣品經過過氯酸提取、離心、鹼化、緩衝、丹磺醯氯衍生化等一系列步驟，最終在 HPLC 系統中進行分析。

學者們透過對比改良氣氛包裝（MAP）和加入分子氫的改良氣氛包裝（RAP）以及對照組（空氣包裝）對虹鱒和馬鮫魚在 4℃冷藏保存 15 天內的生物胺形成的影響，得出了一些關鍵的發現：

1. 對照組（空氣包裝）

在保存期間，生物胺的含量顯著增加。特別是組胺、酪胺、屍胺和腐胺等雜環、芳香和脂肪族二胺的水準在保存結束時顯著上升。這表明在傳統冷藏條件下，微生物的生長和脫羧酶活性較為活躍，導致生物胺的累積。

2. MAP1 組（50% CO_2 ／ 50% N_2）

與對照組相比，MAP1 組的生物胺形成受到了一定程度的限制。這表明透過降低氧氣濃度並增加二氧化碳濃度，可以抑制微生物的生長和脫羧酶的活性，從而減緩生物胺的形成。

3. MAP2 組（60% CO_2 ／ 40% N_2）

MAP2 組同樣顯示出對生物胺形成的抑制效果，但與 MAP1 組相比，增加的二氧化碳濃度似乎對某些生物胺（如組胺和屍胺）的抑制效果更為顯著。這意味著更高比例的二氧化碳在抑制微生物生長方面更為有效。

4. RAP1 組（50% CO_2 ／ 46% N_2 ／ 4% H_2）

在 RAP1 組中，加入 4% 的分子氫顯著降低了生物胺的形成。與 MAP 組相比，RAP1 組在保存期間生物胺的水準更低，顯示出氫氣在抑制生物胺形成方面的潛在效果。

5. RAP2 組（60% CO_2 ／ 36% N_2 ／ 4% H_2）

RAP2 組也顯示出與 RAP1 組相似的效果，即在保存期間生物胺的形成受到了顯著抑制。這進一步支持了分子氫在改良氣氛包裝中對抑制生物胺形成的積極作用。

總體而言，實驗結果顯示，與傳統的冷藏保存相比，MAP 和 RAP 技術能夠更有效地控制生物胺的形成。特別是 RAP 技術，透過在包裝氣氛中加入分子氫，顯示出了對生物胺形成的更強抑制效果。這些發現為開發新的食品保鮮技術提供了重要的科學依據，並可能對提高魚類產品的安全性和延長其貨架壽命具有重要意義。

第十一章
畜牧業

近 40 年以來，中國畜牧業產業規模顯著擴大，發展品質穩步提升，生產方式不斷優化升級。畜牧業對農業乃至整個國民經濟的持續健康發展產生了至關重要的支撐作用。自 2018 年起，非洲豬瘟疫情、中美貿易關係的波動以及 2020 年新冠病毒的全球蔓延，均對中國畜禽產業的發展和畜禽產品貿易造成了深遠的影響。

自 1980 年代起，隨著中國對豬肉、雞蛋、牛奶等畜產品價格的放開，畜牧業迎來了快速發展期，總產出持續攀升。然而，自 2000 年起，畜牧業的成長勢頭開始放緩，其在農林牧漁業總產值中的比重在 2008 年達到峰值 35.5%後，逐漸呈現下降態勢，至 2019 年已降至 26.7%。

經過一段時期的快速成長，中國目前的肉類和牛奶生產均處於停滯狀態。具體來看，肉類總產量自 2010 年起進入平臺期，2015 年之後更出現了下降趨勢；牛奶總產量自 2008 年「三聚氰胺」事件後也步入了停滯期；而禽蛋產量自 1997 年起便步入了低速成長階段。

中國畜產品生產大致經歷了三個階段。對於肉類而言，2000 年之前是快速成長期，1980 － 2000 年間，年均成長率達到 8.4%；2000 － 2010 年為低速成長期，年均成長率降至 2.9%；2010 － 2019 年則進入停滯期，2019 年肉類產量為 7,758.8 萬噸，年均成長率為 -0.3%。牛奶生產方面，2000 年之前為緩慢成長期，年均成長率為 10.4%；2000 － 2008 年為快速成長期，年均成長率達到 17.5%；2008 年至今為停滯期，年均成長率僅為 0.6%，2019 年產量為 3,201.2 萬噸。禽蛋生產自 1996 年之前為高速成長期，年均成長 14.9%；1997 年之後進入低速成長期，1996 － 2019 年年均成長 2.3% [204]。

2019 年，受非洲豬瘟疫情影響，豬肉產量大幅下降，而作為動物蛋白重要來源的禽蛋產量則迎來了近 10 年來的最大同比增幅，顯示出其替代性優勢。

[204] 韓磊，等．中國畜牧業經濟形勢分析及對策研究 [J]. 畜牧經濟，2021, 57(2): 224-230.

自 2008 年首次出現肉類貿易逆差以來，中國肉類產品的進口量和依存度顯著增加。豬肉進口量自 2009 年起急遽上升，而牛肉和羊肉的進口量也自 2012 年起大幅增加。在 2009 － 2019 年間，豬肉進口量從 13.5 萬噸激增至 199.4 萬噸，其在中國產量中的占比從 0.3%上升到 4.7%。同期，牛肉進口量從 6.1 萬噸增至 166.0 萬噸，占比從 1.0%上升至 24.9%；羊肉進口量則從 12.4 萬噸增至 39.2 萬噸，占比從 3.1%上升至 8.0%。相比之下，禽肉進口量自 2010 年以來總體保持穩定，波動在 50 萬噸左右。2019 年，豬肉價格的飆升推動了對替代性肉類的需求，導致禽肉進口量激增至 79.7 萬噸。

與 2010 年相比，2019 年中國的禽肉產量和進口量均顯著提高。儘管如此，中國的肉類出口規模相對較小。2019 年，中國豬牛羊禽肉的進口量達到 484.3 萬噸，而出口量僅為 54.1 萬噸，其中禽肉出口量占到了 94.7%。豬肉、牛肉和羊肉的出口量分別為 2.7 萬噸、218.0 噸和 1,954.3 噸。在不考慮庫存因素的情況下，如果將總產量與淨進口量之和視為總需求量，那麼 2000 － 2019 年間，中國豬肉、牛肉和羊肉的新增需求分別有 38.9%、51.5%和 14.3%依賴進口，而禽肉的新增需求則完全由國內供給滿足。從自給率的角度來看，2000 － 2019 年間，中國豬肉自給率從 99.8%降至 95.6%，牛肉自給率從 100.2%降至 80.1%，羊肉自給率從 99.5%降至 92.6%。與豬肉和牛羊肉不同，禽肉產量的成長量超過了需求的成長量，自給率從 97.6%提高到 98.8%。

從肉類消費結構來看，預計豬肉和禽肉消費將保持穩定，而動物蛋白消費的主要成長將來自牛羊肉和水產品。豬肉進口量預計將保持穩定並略有成長。近年來，中國牛肉和羊肉進口量的大幅成長，一方面是由於國內肉類消費結構的快速升級和豬肉消費的飽和，牛羊肉消費量迅速增加，但國內生產已無法滿足需求，必須依賴進口；另一方面，國際貿易環境的改善，如與紐西蘭、澳洲的自貿協定，以及內陸地區進口肉類指定口岸的開放，也促進了牛羊肉的進口。2018 年和 2019 年牛羊肉進口量的增加，除了上述因素外，還受到了非洲豬瘟導致的牛羊肉對豬肉的替代消費需求成長的影響。

在乳製品方面，自 1990 年代中期起，中國已成為乳製品淨進口國，貿易逆差不斷擴大。2006 － 2019 年間，中國乳製品進口總量從 34.78 萬噸增至 297.3 萬噸，進口總額從 5.58 億美元增至 111.3 億美元。乾乳製品和液態奶的進口量分別從 34.33 萬噸和 0.46 萬噸增至 204.9 萬噸和 92.4 萬噸。中國的乳製品出口量相對較小，主要出口產品為供應香港的鮮奶。2019 年，中國乳製品出口量為 5.4 萬噸，其中乾乳製品 0.9 萬噸，液態奶 3.0 萬噸。同年，乳製品淨進口量為 291.9 萬噸，相當於國內牛奶產量的 54.1%，中國奶源自給率約為 65.6%。在原料奶產量停滯不前的情況下，中國 95.6%的新增乳製品消費需求是透過進口得到滿足的。

總結而言，1980 年代以來的 40 年間，中國畜牧業經歷了顯著的發展，產業規模擴大，生產方式升級，但近年來面臨非洲豬瘟、貿易關係變化和新冠病毒等挑戰，導致肉類和乳製品的進口依賴度增加。同時，隨著國內消費結構的升級和國際貿易環境的改善，中國肉類和乳製品的進口量持續增加，顯示出對國際市場的依賴性。

可以說中國的畜牧產業目前正面臨著三大挑戰，分別是：生產成長放緩與結構調整的挑戰、大量畜牧進口帶來的貿易逆差挑戰、國際市場影響國內市場導致肉產品市場價格持續大幅波動的挑戰。為應對這些挑戰，已經有不少學者從多方面提出了建議：有的建議加強畜產品品質監督，提高國際競爭力；有的建議健全市場資訊服務體系，合理引導生產與流通；還有人建議提高產業組織化水準，完善產業鏈利益聯結機制。而同時，氫農業的引入和發展，有望為畜牧業帶來新的成長點，透過技術創新提升產業的整體競爭力和可持續發展能力。氫農業作為一項新興技術，在畜牧業中展現出了多方面的潛在作用。首先，它透過提高飼料中營養成分的吸收和利用，改善了飼料的營養價值。這不僅提升了飼料轉化率，還有助於降低養殖成本。其次，氫分子的抗氧化特性對於增強畜體的健康和免疫力至關重要。它能夠減輕氧化反應，提高畜體的抵抗力，減少疾病的發生，從而降低養殖業的醫療成本。

此外，氫水餵養的畜產品，如肉類和乳製品，可能會因營養價值和口感的提升而在市場上更具競爭力。這不僅能夠滿足消費者對高品質畜產品的需求，也能為生產者帶來更高的經濟回報。

環境保護和可持續發展也是氫農業的重要貢獻。它透過改善畜類排泄物的處理，減少了有害氣體的排放，有助於緩解畜牧業對環境的壓力。在資源利用效率方面，氫水技術的應用同樣展現出巨大潛力，特別是在乾旱和水資源緊張的地區，它能夠顯著提高水資源的利用效率，減少水和肥料的浪費。

綜上所述，氫農業在畜牧業中的應用前景廣闊，它不僅能夠提升畜產品的品質和生產效率，還能夠促進環境的保護和資源的可持續利用。隨著技術的不斷發展和應用的深入，氫農業有望成為推動畜牧業轉型升級的重要力量。

只是目前，學界對於「氫農業對畜牧動物的影響」的研究不如植物那麼多。其可能的原因主要如下：

1. 研究起步較晚

氫農業作為新興領域，在醫學和生物學中的應用研究相對較新。儘管在植物學研究中已有一定基礎，但在畜牧動物領域的研究卻起步較晚，導致相關研究較少。

2. 技術挑戰

在動物體內研究氫的吸收、分布和代謝面臨著一系列技術難題。例如：如何確保氫氣的穩定供給、如何準確測量體內氫氣濃度等，都是需要解決的關鍵問題。

3. 生物學複雜性

與植物相比，動物的生理機制更為複雜。氫對動物健康和生長效能的影響可能涉及多種生物學途徑和相互作用，這無疑增加了研究的複雜性。

4. 研究資源分配

科學研究資源總是有限的，它們往往更多地集中在對畜牧業影響更直接、更顯著的因素上，如飼料配方、疾病防控等。對於氫這類可能影響較小或不明確的研究領域，科學研究資源的投入相對較少。

5. 醫學背景優先

對動物影響的研究往往會優先考慮醫學方面，主要是因為在這一領域的研究者多具有醫學背景。這導致氫在醫學領域的研究得到了更多的關注和資源，而在畜牧動物領域的研究則相對缺乏。

在本節中，筆者將向讀者們呈現當前學術界對氫在畜牧動物上應用的最新研究成果。具體來說，筆者將介紹中外學者們分別就氫對山羊、飼料雞和雌性仔豬影響的研究成果。

筆者相信，這些跨學科的研究成果不僅能夠為畜牧產業中氫應用的現有研究提供新的視角，而且能夠激發更多學者對這一領域的研究興趣。這些發現有望成為推動氫在畜牧產業應用研究的催化劑，引領我們進入一個充滿新發現和創新應用的新時代。

第一節　山羊

來自中國、加拿大和智利的學者們進行了一次跨國的聯合研究[205]。該研究的成果發表在著名期刊 *British Journal of Nutrition* 上。這篇文章的實驗背景集中在研究微量元素鎂（尤其是以單質形態存在的鎂）對山羊瘤胃發酵和微生物群落的影響。在反芻動物的瘤胃中，碳水化合物的發酵過程會產生揮發性脂肪酸（VFA）、二氧化碳（CO_2）和分子氫（H_2）。這些產物對宿主動物的能量供應至關重要，其中乙酸和丙酸分別是脂肪和葡萄糖的主要前體物質。在瘤胃中，甲烷古菌作為 H_2 的主要消費者，透過發酵過程產生甲烷（CH_4），維持瘤胃中 H_2 的低分壓。然而，當甲烷生成被抑制時，H_2 的累積可能會阻礙還原電子載體的再氧化，對發酵和纖維消化產生不利影響。此外，H_2 不僅作為甲烷生成的底物，還參與 VFA 的生產過程。不同的 VFA 生產途徑會釋放或結合不同數量的 H_2（或還原輔因子中的還原當量對）。因此，研究者提出了假設，透過在山羊飼料中補充單質鎂，可以增加瘤胃液中的溶解氫（dH_2），進而改變瘤胃發酵和微生物群落的組成。這項研究的目的是透過實驗驗證這一假設，並探討單質鎂補充對山羊瘤胃發酵和微生物群落的具體影響。

研究者採用了隨機區組設計，將 20 隻生長中的山羊分配到兩種處理中，這兩種處理都提供相同的基礎飼料，但分別含有 1.45%的氫氧化鎂［$Mg(OH)_2$］和 0.6%的單質鎂。

實驗山羊被分配到 10 個區組中，每個區組包含兩隻山羊，每隻山羊隨機分配到兩種飼料處理中的一種。山羊被飼養在單獨的欄中，並且有自由接觸到新鮮水源。飼料是在初步實驗中確定對山羊健康無害的配方。

---

[205] WANG M, et al. Molecular hydrogen generated by elemental magnesium supplementation alters rumen fermentation and microbiota in goats[J]. *British Journal of Nutrition*, 2017, 118：401-410.

在進行測量之前，山羊對飼料有一個 28 天的適應期。在適應期的前 10 天，飼料按自由採食提供，目標是 5%的剩料率。接下來的 18 天，根據之前測量的乾物質攝取量調整每日飼料量，以最小化飼料選擇。

在適應期結束後，收集了山羊的糞便和尿液以測定養分消化率。透過口服胃管採集瘤胃內容物，用於分析發酵產物和微生物群落，並使用呼吸室測量甲烷排放。

然後學者們對瘤胃內容物進行了 pH 值測量、溶解氫和溶解甲烷濃度的測定，以及揮發性脂肪酸（VFA）濃度的測量。

實驗結果顯示，單質鎂補充對山羊的瘤胃發酵和微生物群落產生了顯著影響。具體來說，單質鎂的補充顯著提高了瘤胃液中的溶解氫（dH_2）濃度，在早晨餵食後 2.5 小時增加了 180%。此外，單質鎂的補充還降低了瘤胃中揮發性脂肪酸（VFA）的總濃度，減少了乙酸與丙酸的比率，降低了真菌的複製數，而增加了丙酸的莫耳百分比、甲烷菌的複製數、溶解甲烷（dCH_4）的濃度以及甲烷排放量。這些變化表明，單質鎂的補充不僅影響了瘤胃發酵過程，還改變了微生物群落的組成，特別是減少了真菌的數量，同時增加了甲烷生成微生物的數量。此外，實驗還發現，瘤胃中的溶解氫與乙酸摩爾百分比和真菌複製數呈負相關，而與丙酸摩爾百分比和甲烷菌複製數呈正相關。這些結果綜合表明，單質鎂的補充透過增加瘤胃中的溶解氫濃度，抑制了瘤胃發酵，增強了甲烷生成，並可能將發酵途徑從乙酸轉向丙酸，同時透過減少真菌和增加甲烷菌來改變微生物群落。

第二節　飼料雞

在探討氫氣在食品保鮮領域的應用時，我們發現其不僅在提升肉類產品儲藏品質方面具有潛力，還在動物營養和健康方面展現出積極作用。繼將氫氣引入牛肉餡冷藏過程中保護其品質屬性和安全性的研究之後，科學家們進一步拓寬了視野，將注意力轉向了氫氣對活體動物——特別是飼料雞——可能帶來的益處。在集約化養殖環境下，飼料雞常常面臨氧化反應的挑戰，這不僅影響它們的生長效能，還可能損害肉品質和腸道健康。鑑於此，研究者們著手研究 HRW 對飼料雞生長效能、抗氧化能力、肉品質和盲腸微生物群的潛在影響，旨在為養殖業提供一種新的、可能的解決方案，以改善飼料雞的整體健康和生產效率。這一研究背景基於對氫氣生物活性的深入了解，以及對現代養殖實踐中動物福利和產品品質提升的不斷追求。

為此目的，學者們設計了一系列的實驗流程[206]。

首先，他們選取了 120 隻體重相似 (49±1 g) 的一日齡雄性 AA 飼料雞，並隨機將牠們分成兩組，每組包含 6 個重複，每個重複有 10 隻雞。對照組的飼料雞飲用自來水，而實驗組的飼料雞則飲用富氫奈米氣泡自來水。實驗持續了 42 天。

在飼養管理方面，飼料雞採用三層籠養，所有飼料雞按照常規程序進行免疫，自由採食和飲水。在實驗期間，雞舍的溫度、溼度和光照都按照標準程序進行控制和調整。

為了確保 HRW 的供應，學者們建構了一個富氫飲水系統，該系統由氫氣發生器和奈米氣泡 HRW 發生器組成，能夠 24 小時不間斷地供應

[206] 朱赫，等 · 富氫水對飼料雞生長效能、抗氧化能力、肉品質和盲腸微生物的影響 [J]. 南京農業大學學報，2024, 48(01): 180-189.

氫濃度不低於 0.6mmol·L^{-1} 的 HRW。

在實驗期間，學者們記錄了飼料雞的死亡和淘汰數量以及每日的採食量，並在第 1 天、第 21 天和第 42 天禁食 8 小時後測量並記錄了體重，以計算死淘率、平均日採食量、平均日增重和料重比。

在實驗的第 42 天，學者們從每個重複中選取了一隻體重最接近平均值的飼料雞進行取樣。他們採集了血樣以獲得血清，用於後續的抗氧化功能測定；採集了雞胸肉樣本用於肉品質測定和胺基酸、脂肪酸組成分析；採集了肝組織樣本用於抗氧化功能分析；並以粗麻繩結紮盲腸，收集了盲腸內容物用於盲腸微生物群分析。

在檢測指標和方法方面，學者們參照了農業行業標準和先前的研究方法，對肉品質、胺基酸和脂肪酸、血清及肝臟抗氧化能力進行了測定。此外，他們還使用 QIAamp®PowerFecal®Pro Kit 試劑盒提取了盲腸食糜菌群 DNA，並進行了 16S rRNA 定序，以分析微生物群落的組成。

最後，所有數據都使用專業軟體進行了統計分析，以確保實驗結果的準確性和可靠性。整個實驗過程嚴格遵守了科學研究的原則和方法，以期得到 HRW 對飼料雞各方面影響的科學證據。

學者們的實驗結果詳細地反映了 HRW 對飼料雞生長效能、抗氧化能力、肉品質和盲腸微生物組成的影響。以下是實驗結果的具體介紹：

1. 生長效能

HRW 對飼料雞的生長效能沒有顯著影響。在實驗的 42 天期間，飲用 HRW 的飼料雞與飲用自來水的對照組相比，在體重、日增重、採食量、料重比和死亡率等指標上沒有觀察到統計學上的顯著差異。

2. 抗氧化能力

HRW 顯著提高了飼料雞血清中的總抗氧化能力（T-AOC）和超氧化物歧化酶（T-SOD）活性，同時降低了肝臟中的 ROS 和 MDA 含量。此外，肝臟中的 CAT 活性也極顯著提高。

3. 肉品質

在肉品質方面，HRW 組的雞胸肉剪下力顯著低於對照組，表明肉的嫩度有所提高。HRW 還改變了雞胸肉中胺基酸和脂肪酸的組成，提高了白胺酸、離胺酸和必需胺基酸的比例，同時降低了十一烷酸的比例，並提高了棕櫚油酸、油酸、芥酸、γ- 亞麻油酸、α- 亞麻油酸和單不飽和脂肪酸的比例。

4. 盲腸微生物組成

HRW 顯著提高了盲腸食糜中產丁酸鹽菌（如 *Mediterraneibacter*、*Kineothrix*、*Roseburia*）和寡養單胞菌屬（*Stenotrophomonas*）的相對豐度，而降低了馬賽菌屬（*Massilimaliae*）和共生小桿菌屬（*Symbiobacterium*）的相對豐度。

5. 相關性分析

研究還發現，盲腸食糜中的差異菌屬與胸肌胺基酸、脂肪酸指標存在相關性。特別是，產丁酸鹽菌與胸肌中的某些胺基酸和脂肪酸呈正相關，而與十一烷酸呈負相關。

綜上所述，雖然 HRW 對飼料雞的生長效能沒有顯著影響，但它對提高飼料雞血清和肝臟的抗氧化功能、改善雞胸肉品質以及調節盲腸菌群具有積極作用。這些結果顯示，HRW 可能透過改善抗氧化狀態和調節腸道微生物組成，對飼料雞的健康和肉品質產生積極影響。然而，這些發現需要在更大規模的集約化養殖條件下進一步驗證。

第三節　仔豬

在探討富氫水對飼料雞生長效能、抗氧化能力、肉品質和盲腸微生物群的積極影響之後，我們的視野將進一步拓展至富氫水在豬隻健康領域的應用。特別是在面對飼料汙染這一養殖業中常見的問題時，富氫水及其相關新增劑的潛在價值愈發受到關注。

飼料中的鐮刀菌毒素，主要由鐮刀菌屬（Fusarium）的真菌產生，是一類在農業生產中普遍存在的汙染物。這些毒素不僅在受感染的穀物和飼料原料中存在，而且在飼料加工和保存過程中也可能形成。鐮刀菌毒素的種類繁多，包括脫氧雪腐鐮刀菌醇（DON）、玉米赤黴烯酮（ZEN）、T-2 毒素等，它們對豬隻的健康和生產效能有著深遠的影響。

鐮刀菌毒素的主要危害之一是引起斷奶仔豬的生長抑制。這些毒素可以干擾豬隻的消化系統，導致食慾減退、營養吸收不良，從而影響仔豬的體重增長和整體發育。長期暴露於這些毒素之下，豬隻可能會出現慢性中毒症狀，包括生長遲緩、飼料轉化率下降，嚴重時甚至導致生長發育停滯。

除了生長抑制，鐮刀菌毒素還會引發氧化反應。氧化反應是細胞內抗氧化系統與 ROS 之間平衡失調的狀態，會導致細胞損傷和功能障礙。在豬隻體內，鐮刀菌毒素可以增加 ROS 的產生，超出機體自身的清除能力，導致氧化還原系統失衡。這種狀態不僅損傷細胞膜、蛋白質和 DNA，還可能啟用發炎反應，進一步影響豬隻的健康 [207]。

此外，氧化反應還與多種疾病的發生發展有關，包括肝臟損傷、免

---

[207] 陳祥興，等．鐮刀菌毒素對斷奶仔豬生長效能、小腸二糖酶活性和抗氧化能力的影響 [J]. 飼料研究與應用，2015, 35(6): 1875-1878.

疫系統功能下降、心血管疾病等[208]。在養殖業中，這不僅增加了豬隻的疾病風險，還可能導致治療成本的增加和生產效率的降低。

因此，飼料中的鐮刀菌毒素對豬隻的健康和生產效能構成了嚴重威脅。為了保障豬隻的健康、提高生產效率，以及維護肉類產品的品質和安全，尋找有效的策略來減輕鐮刀菌毒素的影響變得尤為重要。這包括改進飼料加工和保存技術、使用毒素吸附劑、開發疫苗，以及探索新型新增劑如富氫水和乳果糖等，以增強豬隻的抗氧化能力和提高對毒素的抵抗力。鑑於此，研究者們開展了一項創新性研究[209]，旨在評估富氫水和乳果糖這兩種干預措施在緩解由鐮刀菌毒素引起的負面影響方面的有效性。透過這項研究，我們可以更深入地理解富氫水和乳果糖如何透過抗氧化機制來保護豬隻，以及它們在改善腸道健康和促進生長方面的潛在作用。

我們可以先一起看一下學者們設計的實驗步驟。

1. 飼料準備

首先，使用禾穀鐮刀菌（*Fusarium graminearum*）菌株 2021 培養並製備受鐮刀菌毒素汙染的玉米。將菌絲體接種到經滅菌處理的玉米上，並在特定溫溼度條件下孵化，以模擬自然汙染情況。對照組使用未經接種的玉米。

2. 實驗飼料配製

根據對豬隻的營養需求推薦，配製了兩種實驗飼料。一種是未受汙染的對照飼料（NC），另一種是含有鐮刀菌毒素的飼料（MC）。飼料中不新增抗生素、激素和防腐劑。

---

[208] ZHANG P J, et al. Oxidative stress and diabetes: antioxidative strategies[J]. *Frontiers of Medicine*, 2020, 14(5): 583-600.

[209] Zhang WJ, et al. Hydrogen-Rich Water and Lactulose Protect Against Growth Suppression and Oxidative Stress in Female Piglets Fed Fusarium Toxins Contaminated Diets[J]. *Toxins*, 2018, 10(6): 228-241.

3. 實驗設計

選取 24 隻健康的斷奶仔豬，隨機分配到四種處理組，每組 6 隻。四組分別為：對照組（NC）、受鐮刀菌毒素汙染飼料組（MC）、MC 飼料加乳果糖組（MC ＋ LAC）和 MC 飼料加富氫水組（MC ＋ HRW）。

4. 適應期和實驗期

在 6 天的適應期後，各組豬隻開始接受為期 25 天的相應處理。每天兩次（上午 10：00 和下午 14：00），按照每公斤體重 10mL 的量給予處理液。對照組和 MC 組口服無氫水（HFW），MC ＋ HRW 組接受 HRW，MC ＋ LAC 組接受 500mg/kg 體重的乳果糖（溶於 10mL HFW）。

5. 樣本收集

在實驗的第 21 天，收集豬隻的血漿樣本，以測量不同處理前後的氫氣水準。實驗結束時，豬隻被安樂死，採集血清和肝臟樣本。

6. 生理和生化指標測定

使用商業 ELISA 試劑盒測定血清中的生長激素、PYY 和 CCK 水準。利用試劑盒分析血清和肝臟中的氧化劑和抗氧化引數。

7. 氫氣濃度測量

使用氫氣感測器測量血漿和肝臟樣本中的氫氣濃度。

根據學者們公開發表的論文，他們的實驗結果主要包括以下幾個方面：

(1) 氫氣濃度：實驗中發現，乳果糖（LAC）處理組在給藥前就顯示出比其他三組更高的血漿氫氣濃度，而 HRW 處理組在給藥兩小時後的血漿氫氣水準顯著高於其他組。在肝臟中，LAC 處理組的氫氣濃度也顯著高於其他三組。

(2) 生長效能：鐮刀菌毒素汙染的飼料顯著降低了仔豬的平均日增重（ADG）和平均日採食量（ADFI）。與僅餵食汙染飼料的 MC 組相比，HRW 和 LAC 處理組均顯著提高了 ADG 和 ADFI。

(3) 食慾調節激素水準：鐮刀菌毒素汙染飼料導致血清中飽腹激素肽 YY（PYY）和膽囊收縮素（CCK）水準升高。HRW 和 LAC 處理均降低了這些激素的水準，與未受汙染飼料的對照組（NC）相比無顯著差異。

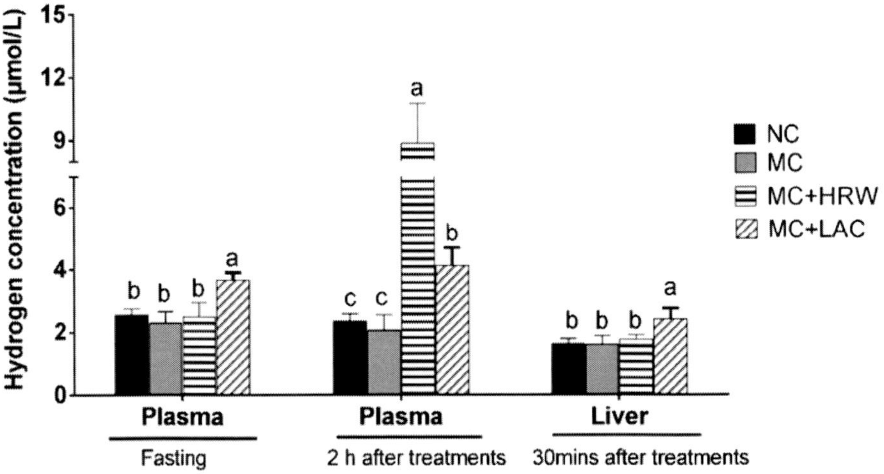

圖 11-3-1 乳果糖和富氫水對食用鐮刀菌毒素汙染飲食的雌性仔豬血漿和肝臟氫濃度的影響[210]

(4) 氧化和抗氧化狀態：在血清和肝臟中，MC 組的氧化代表物水準［如血清總碳基和 8- 羥基脫氧鳥苷（8-OH-dG）］顯著高於其他三組，而抗氧化酶［如 CAT、總超氧化物歧化酶（Total-SOD）、銅鋅超氧化物歧化酶（CuZn-SOD）和錳超氧化物歧化酶（Mn-SOD）］活性在 MC 組中顯著降低。HRW 和 LAC 處理降低了血清和肝臟中的氧化代表物水準，並提高了抗氧化酶的活性。

實驗結果顯示，富氫水和乳果糖的口服給藥都能對抗鐮刀菌毒素引

[210] NC（陰性對照），基礎飲食；MC，鐮刀菌毒素汙染的飲食；MC ＋ LAC，MC 飲食加乳果糖處理；MC ＋ HRW，MC 飲食加富氫水處理。

起的生長抑制和氧化損傷。這些發現部分支持了研究假設，即補充氫產生性益生元可能透過增加腸道內氫氣產生來提高抗氧化能力。這項研究提供了有關富氫水和乳果糖在動物飼料中應用的潛在益處的初步證據，尤其是在對抗由飼料中的鐮刀菌毒素引起的負面影響方面。然而，這些結果需要在更廣泛的條件下進一步驗證。

第四節　畜牧業的氫未來

在本章，我們探索了富氫水這一新興領域，發現它在畜牧產業中的應用前景廣闊。從山羊瘤胃微生物群落的調理到飼料雞的整體健康，再到雌性仔豬對抗鐮刀菌毒素的保護，富氫水展現出了其獨特的潛力。它不僅能夠提升肉類產品的品質和安全性，還能夠增強動物的抗氧化能力，改善腸道健康，從而提高生產效率。

透過細緻的實驗設計和科學的資料分析，研究者們揭示了富氫水對飼料雞生長效能的非顯著性影響，卻顯著提高了血清和肝臟的抗氧化能力，改善了肉品質，並透過調節胺基酸與脂肪酸的組成，促進了盲腸中有益菌群的生長。同樣，在仔豬的研究中，富氫水和乳果糖的新增顯著減輕了鐮刀菌毒素引起的生長抑制和氧化反應。

這些發現不僅為我們提供了保障畜產品品質和安全的新型解決方案，也為畜牧業的可持續發展開闢了新的道路。

然而，這一領域的研究仍處於起步階段，許多問題尚待深入探討。我們期待未來的研究能夠進一步揭開富氫水在畜牧業中應用的神祕面紗。

在這一過程中，我們深刻體會到，無論是面對傳統挑戰還是把握新興機遇，科學研究和技術創新都是推動畜牧業不斷前行的不竭動力。讓我們攜手共進，以開放的心態迎接每一個可能，用科學的力量點亮畜牧業的未來。

第十二章
其他農產品

第一節　藥用作物

一、當歸

當歸，學名 *Angelica sinensis*，是一種在中醫中極為重要的草本植物，被譽為「補血聖藥」。它原產於中國，已有數千年的藥用歷史，尤其在婦科領域中，當歸被廣泛用於調經、緩解痛經、改善血虛等症狀。當歸含有的活性成分包括精油、有機酸、多醣、維他命以及多種微量元素，這些成分共同作用，使得當歸具有補血活血、調經止痛、滋潤肌膚等多重功效。

在現代醫學研究中，當歸的藥理作用得到了進一步的證實和拓展。研究顯示，當歸具有改善微循環、抗氧化、抗炎、提高免疫力等多種生物活性。此外，當歸還被用於治療心血管疾病、抗腫瘤、抗過敏等，顯示出其在現代醫學中的潛力。

在中國市場上，當歸因其顯著的藥用價值而享有很高的聲譽。隨著人們對健康生活方式的追求和中醫藥文化的普及，當歸的市場需求持續增長。中國不僅是當歸的主要生產國，也是最大的消費國。當歸的種植主要集中在甘肅、陝西、四川等地區，這些地方的自然條件非常適合當歸的生長，保證了其品質和產量。

當歸的產業鏈在中國已經相當成熟。從種植、收穫、加工到銷售，形成了完整的供應鏈。隨著技術的發展，當歸的加工方式也日益多樣化，包括切片、粉末、提取物等，以滿足不同消費者的需求。此外，當歸還被廣泛應用於功能性食品、保健品、化妝品等行業，市場前景廣闊。

然而，當歸市場的發展也面臨著一些挑戰。首先，品質控制是關鍵，因為不同產地、不同種植條件下的當歸，其藥用成分含量可能存在差異。其次，野生資源的保護和合理開發利用也是行業發展需要考慮的問題。

而 HRW，作為一種新興的農業投入品，為應對當歸種植中面臨的挑戰提供了潛在的解決方案。首先，氫肥的引入可以增強植物的抗逆性，減輕由於非生物脅迫如重金屬、鹽害等對當歸生長造成的負面影響。先前研究顯示，富氫水能夠提升植物對這些脅迫條件的耐受性，從而有助於保持當歸生長的穩定性和產量的可靠性。

其次，富氫水具有促進植物生長發育的作用，這在丁芳芳等人的研究中得到了證實。透過使用不同濃度的富氫水溶液澆灌當歸，研究發現，與普通自來水澆灌相比，富氫水處理顯著增加了當歸的株高、葉寬及根系生長，特別是當富氫水飽和度為 50%時，增產效果最為顯著。這表明氫肥能夠透過促進植物生長發育，提高當歸的產量和生長效能。

此外，氫肥作為一種無毒、無害的農業投入品，對於提高當歸的品質和安全性具有積極作用。在食品和藥品安全日益受到重視的今天，使用氫肥可以減少化學肥料和農藥的使用，降低當歸中有害物質的殘留，提高產品的市場競爭力。

最後，氫肥的應用還有助於實現農業的可持續發展。作為一種環保型肥料，氫肥的使用不會對環境造成汙染，反而能夠改善土壤結構，提高土壤的肥力和生物活性，從而有助於建構一個更加健康和可持續的農業生態系統。

我們將首先詳細介紹一下富氫水的投入當歸種子發芽的影響。

(一) 富氫水對當歸種子發芽的影響

學者的實驗過程如下[211]：

首先選取甘肅省岷縣產出的當年健康、籽粒飽滿且大小均一的當歸種子進行實驗，種子經過去翅處理後備用。富氫水的製備採用金屬鎂型氫棒插入自來水中密封反應約 12 小時生成飽和氫水，隨後透過稀釋得到不同濃度梯度（0、10%、30%、50%）的富氫水溶液，對應的 H2 濃度分別為 0mM、0.055 ～ 0.065mM、0.165 ～ 0.195mM 和 0.275 ～ 0.325mM。

實驗設計採用正交試驗方法，以浸種時富氫水濃度、浸種時間、發芽時富氫水濃度為三個考察因素，每個因素設定四個水準，構成 L16(4) 正交表共 16 組處理組合。

具體操作中，種子首先在室溫下按不同濃度和時間進行富氫水浸種處理，隨後使用 0.1% 氯化汞溶液進行 6 分鐘錶面消毒。發芽實驗採用鋪有高溫滅菌細沙的發芽床，每培養皿放置 50 粒種子並保持溼度，置於 25℃暗培養箱中培養。

觀測指標包括發芽率、發芽勢、發芽指數、活力指數及 α- 澱粉酶活性，其中發芽動態每 24 小時記錄一次，胚芽突破種皮視為有效萌發，最終發芽率計算為培養 16 天的累計發芽比例，發芽勢統計培養 8 天內的萌發比例。

發芽指數透過逐日發芽數與對應天數的比值累加獲得，活力指數則結合發芽指數與胚芽長度均值計算。α- 澱粉酶活性測定採用比色法，透過麥芽糖生成量計算酶活力。實驗設定每組 5 個平行重複，資料分析採用方差檢驗評估各因素對發芽指標的顯著性影響，最終透過正交試驗結果確定最優處理組合並進行驗證實驗。

[211] 丁芳芳，程茜菲 · 富氫水對當歸種子發芽的影響 [J]. 陝西農業科學，2020, 66(4): 63-65+100.

學者們的實驗結果顯示，透過正交試驗設計對浸種時富氫水濃度、浸種時間、發芽時富氫水濃度三個因素的優化組合進行分析後，當歸種子的萌發指標和生理活性均呈現顯著變化。在發芽率方面，各因素對結果的影響程度依次為浸種時間＞浸種濃度＞發芽濃度，其中浸種時間具有統計學顯著性（F 比值＝ 19.637，p ＜ 0.05）。

當浸種時間為 24 小時，發芽率最高可達 76.2%，驗證實驗進一步表明，在最優處理組合即浸種濃度 50%（0.275 ～ 0.325mM）、浸種時間 24 小時、發芽濃度 10%（0.055 ～ 0.065mM）下，發芽率提升至 90%。發芽勢的變化趨勢與發芽率一致，浸種時間的影響最為顯著（F 比值＝ 5.643，p ＜ 0.05），最優條件下發芽勢達到 72%，較對照組提升約 89.5%。發芽指數與活力指數的分析顯示，浸種時間和發芽濃度的互動作用顯著，其中浸種時間延長至 24 小時可令發芽指數提高至 26.2，而活力指數則因胚芽長度的增加得到同步提升。

α- 澱粉酶活性的測定結果顯示，浸種濃度和浸種時間對酶活性具有顯著促進作用（F 比值分別為 18.597 和 13.475，p ＜ 0.05）。當浸種濃度提升至 50%時（0.275 ～ 0.325mM），酶活性最高達 $6.81mg \cdot g^{-1} \cdot min^{-1}$，較對照組成長約 142%。這一結果與發芽指標的提升呈正相關，證實富氫水透過增強種子內澱粉代謝能力加速萌發。

方差分析還顯示，發芽時使用的富氫水濃度對發芽率和 α- 澱粉酶活性影響較弱，但對發芽勢和發芽指數仍有一定優化作用，10%濃度（0.055 ～ 0.065mM）為最佳選擇。最終驗證實驗中，最佳處理組合下的 α- 澱粉酶活性達到 $6.51mg \cdot g^{-1} \cdot min^{-1}$，與理論預測值高度吻合。

此外，實驗數據表明，浸種時間延長至 24 小時可顯著提高種子含水量，打破休眠狀態，而富氫水的外源補充可能透過增強內源性氫氣釋放，進一步緩解氧化反應，從而綜合促進當歸種子的萌發效率。這些結果為富氫水在農業生產中應用於種子預處理提供了理論和實踐依據。

(二) 富氫水對當歸生長效能的影響

該學者團隊還對富氫水澆灌對當歸的生長效能做了專門的實驗[212]。

在針對本課題的進一步研究中，研究人員著手探索 HRW 對當歸生長效能的影響。實驗開始時，選取了適量的當歸苗，並確保它們處於健康的生長狀態。研究的核心在於評估不同濃度的 HRW 對當歸植株的生長指標，如株高、葉寬、根長以及產量的具體作用。

實驗過程中，首先製備了不同濃度的 HRW 溶液。這一步驟透過向自來水中插入金屬鎂型氫棒來實現，該方法能夠在大約 12 小時後製得飽和氫水。隨後，將飽和氫水用自來水稀釋，得到不同濃度的 HRW 溶液。

實驗設定了多個處理組，包括使用自來水，15%、25%、50%、75%和 100%的 HRW 溶液進行灌溉處理，以及一個對照組。將當歸植株分別灌溉這些不同濃度的溶液，並在 0 ～ 4℃的條件下進行預冷處理。

預處理完成後，植株被栽種在標準化的試驗地中，所有培養條件如溫度、溼度和光照等均被嚴格控制，以保證實驗結果的可靠性。在培養期間，研究人員定期監測並記錄植株的生長情況，包括株高、葉寬、根長等關鍵指標。

此外，實驗還包括了對植株生長效能的詳細分析，如單株鮮重和鮮歸產量的測定。這些指標有助於全面評估 HRW 對當歸生長效能的影響。實驗結束後，透過科學的統計方法對收集到的數據進行分析，比較不同處理組與對照組之間的差異。

這一系列精心設計的實驗取得了十分令人滿意的結果。學者們發現以下結果：

[212] 丁芳芳，王飛娟 · 富氫水澆灌對當歸生長效能的影響 [J]. 陝西農業科學，2019,65(4): 54-56.

1. 生長指標的顯著提升

實驗結果顯示，與使用自來水澆灌的對照組相比，使用不同濃度 HRW 澆灌的當歸植株在株高、葉寬和根長等生長指標上均有顯著提升。特別是當 HRW 濃度達到 50%時，這些生長指標的提升最為顯著。

2. 產量的顯著增加

實驗數據表明，使用 HRW 澆灌的當歸產量與自來水澆灌的對照組相比有明顯增加。隨著 HRW 濃度的增加，當歸產量呈現出先增大後減小的趨勢，其中 50%濃度的 HRW 澆灌對產量的增加貢獻最大。

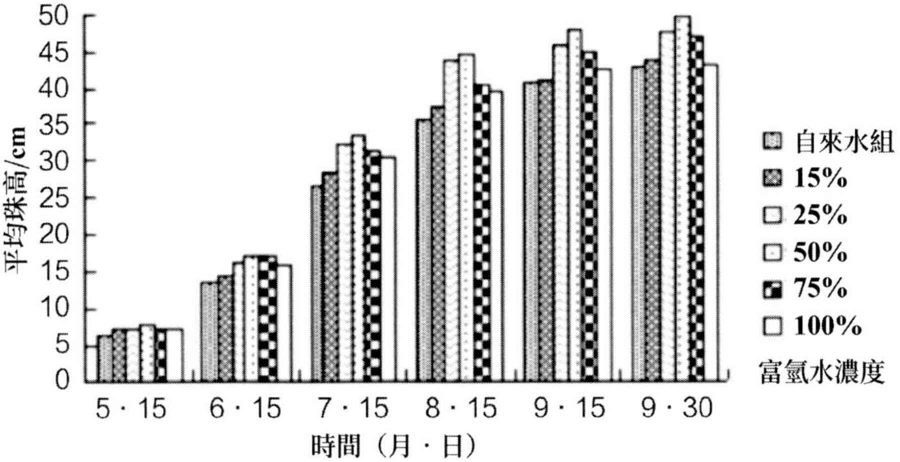

圖 12-1-1 不同濃度富氫水澆灌對當歸平均株高的影響

3. 生長效能的變化趨勢

實驗觀察到，隨著 HRW 濃度的增加，其對植株生長效能的影響呈現先增加後減小的趨勢。當 HRW 的飽和度為 50%，也即 H_2 濃度為 0.275～0.325mM 時，能夠最大程度地促進當歸的生長和產量。

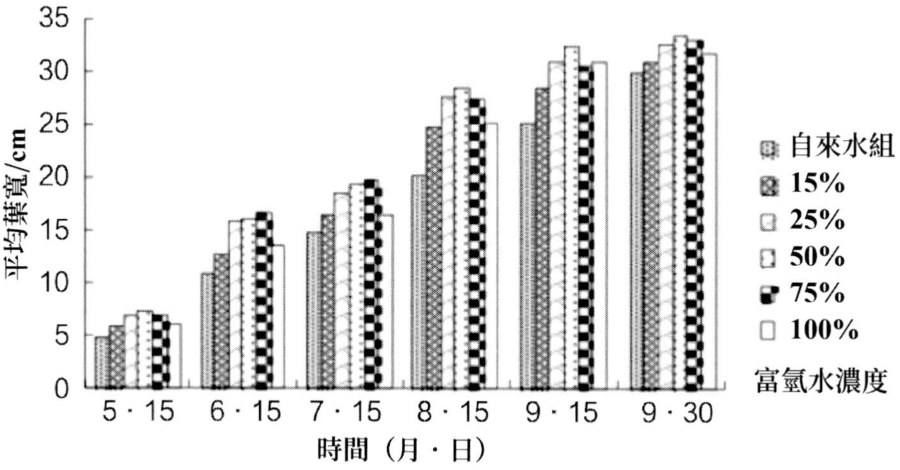

圖 12-1-2 不同濃度富氫水澆灌對當歸平均葉寬的影響

4. 生理功能的調節作用

實驗還探討了 HRW 對當歸植株生理功能的調節作用。儘管具體的生理生化指標數據未在摘要中提及，但研究顯示 HRW 可能透過影響植物激素的訊號傳導或代謝來促進植物生長發育。

5. 產量的具體數據

使用 50%飽和度（0.275 ～ 0.325mM）的富氫水當歸產量最高，達到了 4.83 kg/3m^2，折合為 16,100 kg/hm^2。這一數據顯著高於自來水澆灌的產量 3.70 kg/3m^2，折合為 12,333 kg/hm^2。

6. 生長狀況的影像化展示

實驗結果透過圖表的形式展示，如圖 12-1-1、圖 12-1-2 和圖 12-1-3 分別展示了不同濃度 HRW 澆灌對當歸平均株高、葉寬和根長的影響，直觀地反映了 HRW 對當歸生長的促進作用。

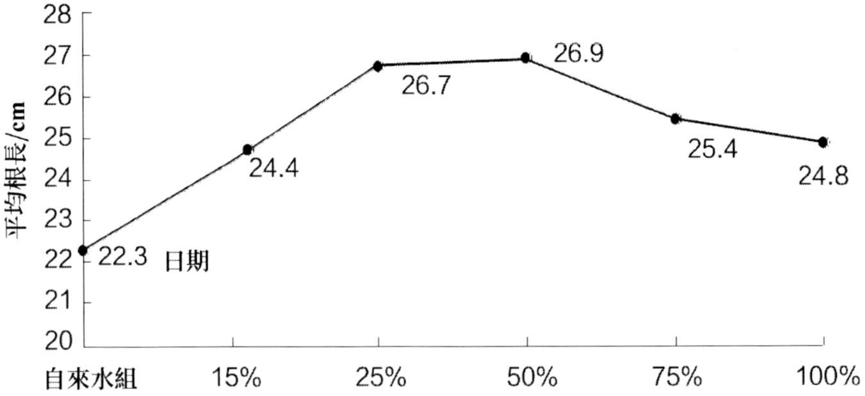

圖 12-1-3 不同濃度富氫水澆灌對當歸平均根長的影響

根據學者丁芳芳團隊的研究，我們可以得出結論，HRW 作為一種潛在的植物生長調節劑，對特定植物種類的生長具有積極影響。綜合兩篇文章，50%飽和度（0.275 ～ 0.325mM）的富氫水顯著提高了當歸種子的發芽率，也提高了其生長效能和產量，表明其在農業應用中具有重要的潛力。

二、五指毛桃

五指毛桃，是一種在中國南方，尤其是在嶺南地區廣泛分布的植物。這種植物既是傳統中藥材，也是可食用的植物，有時被稱為「廣東人參」。在民間，它被用於治療多種疾病，如脾虛、肺結核、虛弱、風溼病、盜汗和乳汁不通等。

五指毛桃的根部是其藥用部分，含有多種活性化合物，包括香豆素、黃酮類化合物和精油。現代藥理學研究顯示，這些化合物具有抗氧化、抗炎、抗菌、抗病毒和抗腫瘤的效果。這些化合物在植物體內主要透過次生代謝途徑合成，是植物在受到生物或非生物因素脅迫時，透過度表現抗病基因在體內合成並累積的一系列具有抗病性的低相對分子質量化合物，通常被稱為植物抗生素。這些次生代謝產物不僅對植物自身的防禦機制至關重要，也為人類提供了豐富的藥物資源。

五指毛桃主要分布在中國的廣東、廣西、江西、福建、雲南和香港，以及東南亞國家。由於其根部的藥用價值，這種植物在傳統中醫中被廣泛使用，尤其在南方地區，它被視為一種重要的藥材。此外，五指毛桃也因其根部的保健功效而被用於食品和飲料中。

在農業和園藝方面，五指毛桃的栽培和利用為當地社區提供了經濟價值，並且由於其對多種環境脅迫的耐受性，它在可持續農業和生態恢復專案中也顯示出潛力。然而，作為一種藥用植物，其活性成分的含量和品質受到多種因素的影響，包括生長條件、病蟲害壓力以及收穫和加工方法。因此，研究如何透過農業技術，例如使用 HRW 灌溉，來提高五指毛桃的藥用價值和產量，對於中藥產業的發展具有重要意義。

有一個中國學者團隊對此展開了研究 [213]。他們分析了 HRW 處理對五指毛桃根部代謝和基因表現的影響，以揭示氫氣如何調控植物根部的代謝途徑，尤其是酚丙烷類化合物的生物合成和代謝，這對於提高五指毛桃藥材的品質和產量具有重要的實際意義。同時，這項研究也有助於深入理解氫氣在植物體內的生物學作用機制，為氫農業在中藥材栽培中的應用提供理論依據。

實驗開始前，首先製備了 HW，透過將純度為 99.99%的氫氣（H_2）以每分鐘 200mL 的速率通入 5 升純淨水中，持續 3 小時以獲得飽和 HRW。使用氫氣行動式測量儀（Trustlex Co., Ltd., ENH-1000, Japan）測定 HRW 的氫氣濃度，確保其濃度為 0.4mM。

實驗所用的五指毛桃植物均來自華南植物園，選取生長狀況相似的

[213] ZENG J, et al. Integrated metabolomic and transcriptomic analyses to understand the effects of hydrogen water on the roots of *Ficus hirta* Vahl[J]. *Plants*, 2022, 11(5): 602.

植株，將其均勻分為兩組：處理組和對照組。處理組的植物每週使用HRW 灌溉一次，共進行 3 次，而對照組則使用同等量的純淨水進行灌溉。15 天後，收集兩組植物的根部樣本，利用液氮迅速冷凍，隨後保存於 -80℃的環境中，以備後續的代謝物提取和 RNA 定序。

為了進行代謝物提取和分析，將冷凍的根部樣本研磨成粉末，使用預冷的 80% 甲醇和 0.1% 甲酸進行提取。提取液經過離心後，上清液被收集並用於液相色譜－質譜聯用系統（LC-MS）分析。使用 Vanquish UHPLC 系統（Thermo Fisher, MA, USA）和 Orbitrap Q Exactive 系列質譜儀（Thermo Fisher, MA, USA）進行非標靶代謝物分析。透過 LC-MS/MS 系統分析，檢測了包括 HRW 處理組和對照組在內的 12 個樣本，以揭示 HRW 處理對五指毛桃根部代謝的影響

此外，為了深入了解 HRW 處理對五指毛桃根部代謝途徑的影響，研究者們還進行了轉錄組定序分析。從 HRW 處理組和對照組的根部樣本中提取總 RNA，並使用 NEBNext®Ultra ™ RNA Library Prep Kit for Illumina®（NEB, Ipswich, MA, USA）建構 RNA-Seq 定序文庫。定序數據透過 Illumina Hiseq 平臺生成，以分析 HRW 處理對五指毛桃根部基因表現的影響。

整個實驗過程中，研究者們嚴格控制實驗條件，確保實驗的準確性和重複性，以期為後續的資料分析提供可靠的基礎。

實驗結果顯示，與對照組相比，經 HRW 處理的五指毛桃根部在轉錄組和代謝組層面發生了顯著變化。具體來說，HRW 處理組中有 173 個基因表現下調，138 個基因表現上調。透過液相色譜－質譜（LC-MS）進行的差異代謝物分析顯示，在正離子模式下有 168 個代謝物和負離子模式下有 109 個代謝物表現出顯著差異。在上調的代謝物中，發現了五指毛桃的主要活性成分，如苯丙烷類化合物，包括柚皮素、香豆素、橙皮素和苯並

呋喃等。綜合轉錄組和代謝組資料分析顯示，正離子模式下有四個最相關的代謝途徑被過度富集，負離子模式下一個途徑被富集。在代謝物與差異表現基因（DEGs）的關係中，苯丙烷生物合成和代謝產生重要作用。這表明苯丙烷生物合成和代謝可能是 HRW 調節的主要代謝途徑。轉錄組分析還顯示，大多數表現量變化絕對值大於等於 1 的 DEGs 是轉錄因子基因，且它們大多與植物激素訊號轉導、抗逆性和次生代謝，主要是苯丙烷生物合成和代謝有關。這些發現為揭示氫的植物效應機制提供了重要證據，並為氫農業在中藥材栽培中的應用提供了理論基礎。

三、靈芝

靈芝，學名 *Ganoderma lucidum*，是一種在亞洲尤其是中國和日本有著悠久藥用歷史的真菌。它屬於多孔菌科，因其獨特的光澤和形狀，常被賦予神祕和象徵長壽的寓意。靈芝含有多種生物活性化合物，包括多醣、三萜類化合物、類固醇、肽類和核苷類等，這些成分被認為對人體健康有多方面的益處，如增強免疫力、抗疲勞、抗氧化和調節血糖等。

在傳統中醫中，靈芝被用作一種滋補藥材，用於調養身體和治療多種疾病。現代醫學研究也在探索其潛在的藥理作用，包括抗腫瘤、抗病毒、抗炎和神經保護等。隨著人們對健康和自然療法越來越感興趣，靈芝及其相關產品在全球市場上的需求不斷增長。

市場前景方面，隨著全球消費者健康意識的提高和對天然補充劑的偏好增加，靈芝產品的市場潛力巨大。從保健食品到化妝品，再到藥品，靈芝的應用範圍越來越廣泛。此外，隨著科學研究的深入，靈芝的有效成分和作用機制將被進一步闡明，這可能會推動新產品的開發和市場擴展。然而，市場的發展也面臨著挑戰，包括產品品質的標準化、功效的科學驗證以及國際市場監管的適應等。總體而言，靈芝作為一種具有深厚文化底蘊和健康益處的植物，其市場前景是樂觀的，但也需要行業持續的努力和創新來實現其全部潛力。

有學者就富氫水對靈芝的形態、生長和次生代謝方面的影響開展了研究[214]。

實驗所用的 HRW 是透過將氫氣（99.99%純度）透過氣泡的方式注入無菌水中製備的，氣泡注入速率為 150mL/min，持續 60 分鐘。得到的飽和 HRW 的濃度為 0.22mM。實驗中，將 5mL 的飽和 HRW 立即加入到 95mL 的馬鈴薯葡萄糖肉湯（PDB）培養基中，以稀釋至 5%的濃度。對照組則使用 5 毫升的無菌水。實驗在 28℃的條件下進行，將靈芝的菌絲體在完全培養基（CYM）中培養 7 天，然後在培養的第四天加入 HRW，第五天加入醋酸（HAc）。

在這項研究中，學者們探究了 HRW 對靈芝在 ROS 脅迫下形態、生長和次生代謝的影響。實驗中，HAc 被用作 ROS 的脅迫誘導劑，而 HRW 則用來緩解由 HAc 誘導的 ROS 脅迫。研究中使用了不同濃度的 HRW 處理靈芝，以評估其對靈芝生長和代謝的影響。

在這項研究中，學者們發現 5%（0.011mM）HRW 處理顯著降低了 ROS 含量，維持了靈芝菌絲體的生物量和極性生長形態，並在醋酸（HAc）誘導的氧化脅迫下減少了次生代謝。此外，HRW 的作用在相當程度上依賴於在 HAc 脅迫下恢復靈芝中的麩胱甘肽系統。研究中使用了兩種麩胱甘肽過氧化物酶（GPX）缺陷株、經過巰基琥珀酸（MS，一種 GPX 抑制劑）處理的野生型（WT）株，以及 GPX 過度表現株進行了進一步研究。結果顯示，在缺乏 GPX 功能的情況下，HRW 無法緩解 HAc 誘

[214] REN A, et al. Hydrogen rich water regulates effects of ROS balance on morphology, growth and secondary metabolism via glutathione peroxidase in *Ganoderma lucidum*[J]. *Environmental Microbiology*, 2017, 19(2): 566-583.

導的 ROS 過量產生、生物量減少、菌絲體形態變化和次生代謝生物合成增加。而過度表現 GPX 的菌株表現出對 HAc 誘導的氧化脅迫的抗性。因此，研究顯示 HRW 透過麩胱甘肽過氧化物酶在 HAc 脅迫下調節靈芝的形態、生長和次生代謝。此外，該研究還為研究其他真菌中的 ROS 系統提供了一種方法。

四、茵陳

茵陳，學名 *Artemisia capillaris*，是菊科蒿屬的一種多年生草本植物，也是一種傳統的中藥材。它以其細密的枝葉和獨特的香氣而著稱，廣泛分布於中國的多個省分，尤其在溼潤的河邊、曠野和路旁等地。茵陳在中醫中被認為具有清熱利溼、利膽退黃的功效，常用於治療黃疸、肝炎、皮膚病等病症。此外，茵陳還含有豐富的黃酮類化合物、香豆素、三萜類化合物等活性成分，這些成分賦予了它抗氧化、抗炎、抗病毒等多種藥理作用。

隨著人們健康意識的提高和對天然藥物需求的增加，茵陳的市場前景看好。在醫藥領域，茵陳提取物可以作為原料藥或保健品成分，用於開發治療肝病、膽病等藥物。在食品工業中，茵陳的嫩葉可以作為食材，用於製作茶、酒或其他健康食品。此外，茵陳的精油也可用於化妝品和日化產品中，作為天然香料和活性成分。然而，茵陳的市場發展也面臨挑戰，包括野生資源的可持續利用、人工種植技術的提升、產品品質標準的制定以及市場監管的加強等方面。總體而言，茵陳作為一種藥食同源的植物，其市場潛力巨大，但需要行業各方面的共同努力，以實現其資源的可持續開發和利用。

有學者開展了富氫水對茵陳產量及有效成分影響的研究[215]：

實驗透過使用不同含量的富氫水對茵陳植株進行澆灌和噴灑，以此來模擬不同環境條件下茵陳的生長狀況。具體實驗過程如下。

首先，研究團隊將氫氣透過奈米氣泡氫機設備注入去離子水中，製備出氫水濃度分別為 0.625mM（非飽和組）和 1.25mM（飽和組）的 HRW 溶液。利用富氫測試筆測定新製備的飽和 HRW 中氫氣濃度，並確保在室溫下密封保存 12 小時以維持相對穩定的氫濃度。

接著，選取生長狀況一致的茵陳幼苗，將其移栽至裝有基質的小花盆中進行培養。然後，每天定時使用自來水、0.625mM HRW、1.25mM HRW 對植株進行噴灑和隔天澆灌，整個實驗週期持續 25 天。在實驗期間，每 3 天測量一次茵陳植株的橫徑和高度，以監測植株的生長情況。

此外，為了對茵陳植株中的黃酮／酚類化合物進行精準標靶的定性定量分析，實驗結束後，從每組選取 6 株植株進行分析。首先，將凍乾後的樣品研磨並提取，然後利用液質聯用儀（LC/MS）進行精準檢測，以評估 HRW 處理對茵陳中有效成分含量的影響。

透過這一嚴謹的實驗設計和操作流程，學者們能夠系統地研究富氫水對茵陳生長及其藥用成分的具體作用，為進一步探討富氫水在中藥種植領域的應用提供了科學依據。

實驗結果顯示，在第 15 天，與對照組相比，非飽和組（0.625mmol/L HRW）的植株橫徑和體積有明顯增加，而飽和組（1.25mmol/L HRW）則沒有明顯變化。到了第 25 天，不同濃度的 HRW 處理組的植株橫徑和體積都明顯增加，尤其是非飽和組的溼重和乾重也顯著增加（$P < 0.05$）。此外，不同濃度的 HRW 能夠調控 13 個差異代謝物（$P < 0.05$），並能夠

[215] 董昌盛，等．富氫水對芳香中藥茵陳產量及有效成分的影響 [J]. 香料香精化妝品，2024, 41(2): 1-7.

上調天竺葵素 -3- 氯化葡萄糖苷等 6 個化合物的含量。這些發現表明，HRW 不僅能增加茵陳的產量，還能透過提高有效成分的含量來提升茵陳的品質。研究還發現，HRW 透過多靶點、多通路調控茵陳的生長過程，並增強其藥理作用，為中藥的綠色種植和品質提升提供了新的思路。

五、黨參

黨參，學名 *Codonopsis pilosula*，是桔梗科黨參屬的多年生草本植物，主要分布於中國北方的高原和山區。黨參以其肉質根入藥，是中國傳統中藥材中重要的補益藥材之一。在中醫中，黨參被認為具有補中益氣、生津止渴、健脾益肺的功效，常用於治療脾胃虛弱、氣血兩虧、體倦乏力等症狀。現代藥理研究也表明，黨參含有多種活性成分，如黨參多醣、黨參苷、精油等，具有增強免疫力、抗疲勞、抗衰老等多種生物活性。

隨著人們對健康和天然藥物的日益重視，黨參的市場前景看好。在醫藥領域，黨參被廣泛用於製藥工業，是多種中成藥和保健品的原料。在食品工業中，黨參也被用作藥膳的食材，開發出一系列保健食品和飲品。此外，隨著國際市場對中藥的認可度逐漸提高，黨參的出口市場也呈現出成長的趨勢。

有中國學者研究了富氫水處理對黨參的影響[216]。

在這項研究中，學者們探究了 HRW 對黨參多醣含量的影響。實驗過程首先涉及 HRW 的製備，透過使用氫氣發生器產生的氫氣，經過 40 分鐘的鼓泡過程來製備 HRW。製備完成的 HRW 濃度大約在 0.075mM，並且能在室溫下 15 小時內保持相對穩定的濃度。

---

[216] 李曉花，楊雯雯．富氫水處理對黨參多醣的影響 [J]. 中外企業家，2020(15): 249.

接下來，黨參種子被隨機分為 9 組，每組使用不同濃度的 HRW 進行處理。這些濃度包括去離子水以及 80%、70%、60%、50%、40%、30%、20%、10%的 HRW 溶液。種子在這些溶液中浸泡直至裂口，大約需要 5 天時間。之後，種子與細砂混合均勻撒播於花盆中，並使用相應的 HRW 進行澆灌，每週約 500mL，直至黨參成熟可採收。

整個實驗過程中，學者們精心設計並控制了實驗條件，以確保能夠準確評估不同濃度 HRW 對黨參多醣含量的影響。透過這種方法，研究團隊能夠系統地研究 HRW 在中藥栽培中的應用潛力。

在這項研究中，學者們發現使用 HRW 處理黨參後，黨參中的多醣含量會隨著 HRW 濃度的增加而增加。具體來說，當 HRW 的濃度達到 50% (0.0375mM)時，黨參多醣的含量達到最高值，為 36.45%。這一結果顯示，HRW 在這一特定濃度下能夠顯著促進黨參中多醣的累積。此外，與未經 HRW 處理的黨參相比，其多醣含量為 28.3%，而經 50% (0.0375mM) HRW 處理後的黨參多醣含量顯著提高，這與之前的研究結果一致，即 HRW 能夠促進植物根系的生長和發育。這些發現為 HRW 在中藥栽培中的應用提供了理論依據，並可能有助於提高黨參藥材的附加值和相關產業的發展。

第二節 農副產品

一、中國對蝦乾

氫氣不僅能在生鮮水產品和水產品的養殖過程中發揮作用，同樣也可以引用於經過深加工的水產品的保鮮工作。這裡有一篇刊載於 *Food Control* 的來自於中國學者的文章。該文章的實驗背景主要關注於中國對蝦（*Fenneropenaeus chinensis*）乾製品的保存問題。中國對蝦因其高蛋白、低脂肪和豐富的胺基酸含量而受到消費者的喜愛，但這也使得新鮮對蝦非常容易腐敗。在保存過程中，由於微生物汙染和體內酶活性導致的蛋白質分解或脂質氧化會對水產品的保存品質產生負面影響，導致水產品資源的浪費，商業價值下降，甚至可能出現食品安全問題。

傳統的乾製方法可以透過降低水分含量和水活性來延長水產品的保鮮期，但這並不能完全阻止乾製品在保存期間的品質惡化。為了保持水產品的新鮮度和延長其保鮮期，人們通常使用化學防腐劑，如亞硝酸鈉、苯甲酸鈉和二氧化硫。然而，消費者越來越關注這些化學新增劑對人體和環境可能產生的不良影響。因此，開發了多種新型的保存方法，當然包括了天然化合物的應用和我們前文所述的氣調包裝（Modified Atmosphere Packaging，MAP）。

MAP 透過應用適當的氣體比例來延長水產品的保鮮期，常用的氣體包括二氧化碳（CO_2）和氮氣（N_2）。但是，二氧化碳的過度使用可能會導致某些食品品質下降，同時還需要考慮對環境的影響。因此，當前行業面臨的一個緊迫挑戰是建立一種新的環保型乾製水產品保存方法。

儘管已有研究顯示氫氣對某些動物性食品具有保存效果，但關於氫氣在乾蝦上應用的研究尚未見報導。因此，學者們開展了研究。他們的研究目的是調查用 H_2 改良後的 MAP（即 RAP）是否能夠保持乾蝦的保存品質，並使用加速保存技術（高溫和溼度）來縮短長期保存條件下的實驗時間。並且他們希望能透過這些實驗，為高蛋白質乾水產品的保存開闢新的視角。

學者們進行了一系列精心設計的實驗來評估 RAP 對中國對蝦乾在加速保存過程中保鮮效果的影響 [217]。實驗首先從一家對蝦乾製造工廠採購了對蝦乾，並透過冷鏈快速將其運輸到實驗室。選擇形狀和大小相似且外觀無明顯損傷的對蝦乾進行實驗。實驗將對蝦乾分為四組，每組大約 400±5 g，並將其放置在密封的塑膠容器中。對照組容器內充滿空氣，而其他三個改良氣氛處理組分別充入 0.03%，0.1%和 1%體積比的 RAP，其餘氣體為空氣。所有密封容器被放入人工氣候箱中，在 45℃和 85%相對溼度的條件下進行加速保存實驗。

為了確保氫氣濃度的穩定性，實驗中使用了氣相色譜儀檢測容器內的 H_2 濃度，並在保存 24 小時後發現 H_2 濃度保持在初始濃度的 50%以上。實驗期間，每天固定時間（晚上 7 點至 9 點）打開容器蓋 2 小時以維持相應的溫度和溼度條件，並且每天更新處理氣體。此外，使用氣相色譜儀檢測 H_2 是否能在 24 小時內穿透對蝦乾，透過排水法計算對蝦體積，以消除對蝦體積對實驗的干擾。

在保存過程中，每隔兩天收集一次樣本，用於測定顏色、氣味、過氧化值（PV）、TBARS 含量和總揮發性鹼氮（TVB-N）含量，以及 2,2'- 聯氮雜（3- 乙基苯並噻唑 -6- 磺酸）自由基清除活性和鐵離子還原抗氧化能力（FRAP）。同時，根據上述實驗結果，選取了保存末期（第 8 天）最有效濃度的 RAP 組和對照組樣本進行非標靶代謝組學分析。8 天時間，不同組別的中國對蝦蝦乾的變化如圖 12-3-1 所示。

[217] JIANG K, et al. Hydrogen based modified atmosphere packaging delays the deterioration of dried shrimp (*Fenneropenaeus chinensis*) during accelerated storage[J]. *Food Control*, 2023, 152: 109897.

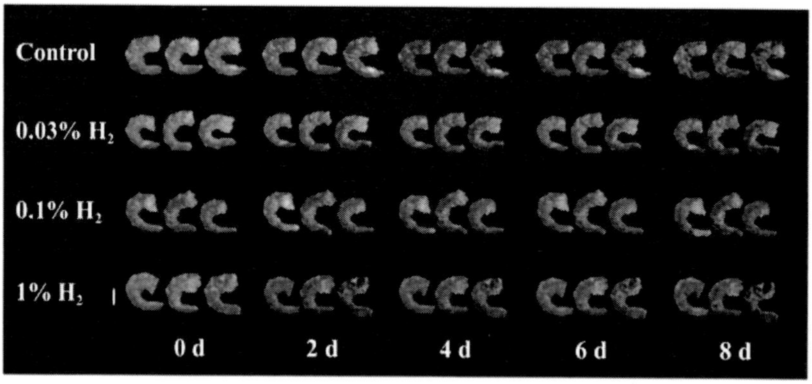

圖 12-2-1 加速保存過程中對蝦乾的外觀和色度變化 (d 表示天) [218]

學者們的實驗結果如下：

1. 顏色保持

使用 CR-400 色差計測量對蝦乾的顏色，結果顯示 RAP 處理組在保存期間顏色變化較小。具體來說，L (亮度)、a^* (紅度 - 綠度) 和 b^* (黃度 - 藍度) 的變化趨勢在 RAP 處理組中得到了不同程度的緩解。總色差 (ΔE) 也表明 RAP 能夠減緩對蝦乾顏色的劣變。

2. 氣味分析

使用 PEN3 電子鼻分析儀檢測了對蝦乾在保存過程中的揮發性化合物變化。結果顯示，RAP 處理能夠顯著減少電子鼻響應值的增加，這表明 RAP 能夠減緩對蝦乾在保存過程中的氣味劣變。

3. 總揮發性鹼氮 (TVB-N) 含量

TVB-N 是衡量水產品新鮮度的重要指標。實驗發現，RAP 處理顯著延緩了 TVB-N 含量的增加，如圖 12-3-2 所示，尤其是在 0.1% 和 1% H_2 處理組中，對蝦乾的新鮮度得到了更好的保持。

[218] ①對蝦乾在保存時分別處於空氣 Control（對照組）、0.03% H_2、0.1% H_2 和 1% H_2 改良氣氛包裝條件下，在 45°C 和 85% 相對溼度的環境下。照片分別拍攝於第 0 天、第 2 天、第 4 天、第 6 天和第 8 天。② Con 代表對照組。

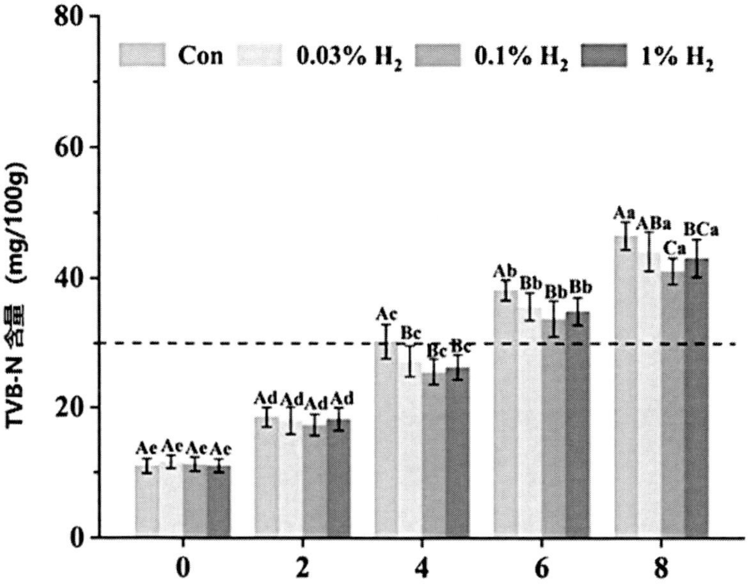

圖 12-2-2 加速保存過程中對蝦乾總揮發性鹼氮（TVB-N）含量的時間依賴性變化

4. 過氧化值（PV）和 TBARS 含量

PV 和 TBARS 是衡量脂質氧化程度的指標。實驗結果顯示，RAP 處理能夠減緩 PV 和 TBARS 含量的增加，表明 RAP 能夠減少對蝦乾在保存過程中的脂質氧化。

5. 抗氧化能力

透過測定 FRAP 和 ABTS 自由基清除活性，研究發現 RAP 處理能夠顯著提高對蝦乾的抗氧化能力，減緩保存過程中的氧化損傷。

6. 非標靶代謝組學分析

透過對 0.1% RAP 處理組和對照組在保存第 8 天的樣本進行非標靶代謝組學分析，發現 RAP 處理顯著影響了對蝦乾的代謝譜。主成分分析（PCA）和正交偏最小二乘判別分析（OPLS-DA）顯示，RAP 處理組和對照組在代謝物組成上存在顯著差異。差異代謝物的聚類分析和代謝途徑分析表明，RAP 處理能夠減緩對蝦乾在保存過程中的代謝變化，特別是嘌呤代謝途徑。

7. 代謝物含量變化

在 0.1% RAP 處理組中，檢測到的胺基酸衍生物、醇類及其衍生物、核苷酸及其衍生物的含量有所降低，這與對蝦乾的氣味和口感改善有關。特別是，RAP 處理顯著降低了蝦肉中苦味相關的化合物如肌苷、次黃嘌呤和黃嘌呤的含量。

這些結果顯示，RAP 作為一種潛在的保鮮技術，能夠在加速保存條件下有效地延緩中國對蝦乾的劣變，保持其感官品質和營養價值。

二、雞蛋

雞蛋作為全球消費量最大的食用蛋品之一，其營養價值和食品安全備受關注。雞蛋在保存過程中會經歷多種生化反應，導致其品質逐漸下降，如霍氏單位 (Haugh units，檢驗和表示蛋品新鮮度的指標) 的降低、蛋黃指數 (yolk index) 的變化、pH 值的升高等，這些變化不僅影響雞蛋的食用品質，也關係到消費者的健康。傳統的雞蛋保存方法包括塗膜包裝和 MAP，但這些方法存在一定的局限性，如成本、材料的安全性以及可能引起的過敏問題。因此，探索新的、環保的且具有成本效益的雞蛋保鮮技術具有重要的實際意義。

有中國學者對此展開了研究 [219]。

實驗使用了來自同一雞群的新鮮未洗的雞蛋，並將其存放在 25℃、相對溼度 45% 的孵化器中。實驗開始前，透過蛋殼品質檢測和傳統品質

[219] WANG Y, et al. Packaging with hydrogen gas modified atmosphere can extend chicken egg storage[J]. *Journal of the Science of Food and Agriculture*, 2022, 102(3): 976-983.

指標測定來確保雞蛋的初始品質。

實驗將雞蛋隨機分為三個相同的組，每組 90 個雞蛋，用於不同的保存條件。使用密封的塑膠容器 (5.5 升)，每組有三個容器，每個容器放置 30 個雞蛋。對照組的 MAP 充滿空氣，而兩個實驗組的 MAP 每天分別充入 0.5%和 3%體積比的氫氣，其餘氣體為空氣。為了消除包裝過程中雞蛋體積差異的干擾，仔細計算了包裝內頂部空間的體積。在保存期間的 0、5、10、15、20 和 25 天，從每個處理中選取 15 個雞蛋來測試散黃比例。其中 5 個雞蛋在無菌環境中破殼，以測量液態全蛋中的微生物數量。剩餘的 10 個雞蛋用於檢測霍氏單位、蛋黃指數、pH 值、ABTS 自由基清除活性、鐵離子還原能力以及 TBARS 值。所有 15 個雞蛋的蛋殼透過掃描電子顯微鏡 (SEM) 進行觀察。

在這項研究中，學者們發現使用氫氣改良氣氛包裝 (H_2 MAP) 對雞蛋進行保存，能夠有效延長雞蛋的保鮮期。具體實驗結果顯示，與未使用氫氣的傳統包裝相比，0.5%和 3%的氫氣濃度處理顯著延緩了雞蛋散黃現象的出現，保持了雞蛋的整體品質。在保存期間，H_2 MAP 處理的雞蛋在第 20 天時霍氏單位和蛋黃指數的下降速度明顯減緩，而 pH 值的上升也得到了有效控制。此外，H_2 MAP 顯著抑制了雞蛋清和蛋黃中抗氧化能力的下降，包括 ABTS 自由基清除活性、鐵離子還原能力 (FRAP) 以及 TBARS 值的增加。這些結果顯示，氫氣處理能夠維持雞蛋的抗氧化狀態，減少氧化損傷。

在微生物數量方面，H_2 MAP 處理顯著減少了雞蛋內部微生物的入侵，這可能與氫氣減緩蛋殼表面微裂縫形成有關。透過掃描電子顯微鏡 (SEM) 觀察，H_2 MAP 處理的蛋殼表面微裂縫程度較對照組有明顯減少。此外，初步的成本效益分析顯示，與雞蛋原價相比，由於氫氣增加的額外成本微乎其微，表明 H_2 MAP 在經濟上是可行的，具有廣泛的應用前景。

綜上所述，學者們的實驗結果揭示了氫氣改良氣氛包裝在延長雞蛋保鮮期方面的潛力，這可能透過調節蛋殼的微裂縫形成和維持雞蛋內部的氧化還原平衡來實現。這些發現為雞蛋及其他易腐食品的保存提供了新的策略，並為氫氣在農業領域的應用開闢了新的可能性。

三、牛肉餡

牛肉是歐亞大陸各民族人民都喜愛的肉產品之一。其初級產品——牛肉餡在食品服務和零售領域中非常普遍。然而，由於絞肉增加了肉的接觸表面積，使其更容易受到微生物汙染，同時也更容易受到色素和脂質氧化等品質下降反應的影響。微生物汙染和脂質氧化是影響牛肉餡品質的重要因素。這些因素會導致產品變質，如產生不良氣味和色澤變化，從而影響消費者的接受度和肉類產品的市場價值。傳統的肉類保鮮方法，如真空包裝和改良氣氛包裝，雖然能在一定程度上限制需氧細菌的生長和氧化反應，但仍存在局限性，需要進一步的創新以提高肉類產品的保存期限和安全性。

近年來，氫氣作為一種具有抗氧化特性的分子，已被研究用於食品保鮮。它能夠透過減少氧化反應和炎症來延長食品的保鮮期，並保護食品的營養成分和感官特性。因此，學者們開展了實驗[220]。

學者們在這項研究中採用了一系列的實驗步驟來評估氫氣產生鎂(H_2-P-Mg)摻雜進牛肉餡(MBM)對其在冷藏期間的品質和安全性的影響。實驗開始時，從當地屠夫處購買低脂牛肉，並使用家用型絞肉機在衛生條件下將其絞成肉餡。接著，將平均150 g的牛肉餡分裝在無菌均

[220] ÇELEBI Y, et al. Incorporation of hydrogen producing magnesium into minced beef meat protects the quality attributes and safety of the product during cold storage[J]. *Food Chemistry*, 2024, 448: 139185.

質袋中，並使用真空機進行抽真空處理以排出袋中的空氣。一部分牛肉餡作為對照組沒有進行真空處理。

真空處理後的牛肉餡被分為幾個不同的組別：一部分袋子注入了氫氣 (H_2) 或氮氣 (N_2)，另一部分真空袋沒有注入任何氣體 (VP)，還有一部分牛肉餡則與鎂粉 (每公斤牛肉餡 160mg) 徹底混合，形成 H_2-P-Mg 摻雜的牛肉餡樣本，這些樣本也被裝入無菌的 Stomacher 袋中並進行真空處理。鎂粉能夠由於與牛肉餡中的水分反應而釋放 H_2 氣體。

所有的牛肉餡樣本都被保存在 +4℃的條件下持續 12 天。在保存過程中，定期測量 pH 值和氧化還原電位 (Eh)、包括總嗜冷好氧細菌 (TPAB)、總嗜溫好氧細菌 (TMAB) 和酵母黴菌計數的微生物計數、顏色分析、變質測試 (Eber)、脂質氧化、生物胺 (BAs) 含量、自由胺基酸 (FFA) 輪廓和揮發性化合物輪廓。這些測量結果用於評估不同處理條件下，牛肉餡在冷藏期間的品質變化。透過這些指標，研究者能夠全面了解產品在保存過程中的化學、微生物和感官變化。

根據他們發表在 *Food Chemistry* 的論文，筆者總結了他們的實驗結果如下：

1. pH 值和氧化還原電位 (Eh)

學者們發現，在保存過程中，不同處理組別的牛肉餡 pH 值有所變化。特別是 N_2 處理組在保存結束時顯示出最高的 pH 值，而 VP（真空包裝）、H_2（氫氣處理）和 H_2-P-Mg（氫氣產生鎂處理）組則顯示出較低的 pH 值。Eh 值也顯示了類似的趨勢，H_2 處理組在保存結束時顯示出最低的 Eh 值，這表明氫氣具有抗氧化性質。

2. 微生物計數

H_2-P-Mg 和 VP 方法通常降低了嗜溫菌和嗜冷菌以及酵母黴菌的數量，這有助於限制微生物的生長，從而延長了肉品的保鮮期。

3. 顏色分析

H_2 和 H_2-P-Mg 樣品在保存結束時顯示出最低的褐變指數值，這表明這些處理方法有助於保持肉品的顏色品質。

4. TBARS

H_2-P-Mg 和 VP 樣品在保存結束時顯示出最低的 TBARS 值，表明這些方法有效地限制了脂質氧化的進展。

5. 生物胺（BAs）含量

H_2-P-Mg 樣品在限制組胺形成方面比 H_2 包裝方法更有效，這有助於提高肉品的安全性。

6. 自由胺基酸（FFA）輪廓

H_2 和 N_2 處理通常導致胺基酸水準最高，這表明這些處理對胺基酸形成有影響。

7. 揮發性化合物輪廓

在保存結束時，對照樣品的揮發性化合物總量最高，其次是 H_2、N_2、H_2-P-Mg 和 VP 樣品。這表明揮發性化合物的形成與微生物代謝、酶活性和其他生化反應有關。

8. 統計分析

透過多變數方差分析（MANOVA）和 Duncan 多重比較測試，學者們確定了不同組別間的差異。

綜合來看，H_2-P-Mg 處理的牛肉餡展現出了卓越的保鮮效果。這種創新的保鮮技術在多個關鍵指標上均有出色表現：

首先，在微生物計數方面，H_2-P-Mg 處理顯著降低了嗜溫菌、嗜冷菌及酵母黴菌的數量，有效抑制了微生物的生長，從而有助於延長肉品的保鮮期。其次，H_2-P-Mg 處理在抑制脂質氧化方面同樣表現出色，其樣品在保存結束時的 TBARS 值最低，這一結果突顯了其在維護肉品新鮮度方面的巨大潛力。

在生物胺含量控制方面，H_2-P-Mg 處理樣品中組胺等生物胺的形成得到了有效限制，這對於提升肉品的安全性具有重要意義。此外，H_2-P-Mg 和真空包裝（VP）樣品在顏色保持方面也表現出較低的褐變指數值，這不僅保持了肉品的視覺吸引力，也反映了其較好的抗氧化能力。

揮發性化合物的分析結果進一步證實了 H_2-P-Mg 處理的優勢，其樣品在保存結束時揮發性化合物總量較低，表明了較低的氧化和變質程度。最後，透過嚴格的統計分析，包括多變數方差分析（MANOVA）和單因素方差分析（One-way ANOVA），H_2-P-Mg 處理在多個品質指標上與其他處理相比均顯示出顯著的優勢。

四、牛油

牛油作為一種常見的乳製品，在中國市場上有著廣泛的應用和消費基礎。隨著人們生活水準的提高和對健康飲食的重視，牛油因其豐富的營養價值和獨特的口感，逐漸受到消費者的青睞。在中國，牛油主要應用於烘焙行業，用於製作麵包、蛋糕、餅乾等各類西點，同時也用於烹飪中，如煎牛排、烤魚等，增加食物的香氣和口感。

此外，隨著西餐文化的流行，牛油在中國的餐飲業中也占據了一席之地。在一些西餐廳和速食店中，牛油被作為調味品或配料使用，為消費者提供了多樣化的餐飲選擇。而且，隨著健康飲食理念的普及，越來越多的消費者開始關注食品的天然成分和營養價值，這為高品質牛油的市場提供了發展機遇。

在中國牛油產業中，生產效率、原料供應、產品品質以及保存和運輸等方面存在一些挑戰。例如：生產效率受限於技術和設備水準，原料供應則因依賴進口而受限，產品品質方面則因缺乏足夠的工業化生產經驗而表現不穩定，保存和運輸條件也影響著牛油的保鮮期和品質。面對這些問題，引入氫農業技術提供了一種潛在的解決方案。

氫農業技術中，氫氣作為一種有效的抗氧化劑和細胞保護化合物，可以在牛油生產過程中發揮作用，提高產量和品質。透過使用氫氣，可以增強原料作物的抗氧化能力，提高其對環境壓力的耐受性，從而為牛油生產提供更優質的原料。在生產過程中，氫氣的應用有助於防止微生物腐敗，減少生物胺的形成，保持牛油的新鮮度和營養價值。此外，氫氣還可以用於改良牛油的包裝氣氛，透過富氫包裝膜減少氧化，延長牛油的保鮮期，優化保存和運輸條件。

有一篇發表在 *Journal of Dairy Research* 上的研究論文，該文作者團隊來自土耳其 Igdir 大學的多個研究和學術部門。他們的研究主要探討了使用富氫水洗滌原料牛油對提升牛油品質的潛在影響。

還有一篇同樣來自土耳其研究學者的文章，發表在著名雜誌 *Food Chemistry* 上。該雜誌是食品科學領域最具有影響力的期刊之一。這篇來自土耳其學者的文章主要研究了富氫水洗滌牛油過程對減少生物組胺的效果。接下來，我們將詳細介紹這兩個團隊的實驗和他們的研究結果。

氧化反應會導致牛油中必需脂肪酸以及維他命 A、D、E 和 K 的破壞，形成氫過氧化物，這些氫過氧化物進一步分解會產生低分子量化合物，如醛、酮、醇和游離脂肪酸，這些物質會導致牛油產生酸敗味。此外，微生物和酶活性的增加也可能部分水解甘油三酯，進一步降低產品的氧化穩定性。

為了改善產品的這一特性。研究團隊用富氫水洗滌了原料牛油，並對其品質方面的影響進行了分析 [221]。

研究人員從當地獲取了牛奶和優酪乳細菌（包括不限於，嗜熱鏈球菌和保加利亞乳桿菌），培養了發酵牛乳，並將之分離出酪乳和未經洗滌的原料牛油。這些未洗滌的牛油樣品隨後被用於洗滌實驗，使用三種不同的冷水洗滌：普通飲用水（對照組）、飽和富氫水（H_2 水）和含鎂水（Mg 水），其中使用 H_2 水和 Mg 水洗滌均屬於 HRW 洗滌處理組。每種洗滌水都在 0 ～ 4℃的條件下進行預冷處理。

然後實驗人員使用這些預冷的洗滌水手工洗滌牛油樣品，洗滌後的牛油樣品被手工包裝在聚乙烯覆膜鋁包裝內，確保包裝內不含空氣，並在 4℃的條件下保存不同時間點，即 0、30、60 和 90 天。並在這段時間範圍內，對牛油樣品進行了多項品質指標的測定，包括可滴定酸度（TA）、過氧化值（PV）、酸度值（ADV）、游離脂肪酸（FFA）輪廓分析和顏色分析。這些測定有助於評估洗滌方法對牛油品質的影響，以及牛油在保存期間的品質變化。

他們的實驗結果如下：

1. 可滴定酸度（Titratable Acidity, TA）

洗滌過程中，所有洗滌樣本的 TA 值都有所下降，下降了 12%。在保存期間，TA 值普遍上升，但 HRW 洗滌的樣本（H_2 水和 Mg 水）的 TA 值增加幅度明顯低於普通水洗滌的樣本。這表明 HRW 洗滌有助於維持牛油的酸度穩定。

---

[221] CEYLAN M M, et al. Evaluation of the impact of hydrogen rich water on the quality attribute notes of butter[J]. *Journal of Dairy Research*, 2022, 89(4): 431-439.

2. 過氧化值（Peroxide Value, PV）

在洗滌過程中，PV 值沒有顯著變化。但在保存期間，所有樣本的 PV 值都有所增加，尤其是對照組。HRW 樣本的 PV 值增加幅度較小，顯示出較低的氧化程度。

3. 酸度值（Acid Degree Value, ADV）

洗滌後，HRW 樣本（H_2 水和 Mg 水）的 ADV 值顯著低於對照組。保存期間，ADV 值在對照組中顯著增加，而 HRW 樣本的增加幅度較小，特別是在 H_2 水洗滌的樣本中。

4. 游離脂肪酸（Free Fatty Acids, FFA）輪廓

在 90 天的保存期間，FFA 濃度普遍增加。HRW 洗滌的牛油樣本在保存結束時顯示出較低的 FFA 水準。

5. 顏色引數

洗滌過程中，所有樣本的亮度（L 值）都有所提高。在保存期間，尤其是 60 天和 90 天時，HRW 樣本（特別是 H_2 水）的 L 值保持較高，表明牛油的顏色更亮。a^*（紅度－綠度）和 b^*（黃度－藍度）的變化也表明 HRW 洗滌有助於保持牛油的顏色屬性。

6. 微生物品質

實驗還評估了洗滌水對牛油微生物品質的影響。結果顯示，使用 HRW 洗滌並沒有抑制優酪乳細菌的生長，表明 HRW 對有益微生物是安全的。

透過以上實驗結果不難看出，學者們透過將 HRW 應用於牛油的洗滌過程中，顯著了提升牛油的品質並延長其在冷藏保存期間的保鮮期。實驗結果顯示，使用 HRW 洗滌的牛油在多個關鍵品質指標上表現更佳，包括降低可滴定酸度、過氧化值和酸度值，這些指標的降低與牛油在保存期間氧化穩定性的提高直接相關。此外，HRW 處理的牛油在色澤保護方面也展現出優勢，亮度、紅綠色和黃藍色值的變化顯示了更好的顏色保持能力。值得注意的是，HRW 的使用並未對牛油中的優酪乳細菌生長產生負面影響，這強調了其作為食品添加劑的安全性。

與上一篇論文相比，另一夥學者著重探討了牛油產品中的生物胺形成問題 [222]。生物胺是食品中常見的有機化合物，它們通常由於微生物對胺基酸的脫羧作用而形成。雖然生物胺在食品中普遍存在，但它們在某些情況下可能對消費者健康構成威脅，因為一些生物胺具有毒性，並且能夠與食品中的亞硝酸鹽反應生成致癌的揮發性亞硝胺。在乳製品中，尤其是牛油，生物胺的形成受到多種因素的影響，包括發酵過程中使用的乳酸菌種類、環境條件、pH 值、保存時間和溫度等 [223]。這項研究旨在填補現有文獻中關於 HRW 對生物胺形成和微生物品質影響的研究空白，透過實驗評估在牛油生產過程中使用 HRW 洗滌牛油的效果，以及這種方法對保持牛油品質和安全性的潛在益處。透過這項研究，作者希望為食品工業提供一種新的、有效的策略，以減少牛油中生物胺的形成，從而提高消費者的食品安全性。

學者們設計的實驗同上一個實驗在準備階段並無差異，使用的 HRW 的飽和度也相同，記錄和測量的時間也是一樣的。區別在於，這篇文章特別增加了對生物胺的分析，研究者採用了高效液相色譜法 (HPLC) 來測定不同類型洗滌水對牛油中生物胺形成的影響。其次，本文的研究者們也專門對牛油樣品的微生物品質進行了評估，包括總需氧菌、酵母和黴菌以及特定優酪乳細菌的數量。這為研究提供了關於 HRW 對牛油微

---

[222] BULUT M, et al. Hydrogen-rich water can reduce the formation of biogenic amines in butter[J]. *Food Chemistry*, 2022, 384: 132613.

[223] GARDINI F, et al. Technological factors affecting biogenic amine content in foods: A review[J]. *Frontiers in Microbiology*, 2016, 7: 1218.

生物穩定性影響的額外資訊。

學者們的實驗結果如下：

1. 生物胺形成水準降低

研究發現，使用 HRW（包括 H_2 水和 Mg 水）洗滌牛油後，與使用普通水洗滌的牛油相比，生物胺的形成水準在 90 天的保存期內顯著降低。特別是色胺酸、2- 苯乙胺、精胺和亞精胺的形成量明顯減少。

2. 組胺和酪胺水準

組胺和酪胺是最具毒性的生物胺，實驗結果顯示，使用 HRW 洗滌的牛油樣品在保存期末的組胺水準最低，分別為 0.62mg/kg 和 0.8mg/kg，而使用普通水洗滌的牛油樣品組胺水準最高，達到 2.07mg/kg。

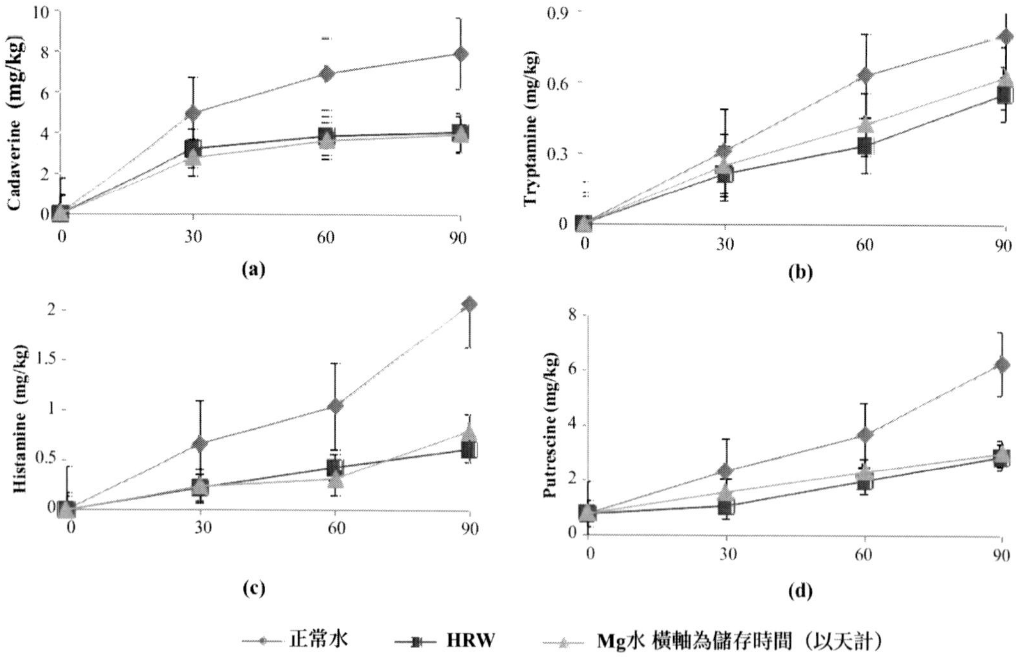

圖 12-2-3 四種生物胺隨時間的增量變化圖

3. 微生物品質

實驗還評估了洗滌水對牛油微生物品質的影響。結果顯示，使用 HRW 洗滌並沒有抑制優酪乳細菌（如 *Lactobacillus delbrueckii* subsp. *bulgaricus* 和 *Streptococcus thermophilus*）的生長，這些細菌在保存期間保持了其活性。

4. 微生物計數

對於總需氧菌、酵母和黴菌的計數，使用 HRW 洗滌的牛油樣品與使用普通水洗滌的樣品在保存期末沒有顯著差異，表明 HRW 的使用並未對這些微生物群體產生負面影響。

綜合學者們的研究，我們可以發現，雖然牛油生產過程中微生物活動導致的生物胺形成可能對消費者健康構成風險。但是使用 50%飽和度的 HRW 洗滌牛油可以有效降低這些生物胺的形成。具體來說，與使用普通飲用水洗滌的牛油相比，經過 HRW 洗滌的牛油樣本在 90 天保存期間顯示出更低的生物胺形成水準。特別是對於色胺酸、2- 苯乙胺、精胺和亞精胺，HRW 洗滌的牛油樣本在保存期末的生物胺含量顯著降低。此外，研究還發現，使用 HRW 洗滌牛油並沒有抑制優酪乳細菌在保存期間的生長，這表明 HRW 對優酪乳細菌是安全的。

HRW 的使用提供了一種環保且對人類和環境無毒害的食品保鮮方法。由於分子氫（H_2）具有抗氧化特性和多種生物學益處，HRW 在牛油生產中的應用前景廣闊。此外，HRW 的使用還有助於保護牛油中的氧敏感生物活性化合物，如多酚、類胡蘿蔔素、不飽和脂肪酸以及一些維他命（如維他命 C 和 E），透過在還原條件下（HRW）的存在來實現。因此，HRW 的使用不僅有助於提高食品安全性，還有助於保持牛油的營養價值和感官品質，是一種自然且環保的解決方案，可以替代許多工業中使用的化學防腐劑。

五、起司

除了牛油之外，起司也是一種非常重要的農副產品。

研究者們探索了一種新型的包裝技術 —— 還原氣氛包裝 (RAP)，用於延長新鮮起司的保鮮期 [224]。實驗中，新鮮起司樣品在不同氣體組合的包裝條件下保存，包括兩種 RAP 條件 (RAP 1 為 90% CO_2 ／ 6% N_2 ／ 4% H_2，RAP 2 為 50% CO_2 ／ 46% N_2 ／ 4% H_2)，三種改良氣氛包裝 (Modified Atmosphere Packaging, MAP) 條件 (MAP 1 為 90% CO_2 ／ 10% N_2，MAP 2 為 50% CO_2 ／ 50% N_2，MAP 3 為空氣)，以及未包裝的對照組，所有樣品均在 4°C下保存 7 週。

在材料和方法部分，研究者們詳細描述了起司的生產過程、包裝過程、總乾物質含量、總脂肪含量、可滴定酸度、色澤特性和微生物分析的測定方法。實驗採用了 SPSS 統計軟體進行資料分析，透過單因素和雙因素方差分析 (ANOVA) 來確定不同包裝條件下起司樣品間的差異。

在實驗結果與討論部分，研究者們首先報告了起司樣品的總乾物質和總脂肪含量，然後分析了不同包裝條件下起司的色澤變化，特別是亮度 (L*) 和黃藍色度 (b*) 的變化。RAP 組的樣品在色澤保持方面表現更好，尤其是 RAP 1 組。可滴定酸度的分析顯示，對照組的酸度最高，而 RAP 1 組最低，表明 RAP 技術能有效維持起司的酸度。

在微生物分析方面，研究者們評估了總嗜中溫需氧細菌 (TMAB) 和酵母－黴菌的數量。結果顯示，RAP 技術顯著降低了這些微生物的生長，尤其是 RAP 1 組的效果最為顯著。研究者們認為，氫氣在降低氧化還原電位 (Eh) 方面發揮了作用，從而抑制了需氧微生物的生長。

實驗結果顯示，RAP 1 條件下的起司樣品在色澤和可滴定酸度上與

---

[224] ALWAZEER D, et al. Reducing atmosphere packaging as a novel alternative technique for extending shelf life of fresh cheese[J]. *Journal of Food Science and Technology*, 2020, 57(3): 3013-3023.

新鮮樣品最為接近。在微生物分析方面，對照組的總嗜中溫需氧細菌(Total Mesophilic-Aerobic Bacteria, TMAB)數量最高，而 RAP 1 組最低。所有樣品組的酵母－黴菌計數隨時間增加，但 RAP 組的計數最低。研究指出，氬氣在保持新鮮起司新鮮度方面具有潛在的保護作用，且無需使用任何防腐劑。

六、橄欖油

橄欖油在中國市場的潛力正隨著消費者對健康生活方式的追求而不斷成長。消費者越來越重視食品的營養價值和健康益處，這使得富含健康脂肪和抗氧化物的橄欖油成為了一個吸引人的選擇。橄欖油不僅在烹飪中有著廣泛的應用，如用於沙拉醬、烹飪和烘焙，還在美容和個人護理產品中占有一席之地，例如在護膚品和護髮素中作為滋潤成分。

隨著中國經濟的快速發展和都市化進程的加快，中產階級群體的壯大為橄欖油市場提供了龐大的目標消費族群。這個群體更傾向於購買進口商品，尋求高品質的生活方式，並且願意為健康和品質支付更高的價格。此外，隨著網際網路的普及和電商平臺的興起，橄欖油的銷售管道也得到了極大的擴展，使得消費者可以更方便地購買到各種品牌和類型的橄欖油。

總體來看，隨著消費者對健康食品需求的不斷增長以及對高品質生活追求的增加，橄欖油在中國市場的前景十分廣闊。透過有效的市場策略和消費者教育，橄欖油有望在中國市場上取得更大的成功，並成為健康食品領域的重要組成部分。

中國橄欖種植行業雖然擁有一定的發展潛力，但也面臨著一些挑戰和問題。首先，中國的氣候和土壤條件與地中海地區相比存在差異，這可能會影響橄欖樹的生長和橄欖油的品質。橄欖樹對氣候條件有特定的要求，在中國部分地區可能難以提供適宜的生長環境，導致產量和品質受限。

其次，中國的橄欖種植技術與國際先進水準相比還有一定差距。橄欖種植需要精細的農業技術和管理經驗，而中國在這方面的累積相對較少，這可能會影響橄欖樹的栽培效率和油橄欖的品質。此外，種植戶對於橄欖樹病蟲害的防治知識可能不足，這也可能對橄欖種植產生不利影響。

再者，市場認知度不足是另一個問題。儘管橄欖油的健康益處逐漸被消費者所認識，但在中國，橄欖油仍然屬於小眾市場，大多數消費者對橄欖油的了解有限，這限制了市場需求的擴大。消費者對橄欖油品質的辨別能力不強，也容易被市場上的低價劣質仿冒產品所誤導。

此外，中國橄欖油品牌建設和推廣力度不夠，缺乏具有國際競爭力的品牌。這使得中國橄欖油在與進口橄欖油競爭時處於不利地位。同時，橄欖產業鏈的上下游協同不足，從種植、加工到銷售的各個環節之間缺乏有效的整合和協同發展。

最後，政策支持和行業標準建設也是中國橄欖種植行業需要加強的方面。橄欖種植行業需要更多的政策扶持和資金投入，以提高種植技術水準和產業規模。同時，建立和完善行業標準，規範生產和市場秩序，保障消費者權益，也是推動橄欖種植行業健康發展的重要措施。

綜上所述，中國橄欖種植行業在面臨諸多挑戰的同時，也存在著轉型和升級的機遇。其中，發展氫農業，尤其是在橄欖油行業的運用，顯示出其重要性。氫農業是一種新興的農業技術，它利用氫氣的還原性來提高作物的抗氧化能力，減少農藥和化肥的使用，從而提升農產品的品質和安全性。

在橄欖油行業中，氫農業的應用可以透過以下幾個方面來提升整個產業鏈的品質和效率：

- 提高橄欖果品質：使用富氫水灌溉橄欖樹，可以增強橄欖樹的抗氧化能力，減少病害的發生，從而提高橄欖果的品質。
- 增加橄欖油的營養價值：研究顯示，富氫水可以促進植物合成更多的抗氧化物質，如多酚類化合物，這些物質在橄欖油中的含量增加，可以提升橄欖油的營養價值和健康益處。
- 改善橄欖油的加工過程：在橄欖油的提取過程中使用富氫水或在提取溶劑中加入氫氣，可以減少油質的氧化，保持油的新鮮度和口感，延長油的保鮮期。
- 促進可持續發展：氫農業的實踐有助於減少化學農藥和肥料的使用，這不僅有助於保護環境，也符合當前消費者對綠色、有機產品的需求。
- 提升市場競爭力：隨著消費者對食品安全和品質的日益關注，採用氫農業技術生產的橄欖油可以作為一種高階產品進入市場，提升中國橄欖油品牌的市場競爭力。

因此，氫農業在橄欖油行業的應用不僅有助於解決當前面臨的一些技術和品質問題，還能夠推動整個行業的創新和可持續發展。透過政策引導、技術研發和市場推廣，氫農業有望成為推動中國橄欖種植行業轉型升級的重要力量。

而土耳其穆斯塔法凱末爾大學的幾位學者對改善橄欖油的加工過程開展的研究，將會給我們提供諸多新思路[225]。

在這項研究中，作者們探究了 HRW 洗滌粗橄欖渣油（COPO）以及在提取溶劑中加入氫對油品質屬性和植物化學成分的影響。實驗開始時，透過將高純度的氫氣直接溶入純淨水中製備了 HRW。接著，將 COPO 樣

[225] CEYLAN M M, et al. Impact of washing crude olive pomace oil with hydrogenrich water and incorporating hydrogen into extraction solvents on quality attributes and phytochemical content of oil[J]. *Journal of Food Measurement and Characterization*, 2023, 17: 2029-2040.

品與 HRW 或普通水 (NW) 混合，經過渦旋和離心處理以實現油水分離。所得的油相被轉移到新的容器中，並在低溫下保存以備後續分析。為了評估洗滌效果，進行了三次連續的洗滌循環，並在每次洗滌後測量了廢水的 pH 值和氧化還原電位 (Eh)。

在顏色特性分析方面，利用色彩測量設備對洗滌後的油樣進行了 L^* (亮度)、a^* (紅綠度)、b^* (黃藍度) 值的測定，這些引數分別代表油樣的亮度、紅綠度和黃藍度。透過這些數據，計算出了油樣的褐變指數 (BI) 和總顏色變化 (ΔE)，以評估洗滌過程對油樣顏色的影響。

酸度和過氧化值的測定是評估油品質的重要指標。透過滴定法和 AOCS 官方方法，分別測定了 COPO 樣品的可滴定酸度和過氧化值，以了解不同類型水對油氧化程度的影響。

為了深入分析油中的植物化學成分，實驗中還進行了酚類化合物的提取和分析。使用了不同的溶劑組合，包括甲醇和己烷，以及它們的氫富版本，透過渦旋和離心提取油中的酚類物質。提取出的酚類化合物隨後透過 LC/MS/MS 技術進行定性和定量分析。

此外，研究還評估了 COPO 樣品中的總酚含量 (TPC)、總黃酮含量 (TFC) 以及它們的 DPPH 和 ABTS 自由基清除活性，這些都是衡量油抗氧化能力的重要指標。

最後，透過 SPSS 軟體和 GraphPad Prism 軟體對所得數據進行了統計分析，以確定不同洗滌方法和循環次數對 COPO 油品質屬性和植物化學成分的影響。

作者們的實驗結論和研究結論如下：

1. 洗滌對酸度和過氧化值的影響

使用 HRW 和 NW 洗滌 COPO 後，酸度和過氧化值都有所下降，其中 HRW 的影響更為顯著。

隨著洗滌循環次數的增加，這兩種值的降低效果更加明顯，表明多次洗滌可以進一步提高油的品質。

2. 顏色特性的變化

HRW 洗滌的 COPO 樣品在 L*、a*、b* 和 C*（色彩飽和度）方面都顯示出積極的變化。特別是，HRW 洗滌後 L* 值增加，表明油的亮度提高，而 a* 值變得更負，表明油的綠色成分增加，這可能意味著葉綠素顏色更純淨。

表 12-2-1 粗橄欖渣油（COPO）樣品的顏色引數變化（均值 ± 標準偏差，n=3）[226]

		1st washing	2nd washing	3rd washing
L*				
COPO (unwashed)	34.84 ± 0.01^{a}			
COPO NW		37.07 ± 1.60^{cA}	39.87 ± 0.36^{bA}	45.15 ± 0.57^{aA}
COPO HRW		32.60 ± 0.28^{cB}	37.86 ± 0.99^{bB}	39.74 ± 0.46^{aB}
a*				
COPO (unwashed)	−5.99 ± 1.08^{a}			
COPO NW		−6.13 ± 0.69^{cA}	−7.49 ± 0.39^{bA}	−8.63 ± 0.35^{aA}
COPO HRW		−3.84 ± 0.24^{cB}	−6.42 ± 0.51^{bB}	− 7.22 ± 0.27^{aB}
b*				
COPO (unwashed)	13.06 ± 0.01^{a}			
COPO NW		17.12 ± 1.35^{bA}	19.35 ± 0.16^{aA}	21.06 ± 0.66^{aA}
COPO HRW		12.32 ± 0.59^{cB}	18.19 ± 0.10^{bB}	19.40 ± 0.36^{aB}
C*				
COPO (unwashed)	21.14 ± 0.01^{a}			
COPO NW		18.18 ± 1.50^{cA}	20.66 ± 0.21^{bA}	22.71 ± 0.64^{aA}
COPO HRW		12.90 ± 0.63^{cB}	17.91 ± 0.86^{bB}	20.33 ± 0.62^{aB}
h*				
COPO (unwashed)	110.03 ± 0.02^{a}			
COPO NW		109.67 ± 0.60^{bA}	109.80 ± 0.93^{bA}	112.29 ± 0.20^{aA}
COPO HRW		107.32 ± 0.24^{cB}	110.09 ± 0.35^{bA}	110.75 ± 0.32^{aB}
AE				
COPO(unwashed)				
COPO NW		5.93 ± 0.44^{aA}	4.85 ± 0.23^{bA}	3.02 ± 0.41^{cA}
COPO HRW		3.47 ± 0.020^{aB}	1.41 ± 0.18^{bB}	1.29 ± 0.13^{cB}
BI				
COPO (unwashed)	51.04 ± 0.67^{a}			
COPO NW		47.62 ± 0.79^{aA}	47.25 ± 0.32^{cA}	45.43 ± 1.94^{cA}
COPO HRW		44.50 ± 0.15^{aB}	44.12 ± 0.98^{aB}	36.40 ± 1.70^{bB}

[226] 表 12-2-1 顯示了不同洗滌水類型（HRW 和 NW）以及不同洗滌次數對粗橄欖渣油（COPO）樣品顏色引數（L*、a*、b*、C*、h*、ΔE 和 BI）的影響。這些數據直接展示了洗滌過程對 COPO 顏色特性的影響，包括亮度（L*）、紅綠度（a*）、黃藍度（b*）、色彩飽和度（C*）、色相角（h*）、總顏色變化（ΔE）和褐變指數（BI）。

總顏色變化（ΔE）和褐變指數（BI）在 HRW 洗滌的樣品中顯著降低，表明 HRW 對保護油的顏色特性具有更好的效果。

3. 酚類化合物和黃酮類化合物的含量

HRW 洗滌的 COPO 樣品中酚類化合物的含量增加，而 NW 洗滌的樣品中酚類化合物含量減少。在提取溶劑中加入氫，特別是同時加入到甲醇和己烷中，可以顯著提高 COPO 中總酚類含量（TPC）和總黃酮類含量（TFC）。

4. 抗氧化活性

HRW 洗滌的 COPO 樣品在 DPPH 和 ABTS 自由基清除活性測試中表現出更高的抗氧化能力。

當溶劑中加入氫時，無論是 DPPH 還是 ABTS 測試，COPO 樣品的抗氧化活性都有顯著提升。

5. LC/MS/MS 分析結果

使用 LC/MS/MS 技術對 COPO 樣品中的酚類化合物進行了分析，發現 HRW 洗滌可以增加特定酚類化合物的含量，如香草酸、香草醛和盧特林，而 NW 洗滌則導致這些化合物含量減少。

6. pH 值和氧化還原電位（Eh）的測量結果

洗滌過程中產生的廢水的 pH 值從約 7.15（清潔水）降至約 4.4 ～ 4.9（廢水），這可能是由於 COPO 中的游離脂肪酸，特別是油酸轉移到洗滌水中。

HRW 洗滌後的廢水 Eh 值從 -285 mV 增加到 -76 ～ -133 mV 的範圍，而 NW 洗滌後的廢水 Eh 值從 +320 mV 降至 -58 ～ -112 mV 的範圍，表明 HRW 具有更強的還原性。

7. 環境友好和成本效益的方法

研究提出了一種使用分子氫作為抗氧化劑的綠色、經濟、環保的方法來改善 COPO 的品質，這種方法不涉及使用有害化學物質。

8. 非食品應用潛力

儘管 HRW 洗滌得到的橄欖油屬性不符合食用油標準，但所得到的油可以用於非食品產品的配方，從而提高其品質。

這些實驗結果顯示，使用富氫水洗滌和在提取溶劑中加入氫是提高 COPO 品質的有效方法，能夠改善其感官特性、物理化學屬性、抗氧化活性以及植物化學物質的含量。

七、發芽糙米

在〈富氫水發芽糙米加工工藝及其品質研究〉這篇文章中，研究者們探索了 HRW 對發芽糙米加工工藝及其品質的影響 [227]。實驗透過單因素和響應面試驗，優化了 HRW 濃度、發芽溫度和浸泡時間等關鍵引數，以提高糙米的發芽勢、發芽率和總黃酮含量。

實驗結果顯示，最佳的發芽工藝條件為：浸泡時間為 13 小時、發芽溫度為 29℃、HRW 濃度為 1.5mg/L（即 0.75mM）。在這些條件下，糙米的發芽勢達到 67%，發芽率為 84%，總黃酮含量高達 186.5mg/100 g，顯著高於普通純水發芽糙米的發芽勢（46%）、發芽率（70%）和總黃酮含量（130.3mg/100 g）。

透過掃描電鏡觀察，HRW 發芽糙米的米糠結構比普通純水處理的更為疏鬆多孔。此外，HRW 發芽糙米的糊化熱焓值顯著低於未發芽糙米及

[227] 楊麗，等 · 富氫水發芽糙米加工工藝及其品質研究 [J]. 食品工業科技，2021, 42(9): 145-153.

普通純水發芽糙米，表明 HRW 處理可以改善糙米的糊化特性。

研究還發現，HRW（0.75mM）對發芽糙米的總黃酮含量有顯著影響，其含量隨著 HRW 濃度的增加而增加。這可能與 HRW 中的氫氣作為訊號分子，提高總黃酮類生物合成相關基因的轉錄水準有關。

總體而言，這項研究證實了 HRW 在發芽糙米加工中的潛在應用價值，透過提高發芽效率和功能活性成分含量，改善了糙米的營養品質和加工特性。

八、豆芽

在一篇文章中，研究者們探討了氫氣在調節大豆豆芽（*Glycine max* L.）中 AsA 生物合成和增強抗氧化系統方面的潛在作用，特別是在紫外 A（UV-A）照射條件下[228]。實驗設定了四種處理：白光（W）、白光加富氫水（W ＋ HRW）、UV-A 照射和 UV-A 照射加富氫水（UV-A+HRW）。

實驗結果顯示，與單獨的 UV-A 照射相比， HRW 的存在顯著阻斷了 UV-A 誘導的 ROS 的累積，降低了 TBARS 含量，並增強了 SOD 和 APX 的活性。此外，UV-A 誘導的 AsA 累積在與 HRW 共處理時得到了更顯著的增強。透過分子分析，研究者們發現與單獨的 UV-A 處理相比，UV-A+HRW 顯著上調了大豆豆芽中 AsA 生物合成和回收相關基因的表現。

具體到 HRW 中的氫氣濃度，實驗中使用的飽和 HRW 的初始濃度為 829μmol·L^{-1}（約合 0.829mM）。實驗中，大豆豆芽被種植在 HRW 中，並在白光或 UV-A 照射下進行了不同時間的處理。結果顯示，與未種植豆芽的對照組相比，種植豆芽的 HRW 組中氫氣濃度下降更快，特別是在

[228] JIA L, et al. Hydrogen gas mediates ascorbic acid accumulation and antioxidant system enhancement in soybean sprouts under UV-A irradiation[J]. *Scientific Reports*, 2017, 7: 16366.

UV-A 照射下，氫氣濃度在 1 小時後迅速下降至 200 ～ 300μmol·L^{-1}（約合 0.2 ～ 0.3mM）。

這些資料顯示，HRW 透過上調 AsA 生物合成和回收基因的表現，積極調節大豆豆芽在 UV-A 照射下的 AsA 累積，並透過增強抗氧化系統來減輕 UV-A 引起的氧化損傷。研究結果為提高大豆豆芽的營養品質提供了一種潛在的有效和安全的方法，即使用富氫水處理。

九、甜菜泡菜

在一篇文章中，研究者們探索了將氫氣（H_2）加入到溶劑中對提取紅甜菜根（*Beta vulgaris* L.）中的酚類、黃酮類、花青素和抗氧化物質的影響[229]。實驗中使用了三種不同的溶劑：水、乙醇和甲醇，並考察了加入氫氣後這些溶劑對紅甜菜根中目標化合物提取效率的影響。結果顯示，使用富含氫的甲醇（HRM）作為溶劑時，提取物的產量最高，達到了 24.32%。與未新增氫氣的溶劑相比，加入氫氣後，水、乙醇和甲醇中總酚類化合物（TPC）的含量分別顯著增加了 77.34%、39.02%和 89.07%，黃酮類化合物（TFC）的含量分別增加了 43.30%、50.5%和 88.87%，花青素（TAC）的含量分別增加了 92.62%、199.5%和 257.41%。此外，DPPH 和 ABTS[230] 的清除活性也有所提高。這些結果顯示，向溶劑中加入氫氣是一種簡單、環保且成本效益高的方法，可以顯著提高從植物材料中提取生物活性化合物的效率。

在另一篇文章中，研究者們研究了 HRW 在製備紅甜菜泡菜過程中

[229] ALWAZEER D, et al. Hydrogen incorporation into solvents can improve the extraction of phenolics, flavonoids, anthocyanins, and antioxidants: A case-study using red beetroot[J]. *Industrial Crops and Products*, 2023, 202: 117005.

[230] 2,2'- 聯氮 - 雙（3- 乙基苯並噻唑啉 -6- 磺酸）［2,2'-Azino-bis（3-ethylbenzothiazoline-6-sulfonic Acid），ABTS］

對生物胺(BAs)形成的限制作用[231]。實驗中，將紅甜菜根切成片後，分別用普通水(NW)和HRW (0.8mM)製備泡菜，然後分析了在發酵過程中泡菜和泡菜汁中生物胺的含量。實驗結果顯示，在整個發酵過程中，使用HRW製備的泡菜中所有生物胺的含量都低於使用NW的泡菜。特別是在發酵結束時，使用HRW的泡菜中酪胺、2-苯基乙胺、組胺、色胺和腐胺的含量分別比使用NW的泡菜低15.15%、16.67%、27.65%、17.09%和21.64%。此外，研究還發現，使用HRW的泡菜中總需氧菌(TMAB)、酵母－黴菌和乳酸菌(LAB)的數量都高於使用NW的泡菜。這些結果顯示，使用HRW可以有效地限制泡菜中生物胺的形成，這可能與HRW中的分子氫的還原潛力有關，這種潛力可能影響了微生物生長和生物胺合成途徑。

兩篇文章中的實驗結果都強調了氫氣在食品加工和保存中的潛在應用，無論是作為提取溶劑的一部分還是作為發酵過程中的介質。這些發現為開發新的食品加工技術提供了有價值的見解，並可能對提高食品的營養價值和安全性產生重要影響。

十、蘿蔔芽

蘿蔔作為中國蔬菜市場的重要組成部分，不僅因其豐富的營養價值受到消費者的青睞，還因其多樣的品種和廣泛的適應性，在農業種植中占有舉足輕重的地位。蘿蔔含有豐富的維他命C和多種微量元素，具有很好的保健作用，長期以來被視為物美價廉的健康食品。隨著人們健康意識的提高，蘿蔔及其芽苗菜的市場需求持續成長，促進了蔬菜市場的多樣化發展。

[231] ALWAZEER D, et al. Hydrogen-rich water can restrict the formation of biogenic amines in red beet pickles[J]. *Fermentation*, 2022, 8(12): 741.

近年來，科學研究人員對蘿蔔及其芽苗菜的功能性成分進行了深入研究，探索其在促進健康方面的潛力。特別是在兩篇關於 HRW 對蘿蔔芽苗花青素合成影響的研究中，科學家們發現 HRW 在調控花青素生物合成過程中扮演了重要角色。在接下來的文章中，我們將詳細地為大家介紹這兩個學者團隊的實驗，以及他們優秀的工作所能帶給我們的思考和啟發。

學者們在美國化學學會（American Chemical Society, ACS）所出版的《農業與食品化學雜誌》（*Journal of Agricultural and Food Chemistry*）刊載了他們的研究過程與詳細的結果[232]。

研究團隊首先選取了兩種不同花青素含量的蘿蔔品種：一種是花青素含量較低的 Qingtou（LA 品種），另一種是花青素含量較高的 Yanghua（HA 品種）。實驗的第一步是將這兩種蘿蔔的種子分別浸泡在蒸餾水或富氫水（HRW）中 12 小時，以促進種子的發芽。隨後，將發芽的種子轉移到含有 HRW 或蒸餾水的四分之一強度 Hoagland 營養液中培養。

實驗設定了四種處理條件，每種條件都有三個重複樣本：第一種是白光照射（W +Con），第二種是白光加 HRW（W ＋ HRW），第三種是 UV-A 照射（UVA ＋ Con），第四種是 UV-A 加 HRW（UVA ＋ HRW）。營養液每 12 小時更換一次，以保持實驗條件的穩定性。在 25℃的黑暗條件下，蘿蔔苗在孵化器中生長了兩天，然後轉移到白光或 UV-A 照射的孵化器中繼續培養 24 小時。白光的光強度設定為 $50\pm5\mu mol\cdot m^{-2}\cdot s^{-1}$，而 UV-A 的劑量設定為 $5.5\ W\cdot m^{-2}$。

為了製備 HRW，研究者們使用氫氣發生器產生的純化氫氣（99.99%）在一定速率下通入蒸餾水中，直到溶液達到氫氣的飽和濃度

[232] SU N, et al. Hydrogen-rich water reestablishes ROS homeostasis but exerts differential effects on anthocyanin synthesis in two varieties of radish sprouts under UV-A irradiation[J]. *Journal of Agricultural and Food Chemistry*, 2014, 62(27): 6454-6462.

(約 0.22mM)。然後根據實驗需要，將 HRW 稀釋至不同的濃度。實驗中，使用氣相色譜法 (GC) 分析了新製備的 HRW 中氫氣的濃度。

在實驗過程中，研究團隊還觀察了蘿蔔苗下胚軸的橫截面，並透過光鏡進行了觀察和記錄。為了評估 UV-A 引起的氧化損傷，研究者們測量了蘿蔔苗下胚軸中的 TBARS 含量，這是一種脂質過氧化的指標。此外，還測定了抗氧化酶活性，包括 SOD、過氧化物酶 (APX) 和 CAT。

為了進一步分析花青素的生物合成，研究團隊進行了即時定量 RT-PCR 分析，以評估與花青素生物合成相關的基因表現水準。此外，還進行了組織化學染色，以檢測壓力誘導的 $O_2^{\cdot-}$ 和 H_2O_2 的生成。花青素、總酚含量以及 DPPH 自由基清除活性的測定也是實驗的一部分，這些測定有助於了解 HRW 對花青素生物合成途徑的影響。

最後，研究者們透過高效液相色譜－串聯質譜 (LC-MS/MS) 分析，鑑定和定量了蘿蔔苗下胚軸中的花青素苷元。這些實驗步驟共同構成了研究的實驗設計，旨在揭示 HRW 如何影響不同品種蘿蔔苗在 UV-A 照射下的花青素合成。

他們得到的主要結果如下：

1. UV-A 對蘿蔔芽的影響

實驗顯示，UV-A 照射顯著抑制了蘿蔔芽下胚軸的伸長，並在兩種品種 (LA 和 HA) 中增加了花青素的累積。特別是在 HA 品種中，與白光照射相比，UV-A 照射 24 小時後，花青素含量顯著增加。

2. HRW 的作用

HRW 顯著阻斷了 UV-A 誘導的 H_2O_2 和 $O_2^{\cdot-}$ 的累積，並增強了 LA 和 HA 品種中 SOD 和 APX 活性的 UV-A 誘導增加。這表明 HRW 有助於減輕 UV-A 引起的氧化損傷。

3. 花青素和總酚的增加

在 HA 品種中，與 UV-A 單獨照射相比，HRW 的存在進一步增強了 UV-A 誘導的花青素和總酚的累積。然而，在 LA 品種中，HRW 處理並未導致花青素累積的顯著變化。

4. 花青素苷元的差異

LC-MS/MS 分析顯示，HA 品種的蘿蔔芽中有五種花青素苷元存在，而 LA 品種中只有兩種。在 HA 品種中，花青素苷元的累積在 HRW 處理下顯著增加，尤其是氰苷，其含量是 UV-A 單獨照射下的兩倍。

5. 基因表現的上調

分子分析顯示，與花青素生物合成相關的基因在經 HRW 和 UV-A 處理的 HA 和 LA 品種中顯著上調。特別是在 HA 品種中，這些基因的表現水準明顯更高。

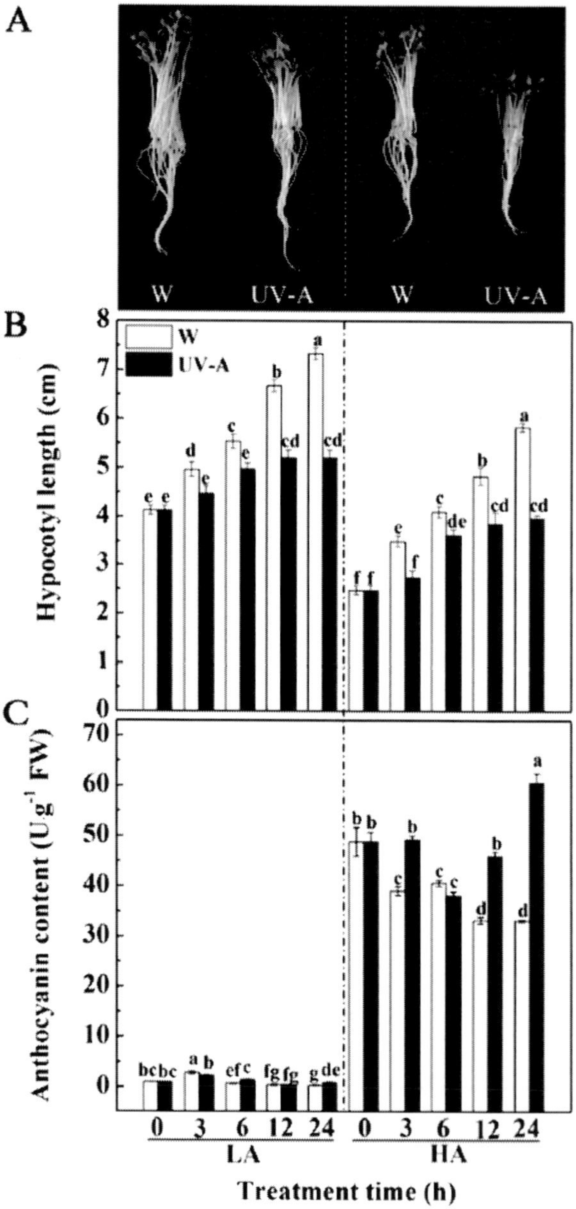

圖 12-2-4 24 小時 UV-A 處理對蘿蔔芽形態的影響，包括下胚軸的伸長變化和花青素含量的變化 [233]

[233] 圖 12-2-4 展示了 24 小時 UV-A 處理對蘿蔔芽形態的影響，包括下胚軸的伸長變化和花青素含量的變化。具體來說：圖 12-2-4A 展示了在不同處理條件下蘿蔔芽的形態對比，透過視覺可

6. 不同品種的敏感性差異

研究發現，HRW 對 LA 和 HA 兩種品種的蘿蔔芽在 UV-A 照射下的花青素累積有不同影響，HA 品種對 HRW 更為敏感，表現出更強的花青素累積和基因表現上調。

7. HRW 的保護作用

HRW 透過重新建立活性氧種類的穩態，保護蘿蔔芽免受 UV-A 的氧化損傷，這一點透過降低 TBARS 含量和增加抗氧化酶活性得以證實。

8. 可能的訊號傳導機制

研究提出了一個假設，即 HRW 可能透過影響植物激素訊號傳導或直接作用於花青素生物合成相關基因或抗氧化酶，增強了 UV-A 誘導的花青素累積。

值得注意的是，在本實驗中，研究者們測試了不同濃度的 HRW 對蘿蔔芽花青素累積的影響。實驗中使用了 1%，10%，50%和 100%的 HRW 濃度處理。結果顯示，尤其是 100%的 HRW 處理能夠顯著增加花青素含量，特別是在高花青素含量的 HA 品種中，100% HRW 處理使花青素含量增加了約 25%。此外，100% HRW 處理還顯著阻斷了 UV-A 誘導的 ROS 和 TBARS 的增加，表明 100% HRW 在減輕氧化損傷和增強抗氧化酶活性方面具有最顯著的效果。

學者們的研究沒有止步於此。在 Elsevier 出版社發行的 *Scientia Horticulturae* 上，也有一篇來自於同學院學者們的文章 [234]。

以觀察到 UV-A 處理對下胚軸伸長的影響。圖 12-2-4B 展示了不同時間點（0 小時、3 小時、6 小時、12 小時和 24 小時）下胚軸伸長的變化，可以觀察到 UV-A 照射下伸長抑制的具體情況。圖 12-2-4C 展示了相同時間點花青素含量的變化，可以觀察到 UV-A 照射下花青素累積的增加，尤其是在 HA 品種中。

[234] ZHANG X, et al. Enhanced anthocyanin accumulation of immature radish microgreens by hydrogen-rich water under short wavelength light[J]. *Scientia Horticulturae*, 2019, 247: 75-85.

Scientia Horticulturae 期刊是享譽全球的園藝領域高品質期刊。它涵蓋了園藝科學的各個領域，深度促進了園藝學科的發展和創新，是園藝科學研究工作者發表研究成果的重要選擇之一。在這篇文章裡，學者們主要探索了 HRW 在不同光照條件下對未成熟蘿蔔微綠花青素累積和抗氧化能力的影響，以及其潛在的分子機制。

兩篇文章雖然都探討了 HRW 對蘿蔔芽花青素累積的影響，但研究的側重點不同。第一篇文章側重於不同品種的蘿蔔對 HRW 和 UV-A 照射反應的差異性，這篇文章則側重於不同光照條件與 HRW 結合對花青素累積的效應。學者們主要研究了 HRW 在短波長光照條件下，如白光、藍光和 UV-A，對未成熟蘿蔔微綠花青素累積的促進作用及其抗氧化能力的影響。根據他們的實驗，學者們得出了幾個非常關鍵的研究結論。

首先，HRW 能夠顯著逆轉 UV-A 誘導的下胚軸生長抑制，並減少 TBARS 的過量產生，與白光對照組相比，表明 HRW 對蘿蔔微綠的生長和抗氧化能力具有積極作用。

其次，這篇文章涉及的研究，可以作為第一篇文章的一次成功的重複實驗，學者們也觀察到了 HRW 顯著提高了總酚含量，並且增加了特定花青素化合物的含量。

他們還發現，與花青素生物合成相關的基因表現，如 PAL、CHS 和 UDP- 葡萄糖：類黃酮 -O- 葡萄糖轉移酶（UFGT）的活性在藍光和 UV-A 照射下顯著提高，並且這種促進效應在 HRW 的共同處理下得到了加強。並且隨著花青素含量的增加，未成熟微綠的抗氧化能力也得到了增強。這表明 HRW 的應用不僅可以提高花青素含量，還可以增強植物的抗氧化防禦機制。

這兩篇文章透過科學研究揭示了 HRW 和不同光照條件對蘿蔔芽苗菜花青素合成的積極影響，為我們提供了關於植物生長調節和次生代謝產物累積的重要啟示。首先，研究顯示，HRW 作為一種新型的抗氧化劑，能夠有效地改善植物在 UV-A 等環境壓力下的生長發育狀況，透過減少活性氧種類（ROS）的累積和增加抗氧化酶活性來保護植物免受氧化損傷。其次，HRW 能夠顯著提高蘿蔔芽苗菜中的花青素含量，特別是在 UV-A 光照條件下，這一現象在高花青素含量的品種中尤為明顯。花青素作為一種具有多種健康益處的天然色素，其含量的增加不僅增強了植物的光保護能力，也為人類提供了更多的健康食品選擇。

此外，這些研究強調了光照條件在植物生長發育和次生代謝中的作用，尤其是短波長光對花青素合成的促進作用。透過調整光照條件和應用 HRW，我們可以在一定程度上調控植物內源性化合物的合成，這為農業生產提供了新的策略，尤其是在工廠化栽培和植物健康管理系統中。最後，這些發現還提示我們，植物的生理響應和代謝途徑可能受到多種環境因素的精細調控，未來的研究可以進一步探索這些相互作用的分子機制，為作物改良和植物保護提供更深層次的科學依據。

第三節　模式生物

模式生物是指在生物學研究中被廣泛用作實驗材料的特定物種，它們在生物醫學、遺傳學、發育生物學等領域中具有重要的作用。以下是三種常見的模式生物。

1. 斑馬魚（*Danio rerio*）

斑馬魚是一種小型的淡水魚，原產於南亞和東南亞的河流和溪流中。斑馬魚因其胚胎透明、體外受精和發育速度快而被廣泛用作脊椎動物發育和遺傳學研究的模式生物。斑馬魚的胚胎在受精後幾天內就可以觀察到許多重要的發育過程，如器官形成和血液循環。此外，斑馬魚的基因組與人類有較高的同源性，使其成為研究人類疾病模型和藥物篩選的重要工具。

2. 秀麗隱桿線蟲（*Caenorhabditis elegans*）

秀麗隱桿線蟲是一種非寄生性的線蟲，屬於蛔科。牠在生物學研究中被用作模式生物，主要是因為牠的身體結構簡單，成年個體僅由 959 個細胞組成，且每個細胞的發育過程和細胞譜系都已被詳細描述。秀麗線蟲的生命週期短，易於在實驗室條件下培養，且其基因組相對較小，已被完全定序。秀麗線蟲被廣泛用於研究細胞死亡、衰老、神經生物學和基因功能等領域。此外，牠也是研究基因與環境相互作用以及遺傳疾病的模型生物。

3. 擬南芥（*Arabidopsis thaliana*）

擬南芥是一種屬於十字花科的小型開花植物，原產於歐洲和亞洲的溫帶地區。它被廣泛用作植物遺傳學和發育生物學研究的模式生物。擬南芥的生命週期短，大約 6 週就可以完成從種子到種子的生命週期，且易於在實驗室條件下進行自交和雜交。它的基因組相對較小，已在 2000 年被完全定序，這使得基因功能的研究變得相對容易。此外，擬南芥也是研究植物對環境響應的理想模型，如對光、溫度和病原體的反應。

這三種模式生物在基礎生物學研究和生物醫學研究中都發揮著不可或缺的作用，為理解生命過程和疾病機制提供了重要的實驗平臺。

也有學者就富氫水對這三種模式生物展開了研究。

一、斑馬魚

中國的水產養殖業正面臨著一個很難克服的挑戰。那就是嗜水氣單胞菌（*Aeromonas hydrophila*）。它是一種廣泛存在於自然界中的革蘭氏陰性菌，屬於弧菌科（*Vibrionaceae*）氣單胞菌屬（*Aeromonas*）。這種細菌在淡水、汙水、土壤和人類糞便中都有分布。嗜水氣單胞菌具有嗜溫性和運動性，是氣單胞菌屬的模式種，其形態為兩端鈍圓、直或略彎的短桿菌，大小約為（0.3 ～ 1.0）μm ×（1.5 ～ 4.0）μm。在適宜的條件下，這種細菌能在普通培養基上生長良好，形成無色或淺黃色、表面光滑、中間微凸、邊緣整齊的菌落，直徑約 2 ～ 3mm，具有特殊的芳香味。

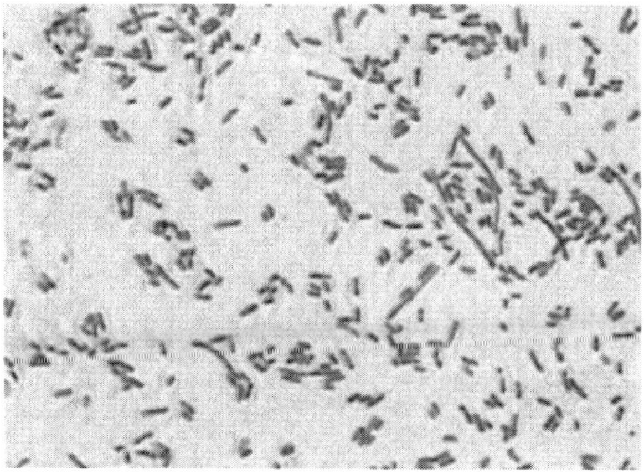

圖 12-3-1 顯微鏡下的嗜水氣單胞菌

嗜水氣單胞菌的致病性與其產生的多種毒力因子密切相關，主要包括外毒素、胞外蛋白酶、黏附因子、S 層蛋白、菌毛、轉鐵蛋白和外膜蛋白等。這些毒力因子的協同作用決定了菌株的毒力強弱。嗜水氣單胞菌不僅分布範圍廣，而且致病宿主範圍也非常廣泛，能感染水生動物中的魚類、節肢類、軟體類、兩棲類及爬行類，主要引起出血性敗血症或皮膚潰瘍等疾病，並伴隨著過量的炎症反應。

在水產養殖業中，嗜水氣單胞菌的爆發性傳染可造成巨大的經濟損失。20 世紀末，中國淡水養殖業就因嗜水氣單胞菌的爆發性傳染遭受了嚴重的經濟損失。此外，嗜水氣單胞菌對人類同樣具有致病性，近年來由嗜水氣單胞菌引起的人類食物中毒、腹瀉、敗血症、腦膜炎、肺炎及蜂窩組織炎等病例時有發生，其致病性已成為公共衛生關注的熱點。在國際上，嗜水氣單胞菌已被納入腹瀉病原體的檢測範圍。

為了有效防控嗜水氣單胞菌引發的爆發性疾病，在水產養殖中，目前人們主要利用抗生素、疫苗、中草藥及益生菌等預防嗜水氣單胞菌感染。然而，抗生素的濫用導致了耐藥菌株的產生，以及對水生態環境的破壞。因此，尋求新的無害、無殘留的能替代抗生素的替代品，有效防控水產養殖各種細菌的流行與危害，是當前急待解決的問題。

而氫氣是一種新型的治療性氣體，正如我們前文一直提到的那樣，它在近年來被發現具有抗氧化、抗炎症、抗凋亡和訊號通路調節等多重生物學效應，並在多種動物疾病模型中得到驗證。那麼氫氣是否能解決這個問題呢？對此，中國學者展開了研究 [235]。實驗過程與技術路線如圖 12-8-2。

[235] 胡振宇 · 氫分子對感染嗜水氣單胞菌斑馬魚的作用研究 [D]. 中央民族大學，2017.

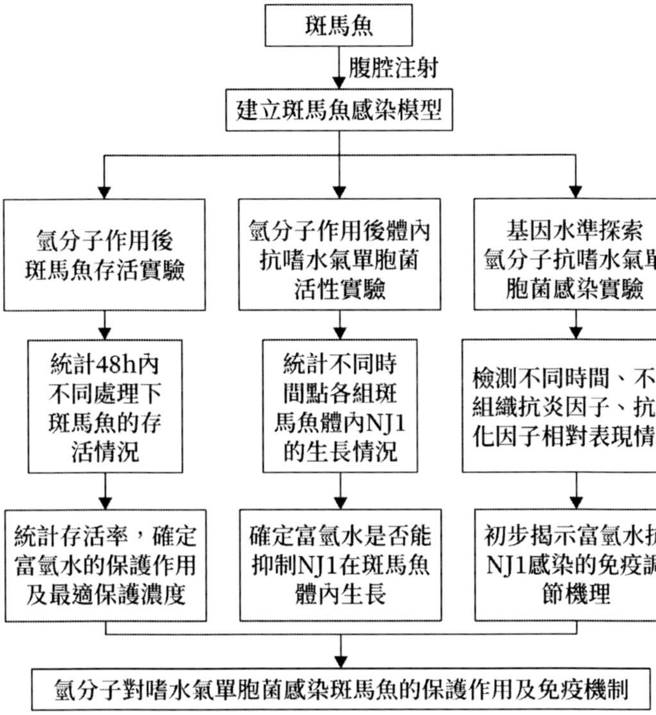

圖 12-3-2 氫分子對感染嗜水氣單胞菌斑馬魚的作用研究的技術路線

首先，實驗團隊選擇了健康的斑馬魚作為實驗對象，並將其分為不同的實驗組。實驗組的斑馬魚透過腹腔注射的方式感染了嗜水氣單胞菌 NJ-1，而對照組則注射了等量的 PBS 緩衝液。

在感染嗜水氣單胞菌後，實驗組的斑馬魚被進一步分為幾個小組，分別浸泡在不同濃度的 HRW 中。具體來說，實驗中使用了 1%（0.006mM）和 4%（0.024mM）的 HRW 處理組，以及未處理的對照組。HRW 是透過將氫氣通入含有魚培養水的廣口瓶中製備的，確保了氫氣的濃度和穩定性。

在實驗過程中，學者們特別關注了斑馬魚在感染後的存活情況。他們每隔一定時間觀察並記錄斑馬魚的形態和行為，同時統計死亡的魚的數量。透過計算注射細菌後 48 小時內的存活率，學者們能夠評估 HRW

對斑馬魚存活率的影響。

此外，為了探究 HRW 在體內對嗜水氣單胞菌生長的影響，學者們在感染後的 6 小時、12 小時、24 小時和 48 小時分別取樣，採用無菌手術剪將斑馬魚剪碎，並用無菌水和 PBS 緩衝液進行沖洗和勻漿，製備樣本液。然後，透過梯度稀釋法將樣本液稀釋，並在 TSA 平板上進行塗布培養，以計數嗜水氣單胞菌的菌落總數。這一步驟有助於評估 HRW 對抑制嗜水氣單胞菌在斑馬魚體內生長的效果。

透過這些實驗步驟，學者們能夠系統地研究氫氣對嗜水氣單胞菌感染斑馬魚的保護作用，並初步探索其保護機制。

實驗結果確實表明 HRW 對抑制嗜水氣單胞菌生長有顯著效果。具體表現在以下幾個方面：

1. 存活率提升

實驗中，使用 HRW 處理的斑馬魚在感染嗜水氣單胞菌後，其存活率得到了顯著提升。特別是 1%濃度的 HRW 處理組，能夠將斑馬魚的存活率從 51.7%提升至 72.5%，顯示出較好的保護效果。

2. 菌落總數減少

透過細菌學檢測，發現 HRW 處理後，斑馬魚體內的嗜水氣單胞菌數量在各個時間點（6 小時、12 小時、24 小時和 48 小時）的成長速度都顯著低於未處理組。這說明 HRW 能夠有效地抑制嗜水氣單胞菌在斑馬魚體內的增殖。

3. 炎症因子表現調節

HRW 處理後，斑馬魚脾臟、腎臟和肝臟中的促炎因子（如 NF-κB、IL-1β 和 IL-6）表現水準顯著降低，而抗炎因子（如 IL-10）的表現水準顯著上調。這表明 HRW 可能透過調節炎症相關因子的表現來緩解斑馬魚的炎症反應。

4. 抗氧化因子表現增強

HRW 還能顯著提高斑馬魚脾臟、腎臟和肝臟中抗氧化因子（如 SOD1、CAT 和 POD）的表現，這有助於增強斑馬魚的抗氧化能力，減輕氧化損傷。

綜上所述，HRW 透過降低病原菌的增殖、調節炎症相關因子的表現以及提高抗氧化因子的表現，顯著提高了斑馬魚在嗜水氣單胞菌感染後的存活率，並對其產生了保護作用。

那麼，H_2 是如何產生了保護作用的呢？該學者團隊對這一現象背後的機理也展開了研究。

實驗開始時，學者們選擇了健康的斑馬魚，並將它們分為兩組：NJ-1 組和 NJ-1 ＋ 1% HRW 組，每組包含 20 條魚。實驗組的斑馬魚透過腹腔注射接種了嗜水氣單胞菌 NJ-1，隨後立即放入含有 1% HRW 的培養水中，而對照組則放入正常培養水中。這樣的設計旨在模擬斑馬魚在自然環境中可能遭遇的感染情況，並評估 HRW 對免疫反應的潛在影響。

在感染後的 6 小時、12 小時、24 小時，分別從每組中取出 5 條魚進行解剖，收集脾臟、腎臟和肝臟組織樣本。這些組織樣本被用於後續的基因表現分析。樣本的收集和處理對於理解不同組織如何響應感染和 HRW 處理至關重要。

為了分析免疫相關因子的表現，實驗團隊採用了 qPCR 技術。首先，從收集的組織樣本中提取總 RNA，然後利用這些 RNA 進行反轉錄，製備 cDNA。這些 cDNA 樣本隨後用於 qPCR 分析，以測定特定免疫相關基因的表現水準。實驗中特別關注了炎症相關基因，包括促炎因子和抗炎因子，這些因子在感染和免疫反應中扮演關鍵角色。

該學者的實驗結果揭示了 HRW 在斑馬魚感染嗜水氣單胞菌後，對免疫相關因子表現的顯著影響。具體而言，實驗觀察到在感染後的斑馬魚的脾臟、腎臟和肝臟中，促炎因子的表現水準，包括腫瘤壞死因子 α（TNF-α）、白血球介素 1β（IL-1β）和核因子 κB（NF-κB），在經過 HRW 處理的實驗組中相比對照組出現了顯著的下調。這一發現表明，HRW 可能透過抑制這些促炎因子的表現，有效地減輕了斑馬魚體內的發炎反應。

透過進一步的分析，學者還發現，HRW 處理不僅降低了促炎因子的表現，還伴隨著抗炎因子白血球介素 10（IL-10）的表現上調。IL-10 作為一種關鍵的抗炎細胞因子，能夠在炎症過程中發揮抑制作用，維持免疫平衡。因此，HRW 透過促進 IL-10 的表現，可能有助於緩解斑馬魚的發炎狀態，增強其抗炎能力。

除了對發炎因子的調節作用外，HRW 還顯示出對抗氧化系統的影響。實驗結果顯示，HRW 能夠提高斑馬魚脾臟、腎臟和肝臟中 SOD1、CAT 和 POD 等抗氧化相關基因的表現。這些抗氧化酶在清除有害的活性氧物質（如超氧陰離子和過氧化氫）中產生至關重要的作用，有助於保護細胞免受氧化損傷。因此，HRW 可能透過啟用這些抗氧化酶的表現，增強了斑馬魚的抗氧化能力，從而對抗感染期間可能發生的氧化反應。

綜合上述發現，本研究的結論強調了富氫水在調節斑馬魚免疫反應中的潛在應用價值。HRW 透過降低促炎因子的表現、增強抗炎因子的表現以及提高抗氧化酶的活性，顯示出對斑馬魚在感染嗜水氣單胞菌後具有保護作用。這些結果不僅為理解 HRW 的免疫調節和抗氧化機制提供了新的視角，而且為未來在水產養殖業中應用 HRW 預防和治療相關疾病提供了科學依據。透過這些機制，HRW 可能有助於提高養殖魚類的健康水準，減少疾病發生，從而帶來經濟效益和生態效益。

二、秀麗線蟲

在一項研究中，學者們探究了氫氣對其壽命和衰老過程的影響 [236]。實驗開始前，首先透過同步化方法獲取了處於相同發育階段的線蟲。接著，將這些線蟲分為對照組和實驗組，對照組線蟲在常規的培養基中生長，而實驗組線蟲則在含有氫氣的水溶液中培養。實驗中使用的氫氣濃度透過精確的氣相色譜法測定，確保實驗組線蟲處於特定濃度的氫氣環境中。

為了模擬氧化反應條件，學者們在部分實驗組中新增了胡桃醌 (juglone)，這是一種能夠誘導線蟲體內產生氧化反應的物質。透過這種方式，研究人員可以評估氫氣對線蟲在氧化反應環境下的生存能力的影響。在實驗過程中，定期觀察並記錄線蟲的行為和健康狀況，包括運動能力、進食情況以及生殖能力等。

此外，為了深入探究氫氣對線蟲體內抗氧化酶活性的影響，研究人員還進行了一系列的生化實驗。這包括從線蟲體內提取蛋白質，並利用比色法測定 SOD 和麩胱甘肽過氧化物酶 (GSH-Px) 的活性。這些酶在抵抗氧化反應和維持細胞內氧化還原平衡中產生關鍵作用。透過比較不同實驗組線蟲體內這些酶的活性，研究人員可以評估氫氣對線蟲抗氧化能力的影響。

在整個實驗過程中，學者們嚴格遵守無菌操作規程，以避免外部微生物汙染對實驗結果的干擾。同時，實驗中還設定了多個重複組，以確保數據的可靠性和統計分析的有效性。透過這些精心設計的實驗步驟，研究人員能夠全面地評估氫氣對秀麗隱桿線蟲衰老過程的潛在影響。

實驗結果顯示，與對照組相比，暴露於氫氣環境中的線蟲表現出了

---

[236] 薛敏 · 氫氣對秀麗隱桿線蟲抗衰老的作用及其作用機制 [D]. 上海師範大學，2021.

顯著的壽命延長。具體來說，實驗組線蟲的平均壽命和最高壽命均高於未接觸氫氣的對照組，這表明氫氣可能具有抗衰老的潛力。

在模擬氧化反應的實驗條件下，即線上蟲培養基中新增胡桃醌後，實驗組線蟲顯示出更強的抵抗力。在胡桃醌誘導的氧化損傷下，實驗組線蟲的存活率比對照組有顯著提高，這進一步證實了氫氣在提高生物體抗氧化能力方面的潛在作用。

此外，透過對線蟲體內抗氧化酶活性的測定，研究發現氫氣處理的線蟲體內 SOD 的活性得到了顯著提升，而 GSH-Px 的活性則沒有顯著變化。這一發現指出了氫氣可能透過增強 SOD 酶的活性來提高線蟲的抗氧化能力。

在探究氫氣對線蟲運動能力的影響時，實驗觀察到氫氣環境中培養的線蟲在頭部擺動次數、身體彎曲次數以及咽泵頻率等運動行為方面表現出了積極的變化，這些變化與線蟲的運動能力和健康狀況密切相關。

最後，透過分析線蟲體內的脂褐素累積情況，研究還發現氫氣干預能夠有效抑制脂褐素的累積，脂褐素是一種與衰老相關的色素，其在體內的累積通常與生物體的衰老程度相關。

綜上所述，這些實驗結果為氫氣作為一種潛在的抗衰老干預手段提供了有力的證據，並且揭示了氫氣可能透過調節抗氧化酶活性和影響脂褐素累積等機制來發揮作用。

還有的學者，研究了氫氣對氯化銨損傷秀麗線蟲的效應 [237]。

在這項研究中，學者們透過精心設計的實驗流程來探究氫氣對氯化銨損傷秀麗線蟲的影響。實驗的第一步是製備不同濃度的氯化銨溶液，以建立穩定的秀麗線蟲損傷模型。研究團隊首先測定了氯化銨的半數致

[237] 盧寧 · 富氫溶液的製備及氫氣對氯化銨損傷秀麗線蟲的效應研究 [D]. 安徽醫科大學，2019.

死濃度 (LC_{50})，這是透過將 L_3 期的秀麗線蟲暴露於不同濃度的氯化銨溶液中，並觀察一定時間內線蟲的存活情況來實現的。在確定了 LC_{50} 值後，研究者們選擇了亞致死濃度的氯化銨溶液對線蟲進行處理，以模擬損傷狀態。

隨後，研究者們將線蟲分為多個實驗組和對照組，其中實驗組的線蟲被置於含有氯化銨的培養基中，而對照組則處於正常培養基中。在實驗期間，定期觀察並記錄線蟲的生理狀態、運動行為和生長發育情況。為了評估氫氣的潛在保護作用，研究者們還特別設計了氫氣處理組，這些線蟲在氫氣環境中培養，以探究氫氣對氯化銨誘導的損傷是否有緩解作用。

實驗中，線蟲在氫氣環境中的暴露時間、頻率和持續時間都被嚴格控制，以確保實驗條件的一致性和可重複性。此外，為了全面評估氫氣對氯化銨損傷線蟲的影響，研究者們還採用了多種生化分析方法，包括對線蟲體內 ROS 含量、粒線體膜電位 (MMP)、抗氧化酶活性以及 MDA 含量的測定。這些生化指標有助於揭示氫氣對線蟲氧化反應狀態的影響，以及氫氣可能的抗氧化和細胞保護機制。

實驗結果顯示，氯化銨處理顯著縮短了線蟲的壽命，降低了其運動能力，並增加了體內 ROS 的產生，這些變化與氧化反應的增加密切相關。具體來說，與對照組相比，氯化銨處理的線蟲表現出了顯著的壽命縮短，產卵數量減少，以及運動行為能力下降，包括頭部擺動次數、身體彎曲次數和咽泵頻率的減少。

進一步的生化分析顯示，氯化銨處理的線蟲體內抗氧化酶如 SOD 和 CAT 的活性降低，而 MDA 含量增加，這些都是氧化損傷的生物代表物。此外，粒線體膜電位的下降也表明了粒線體功能的受損。

然而，在氫氣環境中培養的氯化銨損傷線蟲表現出了顯著的改善。氫氣處理的線蟲壽命延長，運動能力得到恢復，ROS 水準降低，抗氧化酶活性回升，MDA 含量減少，粒線體膜電位也有所恢復。這些結果顯示氫氣具有顯著的抗氧化作用，能夠減輕氯化銨引起的氧化反應和細胞損傷。

此外，氫氣處理還對線蟲的基因表現產生了影響，與壓力反應和抗氧化相關的基因表現水準發生了變化，這可能是氫氣發揮保護作用的分子機制之一。整體而言，這些實驗結果為氫氣作為一種潛在的治療手段提供了有力的證據，表明氫氣能夠對抗氯化銨誘導的氧化損傷，保護秀麗隱桿線蟲的健康和延長其壽命。

最後我們要介紹的另一個中國學者團隊，他們利用了能產生氫氣的丁酸梭菌，並探究了其對秀麗線蟲壽命的影響[238]。

在這項研究中，學者們首先關注了超音波除氧處理對富氫水製備的促進作用。他們透過將蒸餾水置於超音波清洗儀中，進行不同時間長度的超音波處理，以觀察超音波對水中氣體的影響。在超音波處理後，學者們立即檢測了水的溶氧量、氧化還原電位和 pH 值。為了評估超音波對氫棒產氫能力的影響，他們將氫棒放入經過超音波處理的水和未經處理的蒸餾水中，並在不同時間點檢測水中的溶氫量、溶氧量、氧化還原電位和 pH 值。

接著，研究者們探究了丁酸梭菌對秀麗線蟲壽命的影響。他們透過培養丁酸梭菌和大腸桿菌，並使用這些細菌來餵養不同株系的秀麗線蟲。在實驗過程中，學者們記錄了線蟲的壽命，並觀察了線蟲的運動能力和進食行為。此外，他們還檢測了線蟲體內的活性氧水準、抗氧化酶活性以及丙二醛含量，以評估丁酸梭菌對線蟲抗氧化能力的影響。

為了進一步研究丁酸梭菌的作用機制，學者們檢測了與秀麗線蟲衰老和抗氧化能力相關的基因表現情況。他們提取了秀麗線蟲的總 RNA，並進行了反轉錄 PCR 和即時定量 PCR，以分析特定基因的表現水準。

---

[238] 劉赫男．富氫水的製備及丁酸梭菌延長秀麗線蟲壽命的機制研究 [D]. 安徽醫科大學，2020.

最後，學者們利用巴拉刈（PQ）誘導的氧化損傷模型，研究了丁酸梭菌對秀麗線蟲的保護作用。他們將秀麗線蟲暴露於含有 PQ 的培養基中，並觀察了丁酸梭菌對線蟲壽命、生長發育、產卵率和體內 ROS 水準的影響。透過這些實驗，學者們旨在揭示丁酸梭菌是否能夠透過提高秀麗線蟲的抗氧化能力來延長其壽命。

在這項研究中，學者們發現超音波處理顯著促進了富氫水的製備。具體來說，隨著超音波處理時間的延長，水中的氧含量逐漸下降，當處理時間達到 12 小時時，水中的溶氧量降至最低值。此後，即使在超音波處理停止後，水中的氧含量也能逐漸恢復。在超音波水中加入氫棒後，與未經超音波處理的蒸餾水相比，溶氫量的增加更為顯著，表明超音波預處理可以提高氫棒的產氫效率。此外，超音波水中的氧化還原電位和 pH 值也隨著溶氫量的增加而發生了相應的變化，顯示出與溶氧量的負相關性。

在丁酸梭菌對秀麗線蟲壽命影響的實驗中，學者們觀察到餵食活性丁酸梭菌的秀麗線蟲壽命顯著延長，且其運動能力和進食行為也得到了改善。與餵食大腸桿菌的對照組相比，丁酸梭菌餵養的線蟲表現出更高的頭部擺動頻率、身體彎曲次數和咽泵震動頻率，顯示出更好的運動能力和健康狀況。此外，丁酸梭菌還能降低秀麗線蟲體內的活性氧水準，提高抗氧化酶的活性，並減少丙二醛的累積，表明丁酸梭菌具有增強線蟲抗氧化能力的作用。

在分子水準上，丁酸梭菌對秀麗線蟲中與衰老和抗氧化相關的基因表現產生了顯著影響。與對照組相比，餵食丁酸梭菌的線蟲中，age-1、daf-16、sir-2.1 和 hsp-16.1 等基因的表現水準發生了變化，這些基因與線蟲的壓力反應和壽命調節密切相關。這些結果顯示，丁酸梭菌可能透過調節這些基因的表現來發揮其對秀麗線蟲的保護作用。

最後，在巴拉刈誘導的氧化損傷模型中，學者們發現丁酸梭菌能夠顯著延長受損秀麗線蟲的壽命，並改善其生長發育和產卵能力。在 PQ 存在的情況下，丁酸梭菌餵養的線蟲體內 ROS 水準較低，這進一步證實了丁酸梭菌具有提高線蟲抗氧化能力的作用。這些發現為丁酸梭菌作為一種潛在的抗衰老和抗氧化治療劑提供了科學依據。

三、擬南芥

在這項研究中，學者們探究了氫氣在植物抗旱性中的作用及其潛在的分子機制 [239]。實驗主要圍繞氫氣對擬南芥（*Arabidopsis thaliana*）氣孔關閉的影響以及氫氣如何透過影響 ROS 和一氧化氮（NO）的產生來調節氣孔運動。研究中使用了 HRW，其氫氣濃度為 0.781mM，透過將純氫氣（99.99%）通入無二氧化碳的 MES-KCl 緩衝溶液中製備。

首先，研究者們利用特定的微電極系統即時監測了擬南芥葉片在施加外源性 HRW 後的氫氣釋放情況。接著，透過氣相色譜（GC）分析，驗證了在施加 HRW 後，擬南芥葉片內源性氫氣產生的變化。為了評估 HRW 對氣孔關閉的影響，研究者們將擬南芥的表皮碎片置於不同濃度的 HRW 中，並在不同時間點觀察和記錄了氣孔孔徑的變化。

此外，為了研究氫氣對擬南芥耐旱性的影響，研究者們對經過 HRW 灌溉的擬南芥植株進行了乾旱脅迫實驗。透過比較灌溉 HRW 和未灌溉 HRW 的植株在乾旱條件下的生存率和水分流失率，評估了 HRW 對植物耐旱性的影響。

在分子水準上，研究者們利用即時定量 PCR 技術，分析了在 HRW 處理下，與氣孔運動相關的基因（如 GORK）的表現變化。同時，透過共聚焦雷射掃描顯微鏡技術，監測了在 HRW 處理下，擬南芥保衛細胞內

[239] XIE Y, et al. Reactive oxygen species-dependent nitric oxide production contributes to hydrogen-promoted stomatal closure in *Arabidopsis*[J]. *Plant Physiology*, 2014, 165(2): 759-773.

ROS 和 NO 的產生情況。為了進一步探究氫氣訊號傳導途徑，研究者們還使用了多種遺傳突變體，包括 nia1/2（硝酸還原酶雙突變體）、rbohF（NADPH 氧化酶 F 突變體）和 gork（保衛細胞外向整流 K^+ 通道突變體），來分析這些基因在氫氣訊號傳導中的作用。

整個實驗過程涉及了對 HRW 的製備、氫氣含量的測定、氣孔運動的觀察、耐旱性測試、基因表現分析以及螢光探針技術等多種實驗技術，以全面探究氫氣在植物氣孔調節和乾旱應答中的作用。

實驗結果顯示，外源性氫氣能夠顯著增加擬南芥葉片內源性氫氣的產生，並且這種增加是快速和持續的。透過使用 HRW，研究者們觀察到氣孔關閉程度隨 HRW 處理時間的增加而增強，且這種效應在 100% 飽和的 HRW 處理下最為顯著。此外，HRW 處理的植物在乾旱脅迫下的存活率顯著提高，表明氫氣處理增強了植物的乾旱耐受性。

在分子機制方面，學者們揭示了氫氣透過調節 ROS 和一氧化氮（NO）的產生來促進氣孔關閉。具體來說，HRW 處理能夠顯著誘導野生型擬南芥中 NO 和 ROS 的合成，這一過程在 nia1/2 和 rbohF 中被抑制。此外，HRW 誘導的 NO 生成依賴於 ROS 的產生，而 rbohF 突變體中 NO 合成和氣孔關閉的缺陷可以透過外源性 NO 的應用得到恢復。這些結果顯示，氫氣透過依賴於 RbohF 的 ROS 產生和硝酸還原酶相關的 NO 生成來促進氣孔關閉。

進一步的研究顯示，HRW 處理還部分抑制了 gork 中由 ABA、HRW、NO 或過氧化氫誘導的氣孔關閉，表明 GORK 可能是氫氣訊號傳導途徑的下游靶標。這些發現為理解氫氣在植物乾旱應答中的作用提供了新的見解，並為利用氫氣來提高作物的乾旱耐受性提供了潛在的應用前景。

還有一篇很值得介紹的文章。在這項研究中，學者們探究了氫氣在提高擬南芥耐鹽性方面的潛在作用[240]。實驗過程涵蓋了多個步驟，包括植物材料的準備、氫氣飽和水溶液的製備、植物的鹽脅迫處理以及各種生化分析。

首先，研究人員使用擬南芥作為實驗材料，包括野生型和特定的突變體。種子在無菌條件下進行表面消毒，然後在含有1%蔗糖的固體MS培養基（一種常用的植物組織培養基）上進行培養。

為了製備氫氣飽和的水溶液，研究人員採用了氫氣發生器產生的純化氫氣。透過聚四氟乙烯過濾器將氫氣泵入無菌水中，以避免細菌汙染，流量控制在每分鐘300mL。氫氣被注入200mL的無菌水中，或MS液體培養基中，無論是否含有150mM的氯化鈉（NaCl），持續約30分鐘，以確保溶液與氫氣飽和。得到的100%飽和氫氣溶液會立即稀釋至所需的濃度。

在對植物進行鹽脅迫處理時，研究人員選擇了不同日齡的幼苗，並將它們暴露於含有150mM NaCl的MS液體培養基中，以測試氫氣預處理是否能夠減輕由此引起的生長抑制。實驗中，幼苗在不同濃度的氫氣飽和溶液中進行了預處理，這些濃度包括10%、25%、50%、75%的飽和度。

在進行生化分析時，研究人員使用了氣相色譜（GC）來測定植物內源性氫氣的產生。此外，還透過硫代巴比妥酸（TBARS）含量的測定來評估幼苗的脂質過氧化程度，以及透過組織化學染色法來檢測活性氧種類（如超氧陰離子 $O_2^{\cdot-}$ 和過氧化氫 H_2O_2）的水準。

首先，當擬南芥幼苗暴露於150mM NaCl後6小時，內源性氫氣的釋放量增加。透過使用50%氫氣飽和的液體介質對擬南芥進行預處理，模仿內源性氫氣釋放的誘導，隨後再暴露於NaCl，有效地減輕了鹽脅迫

[240] XIE Y, et al. H_2 enhances *Arabidopsis* salt tolerance by manipulating ZAT10/12-mediated antioxidant defence and controlling sodium exclusion[J]. *PLoS ONE*, 2012, 7(11): e49800.

引起的生長抑制。

實驗結果顯示，氫氣預處理顯著調節了鋅指轉錄因子 ZAT10/12 及其相關抗氧化防禦酶的基因／蛋白表現，從而顯著對抗了 NaCl 誘導的 ROS 過量產生和脂質過氧化。此外，氫氣預處理透過調節負責 Na^+ 排除（特別是）和區室化的逆向轉運蛋白和 H^+ 泵，維持了離子穩態。遺傳學證據表明 SOS1 和 cAPX1 可能是氫氣訊號傳導的目標基因。

總體而言，研究結果顯示，氫氣作為一種新穎的細胞保護調節因子，透過耦合 ZAT10/12 介導的抗氧化防禦和離子穩態的維持，提高了擬南芥的耐鹽性。這些發現為理解氫氣在植物中的生理作用及其作為訊號分子的機制提供了新的視角，並為提高植物耐鹽性提供了潛在的策略。

除此之外，在探討植物對環境脅迫響應的分子機制方面，兩篇文獻提供了深入的見解。第一篇文章主要研究了 HRW 對小白菜和擬南芥中鎘（Cd）累積的影響 [241]。研究者們發現，HRW 顯著降低了小白菜根部對鎘的吸收，並且透過非損傷微測技術（NMT）分析發現，HRW 減少了 Cd^{2+} 在根部的通量，同時增強了鋅（Zn）和鎘之間的競爭。此外，透過異源和同源表現實驗，證明了 IRT1 和 ZIP2 在 HRW 減少鎘吸收中的功能。研究結果顯示，HRW 透過抑制 BcIRT1 和 BcZIP2 的表現，影響了 BcIRT1 和 BcZIP2 在離子吸收中的選擇性，從而減少了植物體內 Cd 的累積。

第二篇文章則聚焦於紫外線 B（UV-B）和紫外線 A／藍光對擬南芥細胞 CHS 基因表現的影響 [242]。研究者們利用特定的激動劑和抑制劑，探討了已知哺乳動物系統中訊號組分的效應。結果顯示，CHS 表現的誘導需

[241] WU Y, et al. IRT1 and ZIP2 were involved in exogenous hydrogen-rich waterreduced cadmium accumulation in *Brassica chinensis* and *Arabidopsis thaliana*[J]. *Journal of Hazardous Materials*, 2021, 407: 124599.

[242] CHRISTIE J M, JENKINS G I. Distinct UV-B and UV-A/blue light signal transduction pathways induce chalcone synthase gene expression in *Arabidopsis* cells[J]. *The Plant Cell*, 1996, 8(9): 1555-1567.

要鈣離子的參與，儘管提高細胞質中的鈣離子濃度本身並不足以刺激 CHS 表現。UV-B 和 UV-A ／藍光訊號傳導過程涉及鈣離子，但 UV-A ／藍光誘導 CHS 表現似乎不涉及鈣調蛋白，而 UV-B 響應則涉及，這表明訊號傳導途徑至少在一定程度上是不同的。研究還發現，這兩條途徑都涉及可逆的蛋白質磷酸化，並需要蛋白質合成。因此，UV-B 和 UV-A ／藍光訊號傳導途徑與調節其他物種中 CHS 表現的光敏色素訊號傳導途徑不同。

綜合來看，這兩篇文章透過實驗揭示了植物響應環境訊號的分子機制。第一篇文章透過研究 HRW 對鎘吸收的影響，為減少農作物中重金屬累積提供了可能的策略。第二篇文章則透過分析不同光訊號對 CHS 基因表現的調控，增進了我們對植物光訊號傳導途徑的理解。兩篇文獻均採用了先進的分子生物學技術和生理學方法，為植物逆境生物學領域提供了寶貴的實驗數據和理論基礎。

第四節　食蟲植物

在一篇文章中，兩位學者研究了不同濃度的 HRW 對豬籠草扦插生根的影響，旨在為豬籠草的繁殖提供參考 [243]。

實驗中的 HRW 是透過將一根氫棒放入 4L 的無菌水中靜置 12 小時製備的，氫氣濃度為 0.78mM。

研究選取了紅瓶豬籠草（*N. ventricosa* × *alata*）和辛布亞 × 大口豬籠草（*N. sibuyanensis* × *maximawei*）兩種豬籠草品種，採用 1%（0.0078mM）、15 %（0.12mM）、25 %（0.20mM）、50 %（0.40mM）、100%（0.78mM）濃度的 HRW 進行扦插快繁試驗，與清水對照組進行比較。實驗結果顯示，不同濃度的 HRW 對兩種豬籠草品種的扦插生根率、發芽率、根數、根長及最早生根時間有顯著影響。

對於紅瓶豬籠草，25%的 HRW 處理生根率最高，達到 73.15%，比對照組高出 2.14 倍。15%的 HRW 處理在發芽率、根數和根長方面表現最佳，分別為 76.85%、2.45 條和 0.60cm，比對照組分別高出 2.18 倍、2.75 倍和 2.22 倍。此外，15% HRW 處理的最早生根時間最短，為 39 天，比對照組提早了 11 天。

對於辛布亞 × 大口豬籠草，50%的 HRW 處理在所有指標上都表現最佳，生根率為 78.70%，發芽率為 87.04%，根數為 2.22 條，根長為 0.83cm，最早生根時間為 32 天，分別比對照組高出 1.33 倍、1.54 倍、3.31 倍、4.88 倍，並提早了 15 天。

這些結果顯示，HRW 處理是一種有效的手段，可以提高豬籠草扦插繁殖的效率，對於豬籠草的保護和生產推廣具有重要的應用價值。

---

[243] 汪艷平，衛辰．富氫水處理對豬籠草扦插生根的影響 [J]. 現代農業科技，2016, (14): 136-137.

第十三章
不同作物最佳氫濃度響應

透過對 1 種模式植物、48 種不同農作物和 29 個科的資料分析，本文旨在探索不同科農作物在不同生命階段（含種子萌發、生長發育、開花結果、採後儲藏以及面臨脅迫等階段）對不同濃度氫處理的最佳響應點。揭示作物生長的不同階段對氫濃度的最佳需求。透過綜合分析這些農作物在全生長週期中對氫濃度梯度的響應，不僅可以為指導氫農業生產提供了寶貴的數據支持，也為進一步優化作物管理策略和提高作物產量提供了科學依據。

第一節　穀類作物

在氫濃度梯度應用對穀類作物全生長週期影響的研究中，研究者們深入探討了水稻（含糙米）、小麥、玉米、大麥 4 種主要農作物的反應和生長表現，得出了以下一系列具有指導意義的結論。

對於水稻而言，100 ppb HNW（0.05mM）能減少儲藏過程中的異味，維持水稻籽粒胺基酸含量 [244]。0.11mM HRW 的濃度有助於提高鹽脅迫下水稻種子萌發率和根長，緩解鹽脅迫 [245]，該濃度對水稻種子耐硼性也有著顯著提高 [246]。0.17mM HRW 能提高水稻對除草劑雙草醚的耐受能力 [247]。0.39mM HRW 能增加冷脅迫下的水稻幼苗的鮮重並減少電解質洩漏（Electrolyte Leakage, EL）[248]，還能提高水稻種子萌發的耐鋁性 [249]。1,000 ppb HNW（0.5mM）能改善水稻籽粒品質並增加產量 [250]0.585mM HRW 能增強水稻對 RSV 感染的抗性 [251]。0.75mM HRW 能降低鎘吸收並提高抗氧化酶活性 [252]。

在銅脅迫下，0.39mM HRW 透過提高小麥的抗氧化能力，促進根系

[244] CAI C, et al. Molecular hydrogen improves rice storage quality via alleviating lipid deterioration and maintaining nutritional values[J]. *Plants*, 2022, 11(19): 2588.

[245] XU S, et al. Hydrogen-rich water alleviates salt stress in rice during seed germination[J]. *Plant and Soil*, 2013, 370(1/2): 47-57.

[246] 王雨．富氫水緩解過量硼對水稻種子萌發的抑制 [D]. 南京農業大學，2015.

[247] 汪亞雄．富氫水緩解水稻雙草醚藥害的應用研究 [D]. 南京農業大學，2017.

[248] XU S, et al. Hydrogen enhances adaptation of rice seedlings to cold stress via the reestablishment of redox homeostasis mediated by miRNA expression[J]. *Plant and Soil*, 2016, 414: 53-67.
江宜龍．富氫水緩解凍害和鹽脅迫對水稻幼苗氧化傷害及種子萌發的抑制 [D]. 南京農業大學，2014.

[249] XU D, et al. Linking hydrogen-enhanced rice aluminum tolerance with the reestablishment of GA/ABA balance and miRNA-modulated gene expression: A case study on germination[J]. *Ecotoxicology and Environmental Safety*, 2017, 145: 303-312.

[250] CHENG P, et al. Molecular hydrogen increases quantitative and qualitative traits of rice grain in field trials[J]. *Plants*, 2021, 10(11): 2331.

[251] SHAO Y, et al. Molecular hydrogen confers resistance to rice stripe virus[J]. *Microbiology Spectrum*, 2023, 11(2): 1-14.

[252] 倪卉．富氫水（HRW）緩解鎘脅迫對水稻抑制的機理研究 [D]. 安慶師範大學，2018.

生長，維持氣孔開度，提高小麥對銅脅迫的耐受性 [253]。49% HRW（約 0.39mM）能增強小麥葉片滲透能力，改善水分狀況，減輕膜脂過氧化程度，提高小麥幼苗的耐旱能力 [254]。

玉米在 0.11mM HRW 的條件下，抗氧化酶活性得到提高，緩解了強光脅迫 [255]。在缺鐵環境下，0.11mM HRW 明顯緩解了玉米幼苗的黃化現象，透過調控鐵的吸收和運輸能力，提高植株內鐵含量，促進葉綠體發育，提高幼苗光合能力，提高抗氧化能力，保護了缺鐵脅迫下玉米幼苗光合功能的穩定性 [256]。0.17mM HRW 則減輕了鋁脅迫對幼苗的負面影響 [257]，而 0.39mM HRW 減輕了鹽害對玉米根系生長的抑制作用 [258]。

乾旱條件下，0.195mM HRW 能提高大麥種子的發芽率和發芽勢，促進根系生長 [259]。0.195mM 和 0.39mM HRW 改善了乾旱脅迫下大麥植株的水分狀態並提高了幼苗乾重 [260]。0.83mM HRW 能緩解鹽脅迫對大麥根的生長抑制 [261]。1.0mM HRW 提高了大麥植株的抗氧化能力，且對品

[253] 田婧藝，等．富氫水處理對銅脅迫下小麥幼苗生長及其細胞結構的影響 [J]. 河南農業大學學報，2018, 52(2): 193-198.

[254] 袁麗環，薛燕燕．外源氫氣對乾旱脅迫下小麥幼苗生理特性的影響 [J]. 農業與技術，2020, 40(13): 39-40.

[255] 張曉楠．富氫水對玉米幼苗生長的影響及對強光下光合機構氧化損傷的防護作用 [D]. 南京農業大學，2015.
ZHANG X, et al. Protective effects of hydrogen-rich water on the photosynthetic apparatus of maize seedlings (*Zea mays* L.) as a result of an increase in antioxidant enzyme activities under high light stress[J]. *Plant Growth Regulation*, 2015, 77: 43-56.

[256] 陳秋紅．富氫水對玉米缺鐵脅迫的緩解效應及機理研究 [D]. 南京農業大學，2017.

[257] 趙學強．富氫水對鋁脅迫下玉米幼苗生長、生理響應的影響及對氧化損傷的防護作用 [D]. 南京農業大學，2016.

[258] 田婧藝，等．外源氫氣對玉米幼苗耐鹽性的影響 [J]. 湖南師範大學自然科學學報，2018, 41(6): 23-30.

[259] 宋瑞嬌，馮彩軍，齊軍倉．富氫水對乾旱脅迫下大麥種子萌發的影響 [J]. 新疆農業科學，2022, 59(1): 79-85.

[260] 宋瑞嬌，馮彩軍，齊軍倉．富氫水對乾旱脅迫下大麥種子萌發及幼苗生物量分配的影響 [J]. 作物雜誌，2021, (4): 206-211.

[261] WU Q, et al. Understanding the mechanistic basis of ameliorating effects of hydrogen rich water on salinity tolerance in barley (*Hordeum vulgare*)[J]. *Environmental and Experimental Botany*, 2020, 177: 104136.

質提升有著顯著正向效應[262]。

綜上可知，不同作物對氫氣濃度的需求存在明顯差異，甚至同一作物在不同生長階段對氫氣濃度的需求也是不同的。較低濃度的氫氣水，如 0.39mM HRW 通常用於提高穀類作物的逆境適應性，而較高濃度的氫氣水可能用於特定階段，如水稻成熟期的籽粒品質改善和產量增加。這些發現強調了精確控制氫氣濃度在優化作物生長和提高農產品品質方面的重要性。

[262] GUAN Q, et al. Effects of hydrogen-rich water on the nutrient composition and antioxidative characteristics of sprouted black barley[J]. *Food Chemistry*, 2019, 299: 125095.

第二節　豆類作物

在氫濃度梯度應用對豆類作物全生長週期影響的研究中，研究者們深入探討了大豆和綠豆的反應和生長表現，得出了以下一系列具有指導意義的結論。

在大豆方面，30% HRW (0.234mM) 處理能改善大豆生長，增加大豆植株生物量累積，提高大豆籽粒產量和品質[263]。100% HRW (0.83mM) 的應用在 UV-A 照射下顯著增加了 VC 的含量，並提高了超氧化歧化酶 (Superoxide dismutase, SOD) 和抗壞血酸過氧化物酶 (Ascorbate Peroxidase, APX) 活性的活性，有效地提高大豆對 UV-A 輻射的耐受性，減少氧化損傷[264]。

$7.5 mg \cdot kg^{-1}$ 亞硒酸鈉與 50% HRW (約 0.39mM) 配施能顯著改善鹽脅迫下綠豆根際微生物群落，促進綠豆根系生長，提高綠豆幼苗株高、抗氧化酶活性，降低丙二醛 (Malondialdehyde, MDA) 含量[265]。

這些結果強調了精確控制氫氣濃度對於促進豆類作物生長發育、增強逆境適應性、提高產量和品質的重要性。

---

[263] 陳來斌，等．不同濃度富氫水對大豆產量與品質的影響 [J]. 南方農業學報，2024, 55(5): 1327-1334.

[264] JIA L, et al. Hydrogen gas mediates ascorbic acid accumulation and antioxidant system enhancement in soybean sprouts under UV-A irradiation[J]. *Scientific Reports*, 2017, 7(1): 16366.

[265] 武泉棟，等．硒與富氫水配施對鹽脅迫下綠豆幼苗生長及根際細菌群落結構的影響 [J]. 生態與農村環境學報，2025, 41(1): 138-146.

第三節　蔬菜作物

在氫濃度梯度應用對蔬菜作物全生長週期影響的研究中，研究者們深入探討了番茄（含櫻桃番茄）、甜椒、黃瓜、菜心、白菜、冬瓜、菠菜、青菜、油菜、韭菜、金針菜（金針花）、結球生菜、芥菜、莧菜、木耳菜、櫛瓜和秋葵等 18 種主要農作物的反應和生長表現，得出了以下一系列具有指導意義的結論。

番茄的生長週期研究顯示，50％ HRW（0.13mM）和 75％ HRW（0.19mM）增強了果實對灰黴病的抵抗力[266]。75％ HRW（0.3375mM）顯著提高了鹽脅迫下番茄根的生長和根系的鮮重及乾重。75％ HRW（0.34mM）是提高耐旱性的最佳濃度[267]。50％ HRW（0.35mM）提高了番茄單株產量和果實的鮮重[268]。50％ HRW（約 0.39mM）顯著提升了番茄在幼苗期生長指標和光合作用，並且該濃度對番茄幼苗耐冷能力也有著正向作用[269]。0.585mM HRW 能有效延緩番茄果實衰老，減少亞硝酸鹽累積[270]。對於櫻桃番茄，1.0mg/L HNW（0.5mM）在有無肥料的條件下均顯著提高了其產量和品質，還能提高了櫻桃番茄葉片的抗氧化酶活性，增強了葉片的抗氧化能力，降低了葉片的 MDA 含量，減緩氧化損傷[271]。在高鹽脅迫下，1mg/L HRW（0.5mM）處理的櫻桃番茄在多個生長指標上均優於對照組，並且顯著提高了蛋白質和抗壞血酸（Ascorbic

[266] 盧慧，等．富氫水處理對採後番茄果實灰黴病抗性的影響 [J]. 河南農業科學，2017, 46(2): 64-68.

[267] 趙懿穎，等．富氫水處理對番茄生長發育和產量的影響 [J]. 農業與技術，2022, 42(22): 6-9.

[268] 鄭瑜瑋．富氫水調控番茄幼苗耐低溫性的初步研究 [D]. 瀋陽農業大學，2023.

[269] ZHANG Y, et al. Nitrite accumulation during storage of tomato fruit as prevented by hydrogen gas[J]. *International Journal of Food Properties*, 2019, 22(1): 1425-1438.

[270] 葉福金，等．獨腳金內酯參與富氫水增強番茄幼苗根系的耐鹽性 [J]. 甘肅農業大學學報，2024, 59(3): 129-135+144.

[271] LI M, et al. Hydrogen fertilization with hydrogen nanobubble water improves yield and quality of cherry tomatoes compared to the conventional fertilizers[J]. *Plants*, 2024, 13(3): 443.

Acid，AsA 或 Vitamin C，VC）含量 [272]。

1mg/L HRW（0.5mM）[273] 對甜椒的生長和抗氧化能力均具有正向效應，具體表現如下。1mg/L HRW（0.5mM）能降低甜椒 MDA 含量，提高抗氧化酶活性，減輕生長發育過程中的氧化損傷。在果實發育階段，該濃度 HRW 促進了果實生長，提高了果實縱徑、肉厚和單果品質。在高溫脅迫條件下，1mg/L HRW（0.5mM）顯著提高了甜椒果實中的可溶性固形物（Total Soluble Solids, TSS）、蛋白質、總酚、可滴定酸（Titratable Acidity, TA）和 VC 含量，增強了耐高溫能力。

對黃瓜而言，50% HRW（0.11mM）增強了高溫脅迫下黃瓜的光合能力和抗氧化反應 [274]。0.25mM HRW 處理能夠顯著提高黃瓜種子的發芽勢和發芽率。0.35mM HRW 處理的黃瓜在幼苗階段出最高的生物量、葉片生長、根鮮品質、根長和根表面積 [275]。50% HRW（約 0.39mM）是耐鹽性方面的最佳濃度 [276]，而在面對鎘脅迫時，同樣濃度的 HRW 能透過顯著增加不定根的數量，提高抗氧化酶活性，降低有害物質含量來提高黃瓜幼苗對鎘脅迫的抗性 [277]。低溫脅迫下，0.45±0.02mM HRW 處理的黃瓜幼苗在葉片中的葉綠素和類胡蘿蔔素含量顯著高於對照組，根系生長也顯著優於對照組，該處理透過提高抗氧化酶活性，降低了活性氧（Reactive Oxygen Species, ROS）含量，減輕膜脂過氧化程度，透過增強黃瓜的滲透調節能力，以維持其在低溫脅迫下的水分狀態 [278]。

---

[272] 李湘妮，等·富氫水岩棉培對櫻桃番茄耐鹽性及產量品質的影響 [J]. 農業科技通訊，2023, (12): 154-158.

[273] 李湘妮，等 · 富氫水對長季節基質栽培甜椒抗逆性和品質的影響 [J]. 蔬菜，2023,(12): 18-22.

[274] CHEN Q, et al. Hydrogen-rich water pretreatment alters photosynthetic gas exchange, chlorophyll fluorescence, and antioxidant activities in heat-stressed cucumber(*Cucumis sativus*) leaves[J]. *Plant Growth Regulation*, 2017, 83: 69-82.

[275] 李嘉煒，等 · 富氫水對蔬菜種子萌發和幼苗生長的影響 [J]. 長江蔬菜，2023, (08): 10-14.

[276] 張海那，等 · 富氫水調控黃瓜幼苗生長發育和耐鹽性的初步研究 [D]. 瀋陽農業大學，2018.

[277] WANG B, et al. Hydrogen gas promotes the adventitious rooting in cucumber under cadmium stress[J]. *PLoS ONE*, 2019, 14(2): e0212639.

[278] 劉豐嬌，等 · 黃瓜富氫水浸種對低溫下幼苗光合碳同化及氮代謝的影響 [J]. 園藝學報，2020, 47(2): 287-300.

0.25mM HRW 對菜心幼苗生長階段的生物量和根系生長最為有益，該濃度處理下的菜心生物量比純水處理下增加了 21.57%，葉片的鮮品質提升了 8.61%，根鮮品質和根長在這一濃度下也達到了最大值。0.2 ～ 0.3mM HRW 能顯著增強菜心的耐旱性 [279]。0.35mM HRW 處理對菜心種子萌發最為有利，其發芽勢及發芽率相較於純水處理分別顯著增加了 15.91%和 8.64%。

50% HRW（0.11mM）在透過降低白菜中參與鎘吸收的基因轉錄水準，減緩葉綠素降解 [280]。50% HRW（0.21mM）能提高白菜在採後保鮮階段的品質，提高其保鮮能力 [281]。50% HRW（0.39mM）處理，能顯著提升白菜的鮮重，該濃度還能在鎘脅迫下，有效減輕鎘的毒害、促進根系生長和提高鮮重 [282]。800 ppb HRW（0.40mM）能提高白菜的產量 [283]。

對冬瓜的生長週期研究指出，0.25mM HRW 處理顯著提高了冬瓜種子的發芽勢和發芽率，且該濃度處理對冬瓜幼苗生物量、葉片和根鮮品質的提升效果最好。用 0.2 ～ 0.3mM HRW 灌溉冬瓜時，增強了光合能力和改善了根冠比 [284]。

菠菜在採後儲藏階段透過 20% HRW（約 0.16mM）的處理，成功保持了其感官品質和營養價值，延長了儲藏時間 [285]。

---

[279] 李嘉煒，等 · 富氫水在蔬菜育苗中的應用技術研究 [J]. 種子科技，2022, 40(15): 5-8.

[280] WU X, et al. Transcriptome analysis revealed pivotal transporters involved in the reduction of cadmium accumulation in pak choi (*Brassica chinensis* L.) by exogenous hydrogen-rich water[J]. *Chemosphere*, 2018, 216: 684-697.

[281] AN R, et al. Effects of hydrogen-rich water combined with vacuum precooling on the senescence and antioxidant capacity of pakchoi (*Brassica rapa* subsp. *chinensis*)[J]. *Scientia Horticulturae*, 2021, 289: 110469.

[282] WU Q, et al. Hydrogen-rich water enhances cadmium tolerance in Chinese cabbage by reducing cadmium uptake and increasing antioxidant capacities[J]. *Journal of Plant Physiology*, 2015, 175: 174-182.

[283] 楊瑞怡，等 · 富氫水澆灌在網室葉菜栽培中的應用試驗 [J]. 農業工程技術，2019, 39(35): 29+31.

[284] 李嘉煒，等 · 富氫水在蔬菜育苗中的應用技術研究 [J]. 種子科技，2022, 40(15): 5-8.

[285] 徐超，等 · 富氫水處理對菠菜採後儲藏品質的影響 [J]. 北方園藝，2023, (8): 78-87.

適中的氫氣濃度對青菜的生長和保鮮均有積極作用。10% HRW（0.048mM）浸種＋50% HRW（0.24mM）灌溉的處理是促進青菜在生長早期的生長的最適組合。50% HRW（0.24mM）能提高青菜中 VC、可溶性蛋白等物質含量，對青菜品質產生正向作用 [286]。另有研究顯示，50% HRW（0.33mM）的處理有助於延長青菜的貨架期 [287]。

0.22mM 處理能維持採後秋葵鮮重和硬度在一個較高的水準，提高秋葵的採後品質 [288]。

對油菜而言，利用氨硼烷與 Hoaland 營養液混合後製得的 HRW（約 0.18mM）能有效提高油菜的耐鹽、耐鎘和耐旱的能力 [289]。50% HRW（0.42mM）透過調節轉運蛋白的表現，優化了硝酸鹽的分配，降低了油菜葉片中的內源硝酸鹽濃度，提高其對硝酸鹽的耐性 [290]。在 0.65mM HRW 的處理提高油菜的發芽率和生物量 [291]。

對於韭菜採後保存階段的研究顯示，氫氣處理能顯著延長韭菜的貨架期，延緩了韭菜的腐爛和萎蔫，保持了韭菜營養成分和抗氧化能力，其中 3%氫氣處理的效果最好 [292]。

0.8μmol/L HRW（0.0008mM）的處理在金針菜（金針花）的生長和儲藏階段展現出顯著的正向效應，不僅提高了作物的產量和長勢，還減輕

[286] 宋韻瓊，等 · 富氫水處理對青菜產量和品質的影響 [J]. 現代農業科技，2022, (8): 49-54.

[287] 安容慧 · 富氫水結合真空預冷對採後上海青營養品質的影響 [D]. 瀋陽農業大學，2020.

[288] DONG W, et al. Hydrogen-rich water delays fruit softening and prolongs shelf life of postharvest okras (*Abelmoschus esculentus*)[J]. *Food Chemistry*, 2023, 399: 133997.

[289] ZHAO G, et al. Hydrogen-rich water prepared by ammonia borane can enhance rapeseed (*Brassica napus* L.) seedlings tolerance against salinity, drought or cadmium[J]. *Ecotoxicology and Environmental Safety*, 2021, 224: 112640.

[290] WEI X, et al. Hydrogen-rich water ameliorates the toxicity induced by $Ca(NO_3)_2$ excess through enhancing antioxidant capacities and re-establishing nitrate homeostasis in *Brassica campestris* spp. *chinensis* L. seedlings[J]. *Acta Physiologiae Plantarum*, 2021, 43(50).

[291] 馬南行 · 富氫水對油菜生長及生理特性的影響 [J]. 現代農業科技，2023, (13): 80-82+86.

[292] JIANG K, et al. Molecular hydrogen maintains the storage quality of Chinese chive(*Allium tuberosum*) through improving antioxidant capacity[J]. *Plants*, 2021, 10(6): 1095.

了冷害，延緩褐變，延長了保鮮效果 [293]。

對結球生菜的研究顯示在 10% HRW（約 0.08mM）和 25% HRW（約 0.2mM）噴施下顯著提高了生長和品質，且不同時間段的噴施效果存在差異，上午噴施效果更佳 [294]。

芥菜在 800 ppb HRW（0.4mM）[295] 的處理下，產量得到了顯著提升，該濃度同樣顯著提升了莧菜和木耳菜產量。

對櫛瓜的研究顯示，100% HRW（約 0.78mM）能夠顯著提高發芽能力，提高抗氧化酶活性，並促進胚的發育 [296]。

以上結果顯示，透過精確控制氫氣濃度，不僅能提高作物的產量和品質，還能有效延長其儲藏時間，減少採後損失，從而提升經濟效益，富氫技術有望成為現代氫農業可持續發展的重要工具。

[293] 胡花麗 · 氫氣對採後金針菜、獼猴桃衰老的生理機制研究 [D]. 南京農業大學，2018.
[294] 魯博 · 富氫水對結球生菜幼苗生長和品質的影響 [J]. 園藝與種苗，2023, 43(5): 43-46.
[295] 楊瑞怡，等 · 富氫水澆灌在網室葉菜栽培中的應用試驗 [J]. 農業工程技術，2019, 39(35): 29+31.
[296] 孔繁榮，等 · 不同處理水浸種對櫛瓜種子發芽的生理效應 [J]. 種子科技，2023,41(2): 20-23.

第四節　水果作物

在氫濃度梯度應用對水果作物全生長週期影響的研究中，研究者們深入探討了草莓、奇異果、無籽刺梨、蘋果、香蕉、荔枝和藍莓 7 種主要農作物的反應和生長表現，得出了以下一系列具有指導意義的結論。

對草莓而言，低濃度奈米氣泡水（Low concentration of Nanobubble Hydrogen-Rich Water, LHNW, 0.25 ～ 0.35mM）和高濃度奈米氣泡水（High concentration of Nanobubble Hydrogen-Rich Water, HHNW, 0.45 ～ 0.54mM）均能提高草莓的單株平均產量，且在無化肥條件下，LHNW 和 HHNW 處理還降低了草莓採後貨架期的腐敗率，兩者均是 HHNW 的效果更好 [297]。0.35 ～ 0.50mM HRW 的處理能提高草莓生長前期葉片的葉面積、乾重和鮮重顯著增加，草莓的相對生長率和淨同化率也得到了提升 [298]。0.50mM HRW 的處理不僅提高草莓採前揮發性化合物的總濃度，還改善了果實品質 [299]。

採後用 4.5μL/L 氫氣的二段燻蒸處理能有效延緩奇異果後熟過程，維持果實硬度和風味 [300]。80% HRW（0.53mM）能有效減少奇異果採後由擬莖點黴菌誘發的腐病的發生 [301]。75% HRW（0.5625 ～ 0.6mM）採前灌溉能提高奇異果的品質 [302]。

無籽刺梨在成熟後的保鮮階段，0.36mM HRW 的處理在減緩果實衰

---

[297] 劉宇昊 · 富氫水在大棚草莓土壤栽培和基質栽培中的應用研究 [D]. 南京農業大學，2021.

[298] 潘妮，等 · 富氫水對草莓生長發育及光合作用的影響 [J]. 南京農業大學學報，2023, 46(2): 278-286.

[299] LI L, et al. Preharvest application of hydrogen nanobubble water enhances strawberry flavor and consumer preferences[J]. *Food Chemistry*, 2022, 377: 131953.

[300] 胡花麗 · 氫氣對採後金針菜、獼猴桃衰老的生理機制研究 [D]. 南京農業大學，2018.

[301] HU H, et al. Hydrogen-rich water delays postharvest ripening and senescence of kiwifruit (*Actinidia deliciosa*)[J]. *Food Chemistry*, 2014, 156: 100-109.

[302] 熊嘉羽，等 · 富氫水採前灌溉對獼猴桃果實品質及保鮮的影響 [J]. 現代園藝，2024, 47(17): 1-5.

老和變質方面表現最佳，減少了腐爛和果重下降[303]。

1,400 ～ 1,500 ppb（0.70 ～ 0.74mM）顯著提高蘋果採後品質[304]。

香蕉在儲藏初期經 0.4mM HRW 處理後，呼吸速率降低，細胞壁結構得以保持，果膠降解速度減緩，成熟期可延後約 6 天[305]。

荔枝在 0.35mM HRW 處理下，顯著推遲果皮褐變，保持色澤鮮豔，抑制呼吸速率的上升，延緩總 TSS 含量的減少[306]。

HNW（約 0.78mM）灌溉能夠顯著提升藍莓的保存品質，在 4°C保存條件下，HNW（約 0.78mM）灌溉處理延遲了 12 天內採後藍莓的衰老過程[307]。

以上結果顯示，精確調控氫濃度對於提升水果作物產量、採後保鮮效果和貨架壽命至關重要，提供了重要的策略性指導。

---

[303] DONG B, et al. Hydrogen-rich water treatment maintains the quality of *Rosa sterilis* fruit by regulating antioxidant capacity and energy metabolism[J]. *LWT*, 2022, 161: 113361.

[304] 范麗麗．氫氣微納米氣泡富氫水的製備及其抗氧化效能研究 [D]. 中國計量大學，2021.

[305] YUN Z, et al. The role of hydrogen water in delaying ripening of banana fruit(*Musa* spp.) during postharvest storage[J]. *Food Chemistry*, 2022, 373(Pt B): 131590.

[306] YUN Z, et al. Effects of hydrogen water treatment on antioxidant system of litchi(*Litchi chinensis*) fruit during the pericarp browning[J]. *Food Chemistry*, 2021, 336: 127618.

[307] JIN Z, et al. The delayed senescence in harvested blueberry (*Vaccinium corymbosum*) by hydrogen-based irrigation is functionally linked to metabolic reprogramming and antioxidant machinery[J]. *Food Chemistry*, 2024, 453: 139563.

第五節　花卉作物

在氫濃度梯度應用對花卉作物全生長週期影響的研究中，研究者們深入探討了月季、百合、洋桔梗、康乃馨（香石竹）、小蒼蘭、喜鹽鳶尾、萬壽菊和赤色四照花 9 種主要農作物的反應和生長表現，結果顯示，適宜的 HRW 濃度對延長花卉作物保鮮時間，提高觀賞價值有著重要意義。

不同地區有不同的市場情況，對不同種類的月季的喜愛程度也不一樣。0.0024mM HRW 透過降低月季（電影明星）切花在採後保鮮階段 ACC 的累積和抑制相關酶活性，減少了乙烯的產生，保持了切花的水分平衡，延長了瓶插壽命，改善了觀賞品質 [308]。0.078mM HRW 的處理在月季花徑增加和瓶插壽命延長上表現尤為突出，同時增加了相對含水量（Relative Water Content, RWC），減輕氧化程度 [309]。0.0047mM HRW 是延長切花月季（卡羅拉）瓶插壽命並提高觀賞品質的最適濃度，該濃度 HRW 透過促進有益細菌增長、減少細菌堵塞和腐爛，以及提高水分吸收效率，有效延長其瓶插壽命 [310]。在 0.23mM HRW 處理下，月季切花（電影明星）瓶插壽命延長的同時，花朵直徑也顯著增強 [311]。

百合在瓶插階段，1% HRW （0.005mM）處理的百合切花在延長瓶插壽命和增加花朵直徑方面表現最佳，壽命延長了 23.5%，直徑增加了 17.5% [312]。

---

[308] WANG C, et al. Hydrogen gas alleviates postharvest senescence of cut rose "Movie star" (*Rosa hybrida*) by antagonizing ethylene[J]. *Plant Molecular Biology*, 2020, 102(3): 271-285.

[309] 李瑩．二氫化鎂在鮮切花保鮮中的應用及其作用機理 [D]. 南京農業大學，2020.

[310] REN P, et al. Effect of hydrogen-rich water on vase life and quality in cut lily (*Lilium* spp.) and rose (*Rosa hybrida*) flowers[J]. *Horticulture, Environment, and Biotechnology*, 2017, 58: 576-584.

[311] FANG H, et al. Hydrogen gas increases the vase life of cut rose "Movie star" (*Rosa hybrida*) by regulating bacterial community in the stem ends[J]. *Postharvest Biology and Technology*, 2021, 181: 111685.

[312] 任鵬舉，等．氫氣對切花百合瓶插壽命和品質的影響 [J]. 甘肅農業大學學報，2017, 52(1): 103-108.

洋桔梗在瓶插階段，0.078mM HRW 處理延長其瓶插時間至 11 天，有效阻止了開花指數和生物量的降低[313]。

研究顯示 5% HRW（0.025mM）和 10% HNW（0.078mM）對瓶插香石竹壽命的延長和衰老的延緩有著顯著效果[314]。10% HRW（0.05mM）處理也顯著延長了香石竹的瓶插壽命和花徑成長率[315]。

小蒼蘭在 1% HRW（0.00075mM）預處理下延長了瓶插壽命[316]，50% HRW（0.0375mM）處理在其生長和開花品質方面的正向效應最佳[317]。

在面臨鹽脅迫時，100% HRW（0.60mM）的處理提高了喜鹽鳶尾的抗氧化酶活性，減輕了脂質過氧化程度[318]。

萬壽菊在 50% HRW（0.23mM）處理下增加了根長和根數，促進了不定根的發育[319]。

赤色四照花的研究發現，75% HRW（0.17mM）的處理能顯著提高光合效率，降低氣孔密度，並緩解冷脅迫下的生理指標，減輕了冷脅迫壓力[320]。

---

[313] SU J, et al. Endogenous hydrogen gas delays petal senescence and extends the vase life of lisianthus (*Eustoma grandiflorum*) cut flowers[J]. *Postharvest Biology and Technology*, 2019, 147: 148-155.

[314] 蔡敏，杜紅梅．富氫水預處理對香石竹切花瓶插壽命的影響 [J]. 上海交通大學學報（農業科學版），2015, 33(6): 41-45.

[315] LI L, et al. Hydrogen nanobubble water delays petal senescence and prolongs the vase life of cut carnation (*Dianthus caryophyllus* L.) flowers[J]. *Plants*, 2021, 10(8): 1662.

[316] 宋韻瓊，等．富氫水施用時期和施用方法對小蒼蘭開花的影響及其生理機制 [J]. 上海交通大學學報（農業科學版），2017, 35(3): 10-17.

[317] 宋韻瓊，沙米拉．太來提，杜紅梅．富氫水處理對小蒼蘭生長發育的影響 [J]. 上海交通大學學報（農業科學版），2016, 34(3): 55-61+96.

[318] 孟凡虹．氫氣對鹽脅迫下喜鹽鳶尾氧化損傷保護機制研究 [D]. 中央民族大學，2017.

[319] ZHU Y, LIAO W. The metabolic constituent and rooting-related enzymes responses of marigold explants to hydrogen gas during adventitious root development[J]. *Theoretical and Experimental Plant Physiology*, 2017, 29(3): 123-133.

[320] LIU Y, et al. Transcriptome and metabonomics combined analysis revealed the defense mechanism involved in hydrogen-rich water-regulated cold stress response of *Tetrastigma hemsleyanum*[J]. *Frontiers in Plant Science*, 2022, 13: 889726.

第六節　草地作物

在氫濃度梯度應用對草地作物全生長週期影響的研究中，研究者們深入探討了苜蓿和草地早熟禾的反應和生長表現，發現 HRW 在苜蓿和草地早熟禾抗逆境方面的表現尤為突出。

對於苜蓿而言，10% HRW (0.02mM) 的預處理在多個方面展現出積極效果，它不僅能夠顯著促進幼苗主根的伸長[321]，提高在鎘脅迫下的根鮮重[322]，緩解鎘對抗氧化酶活性的負面影響[323]，能在汞脅迫下改善根部生長並降低汞累積[324]，還對緩解鋁脅迫引起的損傷[325]。50% HRW (0.11mM 和 0.42mM) 則是對苜蓿幼苗的根部生長具有保護作用，尤其在乾旱脅迫和脫落酸 (Abscisic Acid, ABA) 處理下，50% HRW (0.11mM 和 0.42mM) 增強了植株對 ABA 的敏感性，並透過 H_2O_2 依賴的途徑提高了乾旱耐受性[326]。0.11mM HRW 還對提高苜蓿耐除草劑巴拉刈的能力有著積極作用[327]。

草地早熟禾在 0.3mM HRW 的條件下，能有效抑制鹽脅迫下 MDA 的累積，維持水分平衡，並保護葉綠素含量[328]。

[321] DAI C, et al. Proteomic analysis provides insights into the molecular bases of hydrogen gas-induced cadmium resistance in *Medicago sativa*[J]. *Journal of Proteomics*, 2017, 152: 109-120.

[322] CUI W, et al. Alleviation of cadmium toxicity in *Medicago sativa* by hydrogen-rich water[J]. *Journal of Hazardous Materials*, 2013, 260: 715-724.

[323] 高存義．富氫水 (HRW) 對鎘誘導的紫花苜蓿幼苗根部氧化損傷的緩解作用 [D]. 南京農業大學，2014.

[324] 方鵬．富氫水 (HRW) 對汞誘導的紫花苜蓿幼苗根部氧化傷害的緩解作用 [D]. 南京農業大學，2015.

[325] CHEN M, et al. Hydrogen-rich water alleviates aluminum-induced inhibition of root elongation in alfalfa via decreasing nitric oxide production[J]. *Journal of Hazardous Materials*, 2014, 267: 40-47.

[326] JIN Q, et al. Hydrogen-modulated stomatal sensitivity to abscisic acid and drought tolerance via the regulation of apoplastic pH in *Medicago sativa*[J]. *Journal of Plant Growth Regulation*, 2016, 35: 565-573.

[327] JIN Q, et al. Hydrogen gas acts as a novel bioactive molecule in enhancing plant tolerance to paraquat-induced oxidative stress via the modulation of heme oxygenase-1 signalling system[J]. *Plant, Cell & Environment*, 2013, 36(5): 956-969.

[328] 張韋鈺，等．富氫水對草地早熟禾耐鹽性的影響以及與抗氧化酶活性的關係 [J]. 草地學報，

第七節　菌菇作物

在氫濃度梯度應用對菌菇作物全生長週期中的研究中，研究者們深入探討了斑玉蕈的反應和生長表現，結果顯示，HRW 對菌菇作物菌絲生長及抗逆能力均有著正向作用。

0.1mM HRW 能維持採後斑玉蕈的硬度，提高斑玉蕈的保鮮能力 [329]。100% HRW（0.90mM）處理下，斑玉蕈平均單產提高 10.22%，增加了菌絲生物量，同時減輕了脅迫帶來的損傷 [330]。

而在另一篇文章中，0.8mM HRW 處理顯著提高了斑玉蕈對非生物脅迫的耐受性，降低了 $CdCl_2$、NaCl 和 H_2O_2 的毒性，改善了菌絲的生長，提高了菌絲生物量，提高 SOD、過氧化氫酶（Catalase, CAT）等抗氧化酶活性及相關基因表現，減少 MDA 含量，減輕非生物脅迫所引起的膜脂過氧化 [331]。

2021, 29(7): 1436-1445.

[329] CHEN H, et al. Hydrogen-rich water increases postharvest quality by enhancing antioxidant capacity in *Hypsizygus marmoreus*[J]. *AMB Express*, 2017, 7(1): 221.

[330] 郝海波・富氫水對斑玉蕈工廠化生產中產量與品質的作用研究 [D]. 南京農業大學，2017.

[331] ZHANG J, et al. Hydrogen-rich water alleviates the toxicities of different stresses to mycelial growth in *Hypsizygus marmoreus*[J]. *AMB Express*, 2017, 7(1): 107.

第八節　其他作物

1. 藥用作物

在氫濃度梯度應用對藥用作物全生長週期影響的研究中，研究者們深入探討了當歸、黨參、靈芝、五指毛桃和茵陳 5 種主要農作物的反應和生長表現，得出如下一系列結論。

對當歸而言，其種子萌發的最佳組合為：浸種時 HRW 濃度為 50%（0.275 ～ 0.325mM），浸種時長為 24 h，發芽時使用的 HRW 濃度為 10 %（0.055 ～ 0.065mM）[332]。另有研究顯示 50 % HRW（0.275 ～ 0.325mM）灌溉對當歸生長及增產效果最為顯著 [333]。

黨參的研究顯示，隨著 HRW 濃度的增加，黨參多醣含量也隨之增加，當 HRW 濃度達到 50% HRW（0.04mM）時，黨參多醣含量達到最大值，比未經處理的普通黨參高出約 28.7%，而當 HRW 濃度超過這一閾值時，多醣含量反而開始下降 [334]。

靈芝在 5% HRW（0.011mM）處理下，透過降低 ROS 含量，維持了菌絲的生物量和生長形態，增強了抗氧化系統，緩解了外界壓力，同時減少靈芝次生代謝物，調節了靈芝的代謝途徑 [335]。

關於五指毛桃的研究提到，0.8ppm HRW（0.40mM）的處理能顯著改變根部的代謝物譜，上調五指毛桃中主要活性成分（黃酮類和香豆素類化合物）含量 [336]。

---

[332] 丁芳芳，程茜菲 · 富氫水對當歸種子發芽的影響 [J]. 陝西農業科學 , 2020, 66(4): 63-65+100.

[333] 丁芳芳，王飛娟 · 富氫水澆灌對當歸生長效能的影響 [J]. 陝西農業科學，2019, 65(4): 54-56.

[334] 李曉花，楊雯雯 · 富氫水處理對黨參多醣的影響 [J]. 中外企業家，2020, (15): 249.

[335] REN A, et al. Hydrogen-rich water regulates effects of ROS balance on morphology, growth and secondary metabolism via glutathione peroxidase in *Ganoderma lucidum*[J]. *Environmental Microbiology*, 2016, 18(12): 4996-5008.

[336] ZENG J, et al. Integrated metabolomic and transcriptomic analyses to understand the effects of hy-

0.625mM HRW 能提高茵陳中天竺葵素-3-氯化葡萄糖苷（pelargonidin-3-glucoside，Pg3G）、1,5-二咖啡醯奎寧酸（洋薊素）（1,3-dicaffeoylquinic acid）等物質含量，提高茵陳藥材的抗氧化活性和自由基清除活性，減輕氧化反應損傷，提高秦皮甲素（esculin）、(S)-聖草酚（eriodictyol）等茵陳藥材中的有效成分，提高茵陳的藥用價值 [337]。

2. 模式生物

透過對模式植物的研究，可以幫助科學家們理解植物的基本生物學過程，並將該知識應用於改良農作物抗病性、產量等性狀，在對氫濃度梯度應用的研究中，研究者們深入探討了模式植物擬南芥的反應和生長表現。

研究結果顯示，用 50% HRW（約 0.39mM）預處理後，能顯著減少鹽誘導的擬南芥生長抑制 [338]，該濃度還顯著降低了在基因改造擬南芥根伸長區和成熟區的鎘離子通量，緩解鎘脅迫 [339]，透過參與擬南芥酶活、激素調節等途徑，緩解鋁脅迫 [340]。100% HRW（0.78mM）處理 1h 後對擬南芥抗乾旱能力的提升最為明顯 [341]。

3. 食蟲植物

在氫濃度梯度應用對食蟲植物全生長週期影響的研究中，研究者們深入探討了豬籠草的反應和生長表現，得出以下結論：15% HRW

---

drogen water on the roots of *Ficus hirta* Vahl[J]. *Plants*, 2022, 11(5): 602.

[337] 董昌盛，等．富氫水對芳香中藥茵陳產量及有效成分的影響 [J]. 香料香精化妝品，2024, (2): 1-7.

[338] XIE Y, et al. H_2 enhances *Arabidopsis* salt tolerance by manipulating ZAT10/12-mediated antioxidant defence and controlling sodium exclusion[J]. *PLoS ONE*, 2012, 7(11): e49800.

[339] WU X, et al. IRT1 and ZIP2 were involved in exogenous hydrogen-rich waterreduced cadmium accumulation in *Brassica chinensis* and *Arabidopsis thaliana*[J]. *Journal of Hazardous Materials*, 2021, 407: 124599.

[340] 徐道坤．氫氣和褪黑素緩解鋁脅迫下水稻種子萌發和擬南芥根伸長抑制的分子機理 [D]. 南京農業大學，2017.

[341] XIE Y, et al. Reactive oxygen species-dependent nitric oxide production contributes to hydrogen-promoted stomatal closure in *Arabidopsis*[J]. *Plant Physiology*, 2014, 165(2): 759-773.

（0.12mM）處理在豬籠草發芽率、根數和根長方面表現最佳，25% HRW（0.20mM）則是更有利於豬籠草最終的生根效果。在扦插階段，50% HRW（0.39mM）顯著提升了豬籠草的生長指標，包括發芽率、存活率、根的數量和長度[342]。

[342] 汪艷平，衛辰．富氫水處理對豬籠草扦插生根的影響 [J]. 現代農業科技，2016,(14): 136-137.

第九節　不同作物最佳氫響應濃度一覽表

表 13-9-1

		種子萌發	生長發育	抗逆能力	產量與品質	採後保鮮
穀類作物	水稻			鹽脅迫：0.11 mM 磷脅迫：0.11 mM 鋁脅迫：0.39 mM 鎘脅迫：0.75 mM 冷脅迫：0.39 mM 雙草醚：0.17 mM 條紋病毒：0.585 mM	提高產量：0.5 mM 提升品質：0.5 mM	減少異味：0.05 mM 維持氨基酸含量：0.05 mM
	小麥			銅脅迫：約 0.39 mM 乾旱脅迫：約 0.39 mM		
	玉米			鹽脅迫：約 0.39 mM 鋅脅迫：0.17 mM 缺鐵脅迫：0.11 mM 強光脅迫：0.11 mM		

		種子萌發	生長發育	抗逆能力	產量與品質	採後保鮮
穀類作物	大麥	0.195 mM	促進根系生長：0.195 mM 提高抗氧化能力：1.0 mM	鹽脅迫：0.83 mM 乾旱脅迫：0.195 mM 和 0.39 mM	提升品質：1.0 mM	
豆類作物	大豆		增加生物量：0.234 mM	UV-A 脅迫：0.83 mM	提高產量：0.234 mM 提升品質：0.234 mM	
	綠豆		促進根系生長：約 0.39 mM 增加株高：約 0.39 mM 提高抗氧化能力：約 0.39 mM	鹽脅迫：約 0.39 mM		
蔬菜作物	番茄		增加生物量：約 0.39 mM 提高抗氧化能力：約 0.39 mM 提高光合作用能力：約 0.39 mM	鹽脅迫：0.3375 mM 乾旱脅迫：0.34 mM 冷脅迫：約 0.39 mM 疫病病害：0.13 mM 和 0.19 mM	提高產量：0.35 mM	延緩衰老：0.585 mM 抑制亞硝酸鹽累積：0.585 mM

		種子萌發	生長發育	抗逆能力	產量與品質	採後保鮮
蔬菜作物	櫻桃番茄		提高抗氧化能力：0.5 mM	鹽脅迫：0.5 mM		
	甜椒		增加生物量：0.5 mM 提高抗氧化能力：0.5 mM	高溫脅迫：0.5 mM	提高產量：0.5 mM 提升品質：0.5 mM	
	黃瓜	0.25 mM	增加生物量：0.35 mM	鋅脅迫：約 0.39 mM 鹽脅迫：約 0.39 mM 冷脅迫：0.45 ± 0.02 mM 高溫脅迫：0.11 mM		
	菜心	0.35 mM	增加生物量：0.25 mM	乾旱脅迫：0.2 ～ 0.3 mM		
	白菜			鋅脅迫：0.11 mM 和 0.39 mM	提高產量：0.4 mM	保持品質：0.21 mM 保鮮：0.21 mM
	冬瓜	0.25 mM	增加生物量：0.25 mM 提高光合作用能力：0.2 ～ 0.3 mM			
	菠菜					延長保存期：約 0.16 mM 保持品質：約 0.16 mM

		種子萌發	生長發育	抗逆能力	產量與品質	採後保鮮
蔬菜作物	青菜		增加生物量：0.048 mM 浸種 + 0.24 mM 灌溉		提高品質：0.24 mM	延長貨架期:0.33 mM 延緩成熟衰老：0.33 mM
	秋葵					延緩失重：0.22 mM 保持硬度：0.22 mM
	油菜	0.65 mM	增加生物量：0.65 mM	鹽脅迫：約 0.18 mM* 和 0.42 mM 鋅脅迫：約 0.18 mM* 乾旱脅迫：約 0.18 mM*		
	韭菜					減輕氧化傷害：3% 氫氣 延長貨架期:3% 氫氣 減少腐病：3% 氫氣
	金針菜（黃花菜）	0.0008 mM	增加花蕾：0.0008 mM		提高產量：0.0008 mM	減緩氧化傷害：0.0008 mM
	結球生菜		增加生物量：約 0.08 mM 和約 0.2 mM		提升品質：約 0.2 mM	
	芥菜				提高產量：0.4 mM	

		種子萌發	生長發育	抗逆能力	產量與品質	採後保鮮
蔬菜作物	莧菜				提高產量：0.4 mM	
	木耳菜				提高產量：0.4 mM	
	櫛瓜	約 0.78 mM	增加生物量：約 0.78 mM 抗氧化能力：約 0.78 mM		提高產量：0.4 mM	
水果作物	草莓		增加生物量：0.35 ～ 0.5 mM		提高產量：0.45 ～ 0.54 mM 提高品質：0.5 mM	減少腐病：0.45 ～ 0.54 mM
	奇異果				提升品質：0.5625 ～ 0.6 mM	保持硬度：4.5 μL/L 氣氫 保持口感：4.5 μL/L 氣氫 延緩成熟衰老：4.5 μL/L 氣氫 減少腐病：0.53 mM
	無籽刺梨					減少氧化傷害：0.36 mM 減少腐病：0.36 mM
	蘋果				保持品質：0.7 ～ 0.74 mM	

		種子萌發	生長發育	抗逆能力	產量與品質	採後保鮮
水果作物	香蕉					延緩成熟衰老：0.4 mM
	荔枝		抗氧化能力：0.35 mM		減少氧化傷害：0.35 mM 保持品質：0.35 mM	
	藍莓					延緩成熟衰老：約 0.78 mM
花卉作物	月季					延長瓶插壽命（電影明星）：0.0024 mM 和 0.0078 mM 增加花徑（電影明星）：0.0078 mM 保持鮮重（電影明星）：0.0078 mM 延緩成熟衰老（電影明星）：0.0024 mM 延長瓶插壽命（卡羅拉）：0.0047 mM 和 0.23 mM 增加花徑（卡羅拉）：0.0047 mM 和 0.23 mM

		種子萌發	生長發育	抗逆能力	產量與品質	採後保鮮
花卉作物	百合					延長瓶插壽命：0.005 mM 增加花徑：0.005 mM 保鮮：0.005 mM
	洋桔梗					延長瓶插壽命：0.078 mM 增加開花指數和生物量：0.78 mM
	康乃馨					延長瓶插壽命：0.025 mM、0.05 mM、0.078 mM 增加花徑：0.05 mM 和 0.078 mM 提高開花指數和生物量：0.05 mM 降低花萼黃萎率：0.05 mM 延緩成熟衰老：0.025 mM

		種子萌發	生長發育	抗逆能力	產量與品質	採後保鮮
花卉作物	小菖蘭		增加生物量：0.0075 mM 和 0.0375 mM			延長瓶插壽命：0.00075 mM 提前花期：0.0075 mM 增加花徑：0.0375 mM 提高開花指數和生物量：0.0375 mM
	萬壽菊		增加生物量：0.23 mM 提高抗氧化能力：0.23 mM			
草地作物	赤色四照花			冷脅迫：0.17 mM		
	苜蓿		促進根系生長：0.02 mM	銅脅迫：0.02 mM 鈉脅迫：0.02 mM 鋅脅迫：0.02 mM 澇澆脅迫：0.11 mM 乾旱脅迫：0.42 mM 百草枯：0.11 mM		

		種子萌發	生長發育	抗逆能力	產量與品質	採後保鮮
草地作物	草地早熟禾		提高抗氧化能力：0.3 mM	鹽脅迫：0.3 mM		
菌菇作物	珊瑚菇		增加生物量：0.8 mM 提高抗氧化能力：0.8 mM	鋅脅迫：0.8–0.9 mM 鹽脅迫：0.8–0.9 mM 過氧化氫脅迫：0.8–0.9 mM	提高產量：0.9 mM	保持硬度：0.1 mM 保鮮：0.1 mM
藥用作物	當歸	0.275–0.325 mM 浸種 + 0.055–0.065 mM 發芽	增加生物量：0.275–0.325 mM		提高產量：0.275–0.325 mM	
	黨參				提高產量：0.04 mM	
	靈芝				提高產量：0.011 mM	
	五指毛桃				提升品質：0.4 mM	
	茯苓				提高產量：0.625 mM	

		種子萌發	生長發育	抗逆能力	產量與品質	採後保鮮
模式生物	擬南芥			鹽脅迫：約 0.39 mM 錳脅迫：約 0.39 mM 鋁脅迫：0.39 mM 乾旱脅迫：0.78 mM		
飼草植物	豬籠草	0.12 mM 和 0.4 mM	促進根系生長：0.12 mM、0.2 mM 和 0.4 mM			

注：表中濃度標注「約」的為原文章中僅提及富氫水製備過程，而未提及具體的富氫水濃度，因此該濃度以常溫常壓下的飽和富氫水濃度（0.78mM）為 100%濃度富氫水來作為標準進行估算所得。* 所示濃度為根據原文章中富氫水中氫濃度隨時間變化的初始值。

第十四章
氫氣在農業生產領域中的未來

第一節　氫氣在農業生產應用中的限制

氫氣在農業生產中的應用是一個充滿前景但同時也充滿挑戰的領域。儘管氫氣作為一種清潔能源在農業上的潛在益處逐漸被認識，但在實際應用中，我們還面臨著一系列的限制和難題，如圖 14-1-1 所示：

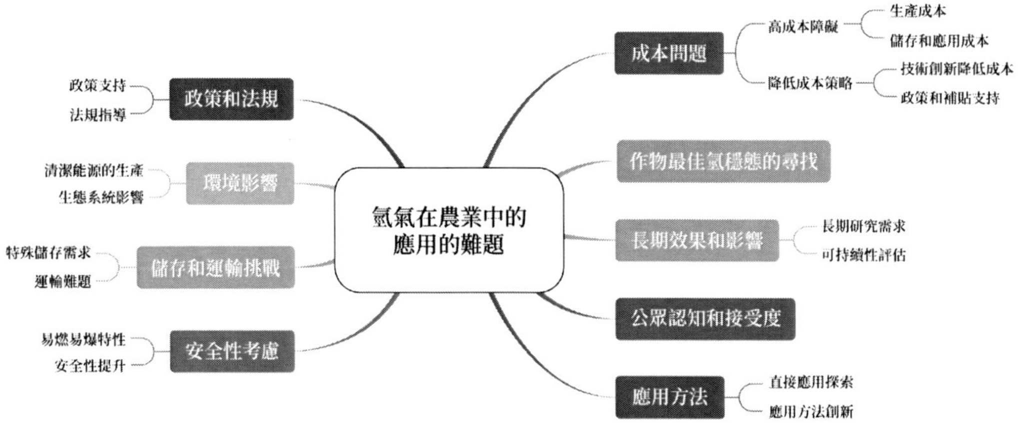

圖 14-1-1 氫氣在農業生產應用中的限制

具體介紹如下：

一、技術成熟度是關鍵所在

氫氣農業技術目前還處於發展初期，許多應用方法和機制尚不明確，急需透過持續的研究和試驗來提高其技術成熟度和應用的可靠性。這包括了如何有效地將氫氣應用於作物生長，以及如何透過氫氣來提高作物的抗逆性。

二、成本問題不容小覷

氫氣的生產、保存和應用需要投入較高的經濟成本，這對於許多農業生產者來說可能是一個負擔。特別是在開發中國家，農業經營往往利潤微薄，成本高昂的氫氣技術可能難以得到廣泛採納。

三、安全性問題亦是推廣氫氣農業應用的重要障礙

由於氫氣具有易燃易爆的特性，其在農業生產中的使用需要嚴格的安全管理措施。這不僅涉及保存和運輸過程中的安全，還包括在田間應用時的安全性。

四、保存和運輸同樣構成挑戰

氫氣的保存需要特殊的高壓氣瓶或液態氫保存設施，而這些都是成本高昂且技術複雜的設備。此外，氫氣的運輸也需要特殊的物流安排，以確保安全和效率。

五、成熟的氫氣應用方法是不可忽視的一環

如何將氫氣以最有效的方式提供給作物，以及如何透過氫氣改善作物的生長條件和土壤健康，這些問題仍在探索之中。這涉及了氫氣的應用技術，包括氫氣的水溶液製備、直接施用以及與其他農業技術的整合等。

六、環境影響也是一個需要考慮的問題

雖然氫氣本身是一種清潔能源，但其生產過程可能涉及化石燃料的使用，這可能帶來溫室氣體排放。因此，需要透過使用可再生能源來生產氫氣，以減少對環境的影響。

七、公眾認知和接受度對於氫氣農業應用的推廣至關重要

農民和消費者可能對這種新技術持保留態度，需要透過教育和宣傳來提高他們對氫氣農業潛在價值的認知。這包括了對氫氣安全性、經濟性和環保性的認知。

八、政策和法規的支持對於氫氣農業應用的發展同樣不可或缺

缺乏相應的政策支持和法規指導可能會限制氫氣在農業中的研究和應用。政府需要發表相應的政策來鼓勵和規範這一新興領域的發展。

九、跨學科整合是推動氫氣農業應用的關鍵

氫氣農業應用需要生物學、化學、工程學等多個學科的知識和技術支援。實現這些學科的有效整合，可以促進氫氣農業技術的創新和發展。

十、長期效果和影響的研究對於評估氫氣農業應用的可持續性和生態影響至關重要

需要進行更多的長期研究來評估氫氣對作物生長、土壤健康和生態系統的長期影響。

十一、工程問題和材料優化也是氫氣農業應用中需要解決的問題

包括如何提高氫氣保存材料的效能，降低氫氣補充壓力，縮短補充時間，以及提高氫氣壓縮技術的經濟性和效率。

十二、不同作物以及同一種作物不同部位的最佳氫穩態急需明確

現有研究顯示，不同作物甚至同一作物的不同生長階段對氫氣的需求是不同的。偏離最佳氫氣濃度，不僅不會促進作物生長，反而會產生抑制的效果。後續需要透過大量實驗室和大田研究，找到作物的最佳氫穩態濃度，為氫農業設備的個性化研發和技術推廣提供理論依據。

綜上所述，儘管氫氣在農業生產中的應用前景廣闊，但要實現其廣泛推廣，還需克服眾多技術和非技術性的挑戰。透過持續的研究和創新，以及政策和市場的支持，氫氣有望成為推動農業可持續發展的重要力量。

第二節　氫氣在農業生產應用中的未來

隨著全球人口的成長和氣候變化的挑戰，農業生產面臨著前所未有的壓力。為了實現可持續的農業生產，科學家們正在探索各種創新技術，其中氫氣作為一種清潔能源在農業中的應用展現出了巨大的潛力。本文將探討氫氣在農業生產中的未來應用，包括提高作物產量、改善作物品質、增強作物抗逆性以及促進農業可持續發展等方面。

一、提高作物產量

氫氣作為一種有效的抗氧化劑和細胞保護劑，已經被證明能夠促進植物生長和提高作物產量。研究顯示，氫氣可以透過調節植物的抗氧化系統，增強植物對環境壓力的耐受性，從而提高作物的生長速度和生物量。例如：在水稻、小麥和玉米等糧食作物中，氫氣的應用已經被證明能夠顯著提高種子的萌發率、幼苗的生長速度和最終的產量。

在未來，隨著氫氣農業技術的不斷進步，我們有望透過精確控制氫氣的濃度和施用方式，進一步提高作物的產量。透過優化氫氣的應用方法，例如透過富氫水灌溉、氫氣燻蒸或者直接施用氫氣，農民可以根據不同作物的生長需求和環境條件，制定個性化的管理策略，從而實現作物產量的最大化。

二、改善作物品質

除了提高產量，氫氣在農業生產中的應用還有助於改善作物的品質。研究顯示，氫氣可以透過影響植物的代謝途徑和訊號傳導機制，改善作物的營養價值和感官特性。例如：在水果和蔬菜中，氫氣的應用可以增加維他命、礦物質和抗氧化物質的含量，提高果實的色澤和口感。

在未來，隨著對氫氣作用機制的深入理解，我們可以開發出更加精準的氫氣施用技術，以滿足不同作物對品質改善的需求。透過精確控制氫氣的施用時間和濃度，我們可以在作物生長的不同階段進行干預，從而實現對作物品質的全面提升。例如：在果實成熟期施用氫氣，可以延緩果實的衰老過程，保持果實的新鮮度和營養價值。

三、增強作物抗逆性

氣候變化和環境壓力對農業生產構成了巨大的挑戰。氫氣作為一種具有抗氧化特性的分子，已經被證明能夠增強植物的抗逆性，幫助作物抵禦乾旱、鹽漬、重金屬汙染和病蟲害等不利條件。透過調節植物的抗氧化系統和激素水準，氫氣可以提高植物對環境壓力的耐受性，減少生產損失。

在未來，隨著氫氣農業技術的廣泛應用，我們可以預見到一個更加抗旱、抗鹽漬和抗病的農業生態系統。透過將氫氣與其他農業技術相結合，例如抗旱育種、鹽漬土改良和生物防治，我們可以建構一個更加穩定和可持續的農業生產系統。這不僅有助於保障糧食安全，還能夠減少對化學農藥和肥料的依賴，保護農業生態環境。

四、促進農業可持續發展

氫氣作為一種清潔能源，在農業生產中的應用有助於實現農業的可持續發展。透過減少化學農藥和肥料的使用，氫氣農業技術有助於減少農業對環境的負面影響，保護土壤和水資源。此外，氫氣在農業生產中的應用還可以提高農業生產的能源效率，減少對化石燃料的依賴。

在未來，隨著氫氣生產和儲存技術的進步，我們可以預見到一個以氫氣為主導的農業能源系統。透過利用太陽能、風能等可再生能源生產氫氣，我們可以為農業生產提供清潔、可持續的能源。這不僅有助於減少溫室氣體排放，還能夠提高農業生產的自給自足能力，增強農業對氣候變化的適應性。

五、推動農業科技創新

氫氣在農業生產中的應用為農業科技創新提供了新的方向。透過研究氫氣對植物生長和代謝的影響，科學家們可以開發出新的農業技術和產品，提高農業生產的效率和可持續性。例如：透過基因編輯技術，可以培育出對氫氣反應更敏感的作物品種，提高氫氣的應用效果。

在未來，隨著農業科技的不斷進步，我們可以預見到一個高度自動化和智慧化的農業生產系統。透過將氫氣農業技術與物聯網、大數據和人工智慧等現代資訊科技相結合，我們可以實現對農業生產過程的即時監控和精確管理。這將大大提高農業生產的效率和可預測性，降低生產風險，提高農民的收入。

六、提升農產品市場競爭力

隨著消費者對健康、安全和環保農產品的需求不斷增加，氫氣農業技術的應用有助於提升農產品的市場競爭力。透過提高作物的產量、品質和抗逆性，氫氣農業技術可以生產出更符合市場需求的農產品。此外，氫氣農業技術的應用還有助於提高農產品的品牌形象和消費者信任度。

在未來，隨著氫氣農業技術的普及和推廣，我們可以預見到一個更加多樣化和個性化的農產品市場。透過滿足不同消費者的需求，氫氣農業技術將有助於擴大農產品的市場範圍，提高農產品的附加值。這不僅有助於提高農民的收入，還能夠促進農業產業的多元化發展。

七、促進國際農業合作

氫氣農業技術的應用不僅有助於提升國內農業生產的水準，還能夠促進國際農業合作和交流。透過分享氫氣農業技術的研究和應用經驗，不同國家和地區可以相互學習和借鑑，共同推動農業科技的發展。

在未來，隨著氫氣農業技術的國際化推廣，我們可以預見到一個更加開放和合作的國際農業環境。透過國際農業合作專案和交流平臺，不同國家和地區可以共享氫氣農業技術的研究成果，促進農業科技的創新和應用。這將有助於提高全球農業生產的整體水準，保障全球糧食安全。

八、實現農業現代化

氫氣農業技術的應用是實現農業現代化的重要途徑之一。透過將氫氣與其他現代農業技術相結合，例如智慧農業、精準農業和循環農業，我們可以建構一個更加高效、可持續和環境友好的農業生產系統。

在未來，隨著農業現代化的不斷推進，我們可以預見到一個高度自動化和智慧化的農業生產模式。透過利用氫氣等清潔能源，農業生產將變得更加高效和可持續。這將有助於提高農業生產的整體水準，保障糧食安全，促進農業產業的健康發展。

氫氣在農業生產中的應用展現出了廣闊的前景。隨著科學技術的不斷進步和農業實踐的深入，氫氣有望成為推動農業可持續發展的重要力量。透過提高作物產量、改善作物品質、增強作物抗逆性以及促進農業可持續發展，氫氣農業技術將為實現綠色、高效、環保的農業生產開闢新的道路。未來，隨著政策引導、技術研發和市場推廣，氫氣農業有望成為推動農業產業轉型升級的重要力量，為保障全球糧食安全和推動農業可持續發展做出貢獻。

附件　縮略語

1. 異源四倍體（Allotetraploid, AT）：由兩個不同種的二倍體植物雜交形成的四倍體，具有不同的染色體組。

2. 抗壞血酸氧化酶（Ascorbate Oxidase, AAO）：銅藍蛋白酶，催化抗壞血酸氧化，參與植物氧化還原反應。

3. 腺苷三磷酸結合盒轉運蛋白（ATP-binding Cassette Transporter, ABC transporter）：利用 ATP 水解能量跨膜運輸物質的超家族轉運蛋白。

4. 2,2'- 聯氮 - 雙（3- 乙基苯並噻唑啉 -6- 磺酸）［2,2'-Azino-bis（3-ethylbenzothiazoline-6-sulfonic Acid），ABTS］：一種氧化劑，用於抗氧化能力的測定。

5. 1- 胺基環丙烷 -1- 羧酸（1-Aminocyclopropane-1-carboxylic Acid, ACC）：是乙烯生物合成的前體物質。

6. ACE 指數（Ace Index）：一種用於評估生物多樣性的非引數方法，反映群落中物種的豐富度和均勻度。

7. 1- 胺基環丙烷 -1- 羧酸氧化酶（ACC Oxidase, ACO）：催化 ACC 氧化生成乙烯的酶。

8. 1- 胺基環丙烷 -1- 羧酸合成酶（ACC Synthase, ACS）：催化 SAM（S-腺苷甲硫胺酸）合成 ACC 的酶。

9. 乙醯乳酸合成酶（Acetolactate Synthase, ALS）：支鏈胺基酸合成途徑的關鍵酶，除草劑靶標。

10. 抗壞血酸過氧化物酶（Ascorbate Peroxidase, APX）：一種抗氧化酶，參與植物體內的抗氧化反應。使用抗壞血酸作為電子供體來清除過氧化氫和有機過氧化物。

11. AsA（Ascorbic Acid）：抗壞血酸，又稱維他命 C，植物體內重要的抗氧化劑。

12. 生物素（Biotin）：一種水溶性維他命，作為酶的輔酶參與多種代謝反應。

13. 雙草醚（Bispyribac-sodium, BS）：嘧啶類除草劑，用於防治稻田稗草。

14. 油菜素內酯（Brassinosteroids, BRs）：類固醇類植物激素，促進細胞伸長和分裂。

15. 過氧化氫酶（Catalase, CAT）：一種抗氧化酶，能夠分解過氧化氫為水和氧氣，是細胞內重要的抗氧化防禦系統的一部分。

16. 查爾酮異構酶（Chalcone Isomerase, CHI）：催化查爾酮異構化生成黃酮類化合物的酶。

17. 葉綠素（Chlorophyll, Chl）：植物進行光合作用時吸收光能的色素。

18. 查爾酮合成酶（Chalcone Synthase, CHS）：一種在植物體內催化黃酮類化合物合成的關鍵酶，參與植物的防禦反應和花青素的生物合成。

19. CIE（Commission Internationale de l'Éclairage）：國際照明委員會，制定顏色測量標準。

20. Constitutive Triple Response 1（CTR1）：在擬南芥中發現的蛋白激酶，參與乙烯訊號傳導的負調控。

21. CDTA（Trans-1,2-Cyclohexanediaminetetraacetic Acid）：1,2- 環己二胺四乙酸，一種螯合劑，用於提取植物細胞壁中的果膠。

22. Chao1 指數（Chao1 Index）：一種用於反映物種豐富度的指標，透過猜想未被觀察到的物種數量來計算。

23. 3,3'- 二胺基聯苯胺（3,3'-Diaminobenzidine, DAB）：一種常用的組織化學染色劑，用於檢測活性氧。

24. DHA（Dehydroascorbic Acid）：脫氫抗壞血酸，抗壞血酸的氧化形式。

25. 2,6- 二氯酚靛酚（2,6-Dichlorophenolindophenol, DCPIP）：一種氧化還原指示劑，用於檢測光合電子流。

26. 2,2- 二苯基 -1- 苦基肼（2,2-Diphenyl-1-picrylhydrazyl, DPPH）：常用作自由基清除劑，用於測定抗氧化物質的自由基清除能力。

27. 乙烯合成酶（Ethylene-forming Enzyme, EFE）：參與乙烯生物合成的酶。

28. EIL1（EIN3-like 1）：與 EIN3 功能相似的轉錄因子，參與乙烯訊號傳導。

29. EIN3（Ethylene Insensitive 3）：乙烯訊號傳導途徑中的關鍵轉錄因子，調控乙烯響應基因的表現。

30. 乙烯（Ethylene, ETH）：一種植物激素，調節植物生長和發育，包括促進果實成熟。

31. 乙烯受體（Ethylene Receptor, ETR）：植物細胞膜上的受體蛋白，能夠辨識並結合乙烯，啟動乙烯訊號傳導過程。

32. 螢光素二乙酸酯（Fluorescein Diacetate, FDA）：一種用於檢測細胞活性的螢光染料，透過完整的質膜並在細胞內被酯酶水解產生綠色螢光。

33. 鐵離子還原抗氧化能力 (Ferric Reducing Antioxidant Power, FRAP)：一種檢測抗氧化能力的實驗方法，透過測量還原鐵離子的能力來評估樣品的總抗氧化活性。

34. 赤黴素 (Gibberellin, GA)：植物激素，調節植物生長和發育，包括促進莖的伸長和種子的萌發。

35. 氣相色譜 (Gas Chromatography, GC)：一種分析技術，用於分離和檢測揮發性化合物。

36. 凝膠電泳 (Gel Electrophoresis, GE)：一種用於分離和分析 DNA、RNA 或蛋白質的實驗室技術。

37. 麩胱甘肽還原酶 (Glutathione Reductase, GR)：催化 GSSG 還原為 GSH 的酶。

38. 麩胺酸合成酶 (Glutamate Synthase, GS)：一種酶，參與氮代謝，將氨轉化為麩胺酸。

39. 麩胺酸脫氫酶 (Glutamate Dehydrogenase, GDH)：一種酶，參與麩胺酸的合成和分解，是氮代謝的關鍵酶。

40. 麩胱甘肽過氧化物酶 (Glutathione Peroxidase, GPX)：一種抗氧化酶，利用 GSH 還原過氧化物，保護細胞免受氧化損傷。

41. 麩胱甘肽 (Glutathione, GSH)：一種含硫的三肽，在植物體內具有抗氧化和解毒作用。

42. γ- 胺基丁酸 (Gamma-aminobutyric Acid, GABA)：非蛋白質胺基酸，參與脅迫響應和訊號傳遞。

43. 外向整流 K^+ 通道 (Outwardly Rectifying K^+ Channel, GORK)：一種鉀離子通道，參與調節植物細胞的鉀離子平衡和氣孔運動。

44. GSSG（Oxidized Glutathione）：氧化型麩胱甘肽，麩胱甘肽的二硫鍵形式。

45. 氫氣（Hydrogen Gas, H_2）。

46. 過氧化氫（Hydrogen Peroxide, H_2O_2）：一種活性氧物質，參與植物的氧化反應反應。

47. 硫化氫（Hydrogen Sulfide, H_2S）：一種氣體訊號分子，在植物體內具有調節細胞生長、分化和應答逆境的功能。

48. 氫奈米氣泡水（Hydrogen Nanobubble Water, HNW）：含有奈米級氫氣泡的水，用於農業中以提高作物品質和延長保鮮期。

49. 富氫水（Hydrogen-Rich Water, HRW）：含有較高濃度氫分子的水，被認為具有抗氧化作用。

50. 2',7'- 二氯螢光素二乙酸酯，H_2DCFDA（2',7'-Dichlorodihydrofluorescein Diacetate）：一種細胞膜滲透性螢光探針，可在細胞內被酯酶水解並經活性氧（ROS）氧化後生成綠色螢光物質，廣泛用於定量檢測細胞內 ROS 水準。

51. IAA（Indole-3-acetic Acid）：生長素的一種，參與植物的生長發育過程。

52. 吲哚乙酸氧化酶（Indoleacetic Acid Oxidase, IAAO）：一種酶，能夠分解生長素，調節植物體內生長素的水準。

53. 植物凝集素（Lectin, LEC）：一類能夠特異性結合糖鏈的蛋白質，參與植物的防禦反應和細胞間訊號傳導。

54. 金屬離子（Metal Ions, MI）：植物生長必需的微量元素，如鐵、錳、銅、鋅等，參與植物的多種生理生化過程。

55. 褪黑素（Melatonin, MT/MLT）：一種在植物和動物體內都存在的激素，具有抗氧化和調節生物節律的作用。

56. 丙二醛（Malondialdehyde, MDA）：丙二醛是脂質過氧化的終產物，常用作氧化損傷的生物代表物。

57. 鎂氫化物（Magnesium Hydride, MgH_2）：一種儲氫材料，可透過水解反應在室溫下產生氫氣。

58. 茉莉酸甲酯（Methyl Jasmonate, MeJA）：一種植物激素，參與植物對蟲害和機械損傷的響應。

59. 一氧化氮（Nitric Oxide, NO）：一種氣體訊號分子，在植物生長、發育和逆境響應中發揮重要作用。

60. 一氧化氮（Nitrous Oxide, N_2O）：一種溫室氣體，也是大氣中重要的臭氧層消耗物質。

61. 硝酸鹽（Nitrate, NO_3^-）：植物生長所需的主要氮源之一。

62. 亞硝酸鹽（Nitrite, NO_2^-）：硝酸鹽還原的中間產物。

63. 硝酸還原酶（Nitrate Reductase, NR）：催化硝酸鹽還原為亞硝酸鹽的酶，是植物氮代謝的關鍵步驟。

64. 亞硝酸還原酶（Nitrite Reductase, NiR）：一種酶，催化亞硝酸鹽還原為氨。

65. 一氧化氮供體（Nitric Oxide Donor, NOD）：能夠釋放一氧化氮的化合物。

66. 一氧化氮清除劑（Nitric Oxide Scavenger/Trapping Agent, NOS/NOTA）：用於清除一氧化氮的化合物。

67. 硝酸還原酶活性（Nitrate Reductase Activity, NRA）：反映硝酸還原酶催化活性的指標。

68. 核酸酶（Nuclease, Nuc）：一類能夠水解核酸（DNA 或 RNA）的酶。

69. 氧化還原電位（Oxidation-Reduction Potential, ORP）：表示溶液中氧化劑和還原劑相對強度的指標。

70. 植物抗毒素（Phytoanticipin, PA）：一類植物產生的天然化合物，具有抗菌和抗病毒的作用。

71. 多聚半乳糖醛酸酶（Polygalacturonase, PG）：參與植物細胞壁果膠的降解。

72. 巴拉刈（Paraquat, PQ）：一種廣泛使用的除草劑，透過誘導活性氧的產生對植物造成傷害。

73. 植物固醇（Phytosterol, PS）：一類存在於植物細胞膜中的類固醇化合物，具有調節細胞膜功能和參與訊號傳導的作用。

74. 苯丙胺酸解氨酶（Phenylalanine Ammonia-Lyase, PAL）：是植物體內生物合成酚類化合物的關鍵酶，參與植物的防禦反應。催化苯丙胺酸轉化為肉桂酸，是植物體內合成酚類化合物的關鍵酶。

75. 植物防禦素（Phytodefensin, PDF）：一類小分子多肽，具有抗菌活性，參與植物的防禦反應。

76. PEG（Polyethylene Glycol）：一種聚合物，常用於模擬植物的乾旱脅迫。

77. 植物生長素（Plant Growth Substances, PGS）：一類調節植物生長和發育的化學物質，包括生長素、赤黴素、細胞分裂素等。

78. 植物血凝素（Phytohemagglutinin, PHA）：一種植物凝集素，能夠刺激淋巴細胞的增殖和分化。

79. 多酚（Polyphenol, Phe）：一類廣泛存在於植物體內的化合物，具有抗氧化性質，參與植物的防禦反應。

80. 果膠甲酯酶（Pectin Methylesterase, PME）：參與果膠的甲基化和去甲基化過程。

81. POD（Peroxidase）：過氧化物酶，參與植物的防禦反應，能夠分解過氧化氫和其他過氧化物。

82. 多酚氧化酶（Polyphenol Oxidase, PPO）：一種氧化酶，能夠催化多酚類化合物氧化生成醌類，與植物的防禦機制和果實的後熟過程有關。與果實褐變有關。

83. 脯胺酸（Proline, Pro）：一種胺基酸，在植物中作為滲透調節物質，幫助植物適應逆境環境。

84. PAGE（聚丙烯醯胺凝膠電泳）（Polyacrylamide Gel Electrophoresis, PAGE）：一種用於分離蛋白質和核酸的電泳技術。

85. qPCR（Quantitative Real-Time Polymerase Chain Reaction）：一種用於定量分析 DNA 或 RNA 的實驗室技術。

86. 逆向轉運蛋白（Reverse Transporter, RT）：一類膜蛋白，參與離子和其他小分子的跨膜運輸，對維持細胞內離子平衡至關重要。

87. 活性氧（Reactive Oxygen Species, ROS）：指在細胞內具有高反應性的含氧化合物，包括超氧陰離子、過氧化氫和單線態氧等，它們在細胞訊號傳導、防禦反應和細胞損傷中發揮重要作用。

88. NADPH 氧化酶（NADPH Oxidase, Rboh）：一種酶複合體，能夠產生超氧陰離子，參與植物的防禦反應和訊號傳導。

89. RT-PCR（Semi-Quantitative Reverse Transcription Polymerase Chain Reaction）：一種用於分析基因表現水準的實驗室技術。

90. 水楊酸（Salicylic Acid, SA）：一種植物激素，參與植物的抗病反應，調節植物的區域性和系統獲得性抗病性。

91. 超氧化物陰離子（Superoxide Anion, $O_2^{\cdot-}/O_2^{-}$）：一種活性氧，由超氧化物歧化酶催化轉化為過氧化氫和氧氣。

92. 可溶性蛋白（Soluble Protein, SP）：細胞內可溶解於水的蛋白質，參與多種生物學功能。

93. 席夫試劑（Schiff's Reagent, SR）：一種化學試劑，用於檢測醛基，常用於檢測 DNA。

94. 可溶性醣（Soluble Sugar, SS）：一類可溶於水的醣類，包括單醣、雙醣和多醣等。

95. 澱粉（Starch, St）：一種植物多醣，是植物體內保存能量的主要形式。

96. 超氧化物歧化酶（Superoxide Dismutase, SOD）：一種抗氧化酶，能夠清除植物體內的超氧陰離子自由基，保護植物免受氧化傷害。

97. TAC（Total Antioxidant Capacity）：總抗氧化能力，表示樣本中所有抗氧化物質的總活性。

98. 硫代巴比妥酸（Thiobarbituric Acid, TBA）：一種化合物，用於檢測脂質過氧化產物，如丙二醛。

99. TEM（Transmission Electron Microscope）：透射電子顯微鏡，用於觀察細胞和生物大分子的形態和結構。

100. TSS（Total Soluble Solids）：總可溶性固形物，常用於表示水果中的可溶性物質總量，包括糖、酸和其他可溶性成分。

101. 硫代巴比妥酸反應產物（Thiobarbituric Acid Reactive Substances, TBARS）：用於評估脂質過氧化程度的常用指標。透過檢測丙二醛等氧化產物與硫代巴比妥酸（TBA）的顯色反應，間接反映生物或食品樣品中脂質氧化損傷的水準。

102. 紫外線 A ／藍光（Ultraviolet-A/Blue Light, UV-A/Blue）：波長在 320 ～ 400 nm 之間的紫外線和藍光，對植物生長和發育有影響，可誘導植物體內多種基因的表現。

103. 紫外線 B（Ultraviolet-B, UV-B）：波長在 280 ～ 320 nm 之間的紫外線，對植物生長和發育有影響，可誘導植物體內多種基因的表現。

104. 水溶性碳水化合物（Water-soluble Carbohydrate, WSC）：一類可溶於水的碳水化合物，包括單醣、雙醣和糖醇等。

105. 水溶性果膠（Water Soluble Pectin, WSP）：果膠的一種形式，可溶於水。

106. 玉米素核苷（Zeatin Riboside, ZR）：一種植物生長調節劑，屬於細胞分裂素類，影響細胞分裂和伸長。

107. 鋅指轉錄因子（Zinc Finger Transcription Factors, ZAT10/12）：一類含有鋅指結構域的轉錄因子，參與植物對逆境的響應和訊號傳導。

卷後語

在這個熾熱的夏季，我獨自坐在書桌前，窗外是一片熱浪下的田野，微風中夾雜著收穫的氣息。隨著《氫農業尖端技術應用與實務指南》的撰寫工作緩緩落下帷幕，我的心中充滿了深深的感慨和對未來無限的憧憬。

這本書，不僅是筆者對諸多研究人員多年研究心血的綜述，更是對氫氣在農業領域應用潛力的一次全面探索。它承載著我對這片土地深深的熱愛，對農業可持續發展的堅定信念，以及對科技進步帶給人類福祉的無限嚮往。

氫氣，這個宇宙中最豐富的元素，在我們的土地上，展現出了它對生命無限的熱愛和對生長的無盡支持。在這本書中，我們共同見證了氫氣如何作為一種神奇的力量，促進植物的生長，增強作物的抗逆性，提高農產品的品質，為農業的綠色革命開闢了新的道路。

然而，技術的革新之路從不是一帆風順。氫氣農業技術在帶給我們無限希望的同時，也面臨著技術成熟度、成本效益、安全性等一系列挑戰。這些挑戰考驗著我們的智慧和毅力，也催促著我們不斷探索和前行。

在此，筆者要向所有在這條道路上與我同行的夥伴們表現最深切的感謝。感謝你們在無數個日夜中的辛勤工作，感謝你們在面對困難和挑戰時的堅韌不拔，感謝你們對這片土地深沉的愛。你們的努力和智慧，讓這本書的每一個字都充滿了溫度和力量。

筆者還要向那些在田野裡默默耕耘的農民們致敬。是你們用雙手播種希望，用汗水澆灌未來。你們的故事，你們的智慧，是這本書最寶貴的財富。你們對土地的深情和對作物的精心呵護，讓我們更加堅信，農業的可持續發展是完全可能實現的。

此刻，當我再次翻開這本書，心中充滿了對未來的憧憬。我彷彿看到了氫氣在田野上自由飛翔，看到了作物在它的滋養下茁壯成長，看到了農民臉上洋溢著豐收的喜悅。我相信，這不僅僅是一個夢想，更是一個即將到來的現實。

在未來的日子裡，筆者期待與更多的同行者一起，繼續在氫農業的道路上探索前行。讓我們攜手並進，用科學的力量點亮希望，用創新的智慧開創未來。願這本書成為我們共同的燈塔，照亮前行的道路，引領我們走向一個綠色、健康、可持續的農業新時代。

願氫氣農業技術如同一顆種子，在我們共同的培育下，生根發芽，開花結果，為這個世界帶來更加豐盛的收穫。願我們的努力能夠為農業的可持續發展貢獻力量，為子孫後代留下一片藍天綠地，為人類的健康和福祉提供保障。

在這本書即將付梓之際，我衷心地希望，它能夠成為連線過去與未來的橋梁，成為溝通傳統農業與現代科技的紐帶。讓我們共同期待，氫氣農業技術的明天將更加燦爛輝煌，讓我們共同見證，一個綠色、高效、環保的農業新時代的到來。

願這本書，如同一盞明燈，照亮我們探索的旅程，溫暖我們求知的心靈，引領我們走向一個充滿希望的未來。

戴宇

氫農業尖端技術應用與實務指南

主　　編：戴宇
發 行 人：黃振庭
出 版 者：崧燁文化事業有限公司
發 行 者：崧燁文化事業有限公司
E-mail：sonbookservice@gmail.com
粉 絲 頁：https://www.facebook.com/sonbookss/
網　　址：https://sonbook.net/
地　　址：台北市中正區重慶南路一段 61 號 8 樓
8F., No.61, Sec. 1, Chongqing S. Rd., Zhongzheng Dist., Taipei City 100, Taiwan

電　　話：(02)2370-3310
傳　　真：(02)2388-1990
印　　刷：京峯數位服務有限公司
律師顧問：廣華律師事務所 張珮琦律師

定　　價：650 元
發行日期：2025 年 07 月第一版
◎本書以 POD 印製

國家圖書館出版品預行編目資料

氫農業尖端技術應用與實務指南 / 戴宇 著 . -- 第一版 . -- 臺北市：崧燁文化事業有限公司 , 2025.07
面；　公分
POD 版
ISBN 978-626-416-662-1(平裝)
1.CST: 氫 2.CST: 農藝學 3.CST: 農業化學
434.241　　　114009443

電子書購買

爽讀 APP

臉書